레이싱카 디자인

데릭 수어드 *Derek Seward*

공학 설계 명예 교수 *Emeritus Professor of Engineering Design*

공과 대학 *Department of Engineering*

랑카스터 대학교, 영국 *Lancaster University, UK*

좋은땅

레이싱카 디자인

제목   레이싱카 디자인
원제   Race Car Design
발행일   2021년 5월 15일
지은이   Derek Seward
옮긴이   권태화
펴낸이   이기봉
발행처   도서출판 좋은땅
주소   서울특별시 마포구 성지길 25 보광빌딩 2층
전화   02-374-8616
팩스   02-374-8614
이메일   gworldbook@naver.com
홈페이지   www.g-world.co.kr
인쇄   북토리
ISBN   979-11-6649-785-8 (03550)
가격   20,000원 (파본은 구입하신 서점에서 교환해 드립니다.)

목차

저자 서문

이 책의 목적은 공학의 기본 원리와 기초적인 수학을 이용해서 레이싱카 디자인의 기본을 설명하는 것이다. 이러한 주제를 설명하는 목적이라고 하는 많은 도서가 이미 나와 있다. 그러나 몇몇 일부를 제외하고는 대부분 상당히 이론적이고 매우 수학적인 방법으로 집중된 분야만을 다루거나 아니면 근간이 되는 이론에 대한 적절한 설명이 없이 공식이나 경험으로부터 터득한 어림법칙에 근거한 열성적인 드라이버 또는 제작자에 의해서 작성되는 것이다. 이 책은 원리에 대한 보다 깊은 이해와 디자인에 대한 근거없는 접근을 피하는 것을 목적으로 이와 같은 두 가지 단점에서 벗어나고자 한다. 이는 타이어/노면의 상호작용 또는 공기역학에 대한 모든 면을 완전히 이해한다는 것을 의미하는 것은 아니다. 이론은 충분히 전개되었기 때문에 훌륭한 설계자 조차도 특정한 써킷, 드라이버, 타이어 컴파운드 그리고 기상 조건에 대한 요구 사항을 만족하기 위해서는 여전히 트랙 또는 풍동 시험을 통한 최적화를 필요로 한다. 따라서 초기 디자인의 목적은 최적에 가까운 강건한 해결 방법을 제시함으로써 특정한 조건에 대해서 조율될 수 있도록 하는 것이다.

이 책은 *Formula Student/FSAE* 를 준비하는 모터스포츠 학위 과정 학생과 자동차 디자인 실무자 그리고 제작자에게 적합하다. 이는 또한 레이싱 드라이버와 왜 레이싱카가 그렇게 만들어지는지, 왜 레이싱카가 일반 승용차에 비해서 레이스 트랙에서 훨씬 더 우수한 성능을 발휘하는지 이해하고자 하는 일반 독자에게도 관심을 줄 것이다. 이 책은 공학, 물리 그리고 수학의 원리에 기본을 두고 있기 때문에 이러한 주제에 대한 기본적인 지식을 필요로 하지만 기초적인 수준이라면 충분하다. 이 책은 섀시 프레임, 서스펜션, 스티어링, 브레이크, 트랜스미션 그리고 윤활과 연료 시스템까지 자동차의 모든 요소에 대한 디자인을 다루고 있다. 그러나 엔진, 기어박스 그리고 디퍼렌셜과 같은 내부적인 구성 요소는 이 짧은 분량의 책에서 다룰 범위를 벗어난다. 해당하는 부분에서는 최신 디자인 과정에 있어서 컴퓨터 프로그램의 중요한 역할이 강조되었다.

여러가지 면에서 레이싱카의 디자인 과정은 일반적인 승용차 설계와 비교해서 훨씬 단순하다. 왜냐하면 레이싱카는 드라이버가 써킷을 최대한 짧은 시간에 완주할 수 있도록 하는 상당히 집중된 임무를 갖는 반면 승용차는 다양한 무게의 변화를 갖는 조건의 승객과 적재물에 대비해야 하고 또한 쉽고 안전하게 운전할 수 있어야 하며 승차감과 경제성도 고려해야 하기 때문이다. 레이싱카의 한정된 임무는 설계자로 하여금 거의 전적으로 성능 문제에만 집중할 수 있도록 한다. 레이싱카 디자인 과정은 상당한 다변수 문제라고 할 수 있어서 이러한 문제의 해결 방법은 상충하는 이해 관계 사이의 불가피한 절충과 타협이 필요하다. 이러한 디자인 충돌을 해결하는 과정은 설계자에게 상당한 도전을 주기도 하지만 동시에 즐거움을 선사하기도 한다. 이 책의 웹사이트는 아래에서 찾아볼 수 있다.

www.palgrave.com/companion/Seward-Race-Car-Design

Derek Seward

기호

본 리스트에 *Pacejka* 타이어 모델은 포함되지 않는다. 이는 해당 본문에 정의되어 있다.

A 단면적(mm^2); 진폭 (mm)

A_m 브레이크 마스터 실린더 피스톤 면적 (mm^2)

A_s 브레이크 슬레이브 실린더 피스톤 면적 (한쪽면 전체) (mm^2)

a 가속도 (m/s^2)

C 댐핑 계수; 롤 커플 (Nm)

C_{crit} 임계 댐핑 계수

C_D 항력 계수

C_L 양력 계수

C_0 베어링 기본 정격 하중 (kN)

C_r 베어링 동적 정격 하중 (kN)

D 지름 (mm); 다운포스 (N)

E 탄성 계수 (N/mm^2)

F 힘 (N)

F_ϕ 롤 커플로 인한 가로 방향 하중 이동 (N)

f 주파수 (Hz)

f_s 현가상 질량 고유 진동수 (Hz)

f_u 현가하 질량 고유 진동수 (Hz)

G 최대 g 값; 전단 계수 (N/mm^2)

g 중력 가속도 $= 9.81 m/s^2$

H 힘의 수평 성분 (N)

h 높이 (mm)

h_a 현가상 질량에서 롤 축까지 거리 (mm)

I 2차 면적 모멘트 (mm^2)

K_R 서스펜션 라이드 레이트 (N/mm)

K_T 타이어 강성 (N/mm)

K_W 휠 센터 강성율 (N/mm)

L 휠 베이스 (mm)

l 길이 (mm)

M 모멘트 또는 커플 (Nmm)

M_R 롤 커플 (Nmm)

m 질량 (kg)

P 동력 (W)

P_i 절대 압력 (N/mm^2)

P_e 오일러 좌굴 하중 (N)

P_m 베어링 평균 등가 동하중 (kN)

P_0 베어링 최대 방사 하중 (kN)

R 반지름 (m)

R_m 모션비

R_R 타이어 회전 반경 (mm)

Re 레이놀즈수

r_b 브레이크 패드 반지름 (mm)

s 이동 거리 (m)

s_0 베어링 정적 안전 계수

T 휠 트랙 (mm); 토크 (Nm)

T_i 절대 온도 (K)

t 뉴매틱 트레일 (mm); 시간 (s)

u 초속도 (m/s)

V_i 부피 (m^3)

v 속도 (m/s)

W 중량 또는 휠 하중 (N)

Z 탄성 단면 계수 (mm^3)

α 타이어 슬립각 (deg 또는 rad)

δ 변위 (mm)

δ_ϕ 롤링으로 인한 휠 변위 (mm)

ζ 댐핑비, 감쇠비

θ 각도 (deg)

θ_ϕ 롤각도 (rad)

μ 마찰 계수; 점성 ($Pa \cdot sec$)

ρ 밀도 (kg/m^3)

ϕ 휠 캠버각 (deg)

인사말

본 도서에 사용된 자료의 출처와 그림을 준비하는데 사용된 프로그램은 아래와 같습니다.

그림 2.11 *http://www.formula1-dictionary.net/monocoque.html*

그림3.20, 그림 5.17 *Caterham F1 Team, https://www.flickr.com/people/caterhamf1*

표 5.1, 5.2, A1.3 *Avon Tyres Motorsport, http://www.avonmotorsport.com/resource-centre/downloads*

그림 5.8a, 5.8b, A1.1, A1.4 *Avon Tyres Motorsport (reproduced)*

그림 9.1 *Leo Hidalgo, https://commons.wikimedia.org/wiki/Caterham_F1_Team*

그림 10.6 *DTAfast*

그림 1.2, 1.21 *DigiTools Software ETB Instruments Ltd*

그림 2.3a–c, 2.6a–b, 2.9, 2.15a–c, 3.19, 플레이트 1, 2, 3, 5 *LISA*

그림 10.3 *Lotus Engineering, Norfolk, England*

그림 1.3, 5.15, 5.16, 7.2, 7.4, 7.5, A 1.2, A1.5, 표 6.1 *Excel Microsoft*

그림 .1, 1.2, 1.4, 1.5, 1.6, 1.8, 1.9, 1.10, 1.11, 1.12, 1.13, 1.14, 1.15, 1.16, 1.17, 1.18, 1.19, 1.20, 1.21, 1.22, 1.23, 1.24, 2.1a–c, 2.2, 2.3a–c, 2.4, 2.5, 2.6a–b, 2.7, 2.8, 2.9, 2.10, 2.11, 2.12a–b, 2.13a–b, 2.17, 2.18, 3.2, 3.5, 3.8a–c, 3.9, 3.10, 3.11, 3.12, 3.13, 4.3, 4.4, 4.7, 4.8, 4.9a–c, 4.10, 4.13, 5.1a–d, 5.2a–b, 5.3, 5.4, 5.5, 5.6, 5.7, 5.10, 5.11, 5.12, 5.13, 5.14, 5.18, 6.2, 6.4, 6.5, 6.6, 6.7, 6.8, 7.3, 7.6, 8.3, 9.2, 9.3, 9.4, 9.5, 9.6a–b, 9.7, 9.8, 9.9, 9.10, 10.2, 10.4, 10.7, 10.8, 10.9, 11.1 *Microsoft Visio*

그림 1.4, 1.5, 1.6, 1.8, 1.9, 1.10, 1.12, 1.13, 1.15, 1.16, 1.17, 1.22, 1.23, 2.8, 3.8a–c, 3.9, 3.10, 3.11, 3.12, 3.13, 5.1a–d, 5.2a–b, 6.5, 6.6, 8.3, 9.2, 9.7, 9.8, 9.9, 9.10, 11.1 *SketchUp*

플레이트 6, 7 *SolidWorks*

그림 3.1a–d, 3.3a–b, 3.4a–c, 3.6a–b, 3.7a–b, 3.14a–d, 3.15, 3.16, 3.17, 3.18, 3.20, 3.21, 3.22, 3.23, 6.9, Plate 4 *SusProg*

그림 2.1a–c, 2.2, 2.3a–c, 2.4, 2.5, 2.7, 2.9, 2.10, 2.11, 2.12a–b, 2.13a–b, 4.5, 4.6, 4.11a–d, 4.12, 5.9, 6.3, 6.10, 6.11, 6.12, 6.13, 6.14a–b, 6.15a–b, 7.8, 7.9, 7.10a–b, 8.1, 10.1 *ViaCAD from Punch!CAD*

제 1 장 레이싱카 기본

목표
■ 카레이싱의 기본 요소를 이해한다.
■ 차량이 가속, 제동 및 코너링을 하는 동안 레이싱카의 휠에 작용하는 하중을 계산하고, 공력 다운포스가 이러한 하중에 미치는 영향을 이해한다.
■ 성공적인 레이싱카를 위해서 중요한 설계 목표를 파악할 수 있다.

1.1 개요

이번 장에서는 레이싱카 설계에 대한 이해를 위해서 반드시 필요한 여러가지 주요 개념에 대해서 설명한다. 또한 더 깊이 살펴볼 후반에 대한 안내도 포함한다. 레이싱은 그 성격상 상당히 경쟁적인 활동이기 때문에 설계자의 임무는 드라이버에게 최상의 자동차를 제공함으로써 경쟁 우위를 점할 수 있도록 하는 것이다. 이를 위해서 아래 몇 가지 질문에 대한 답을 찾아야할 필요가 있다.

■ 레이싱카의 목적은 무엇인가
■ 위의 목적을 달성하기 위한 자동차의 최적 기본 레이아웃은 무엇인가
■ 경쟁자보다 더 나은 성능을 내기 위해서 어떻게 최적화될 수 있는가
■ 어떤 하중과 스트레스를 받게 되는가 그리고 어떤식으로 안전하고 단단하게 만들어질 수 있는가

이번 장은 위의 질문에 대한 몇 가지 답변을 제공하는 것으로 시작한다.

1.2 레이싱의 요소

카레이싱은 단거리 힐클라임과 스프린트부터 시작해서 다른 자동차와 직접 경쟁을 벌이는 *Formula One* 이나 인디카 같은 써킷 레이싱까지 다양한 형태가 있지만 모두 공통된 요소를 가지고 있다. 일반적으로 모든 레이싱의 목표는 도로의 일부 또는 써킷을 가장 짧은 시간에 주파하는 것이다. 이를 위해서 드라이버는 아래와 같은 세 가지를 수행해야 한다.

■ 자동차를 가능한 가장 빠른 속도까지 가속한다.
■ 자동차를 최단 거리 이내에서 가장 늦게 제동한다.
■ 최단 시간에 코너를 돌아 나간다. 그리고 더 중요하게는 코너 탈출시 최대 속력을 유지함으로써 직선 주로에서 속도 이익을 가져간다.

위에 서술된 각 항목으로부터 경쟁력 있는 드라이버는 사실상 단 한 순간도 일정한 속도로 정속 주행을 하지 않는다는 것을 알 수 있다. 이러한 동일한 속도로 주행을 해야 하는 유일한 시간이라면

정체로 경주로가 막혀있다거나 장거리 직선 주로에서 최고 속도로 주행 중인 상태일 것이다. 또한 능숙한 드라이버라면 이러한 기본적인 세 가지 요소를 코너에서 탈출하면서 가속 또는 코너에 진입하면서 제동과 같은 방식으로 복합해서 사용할 것이라는 것을 이해할 수 있다.

그림 1.1

영국 Brands Hatch 써킷

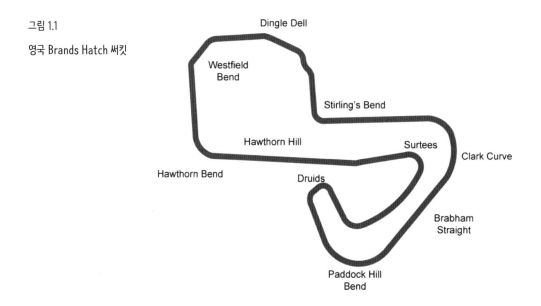

이는 써킷 레이아웃과 한 차례 랩에 대한 속도 데이타를 그래프로 보여주는 **그림 1.1** 과 **그림 1.2** 에도 나와 있다. 라벨은 각 그림에서 서로 대응하는 지점을 나타낸다. **그림 1.2** 그래프를 보면 가속에 비해서 제동시 그래프의 기울기가 더 가파른 것을 알 수 있다.

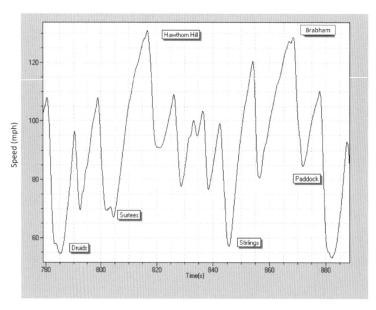

그림 1.2

Brands Hatch 써킷 속도 데이타

(DigiTools Software – ETB

Instrumnet Ltd)

이는 세 가지 이유 때문이다. 첫 번째는, 고속에서 가속도는 엔진의 출력에 의해서 제한되고; 두 번째는, 가속시에는 두 개의 리어휠 그립만을 사용하는 것에 비해서 제동시에는 네 개 휠의 그립을 모두 사용하기 때문이고; 세 번째는, 고속에서 차량은 상당한 공기 저항이 발생하므로 제동에 도움을 주지만 가속에는 방해가 되기 때문이다.

세 가지 기본적인 레이싱 요소는 모두 가속 또는 속도의 변화를 동반한다. 코너링의 경우 이는 가로 방향 가속도이고 제동에서는 음의 방향 가속도라고 간주할 수 있다. 다음과 같은 뉴턴의 제 1 법칙에 따라서,

'운동하는 물체는 이에 작용하는 외력이 없다면 동일한 방향으로 같은 속도를 유지한다.'

따라서 가속을 하거나 방향을 변경하기 위해서는 차량이 외력을 받아야만 하고 이러한 힘의 주 원인은 타이어 컨택 패치(*Tyre contact patch*)라고 알려진 타이어와 노면 사이의 상호 작용으로부터 발생한다. 이때 외부 공기역학 힘도 분명히 작용하는데, 이에 대해서는 후에 자세히 다룰 것이다. 따라서 자동차가 가속하고 감속하고 방향을 바꾸는 능력은 고무 타이어와 노면 사이에서 발생하는 마찰력에 따라서 결정된다고 결론을 내릴 수 있다. 이러한 힘을 일반적으로 트랙션(*Traction*) 또는 그립(*Grip*)이라고 부르고, 이를 최대화 하는 것이 경주용 차량에서는 중요한 설계 기준이다.

그림 1.3

전형적인 레이싱 타이어 그립

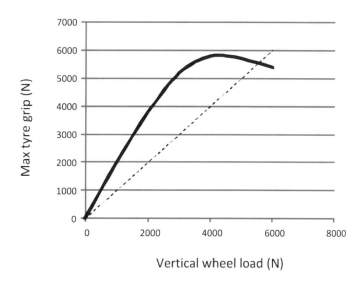

고전적인 또는 쿨롱(*Coulomb*) 마찰력은 작용하는 수직 하중과 일정한 마찰 계수 μ 사이에 단순한 선형 관계를 가지고 있다.

마찰력 = 수직 하중 × μ

뒤에 나오는 타이어 역학에서 보다 자세히 다루겠지만 타이어와 노면 사이의 컨택 패치는 이러한 단순한 법칙을 따르지 않는다. **그림 1.3** 은 전형적인 레이싱 타이어에 대한 휠에 수직으로 작용하는

하중과 최대 가로 방향 그립 사이의 관계를 보여주고 이를 마찰 계수가 1 인 점선으로 표시된 단순한 쿨롱 마찰 계수와 비교하고 있다.

이후 마찰 계수가 일정하지 않은 선형성의 부재는 자동차의 운동성능을 최대로 조율하는데 강력한 수단을 제공하는 것을 살펴볼 것이다. **그림 1.3** 으로부터 다음과 같은 결론을 내릴 수 있다.

■ 휠에 작용하는 수직 하중이 증가함에 따라서 그립도 증가하지만 그 증가하는 양은 점차 줄어든다. 이를 타이어 민감도(*Tyre sensitivity*)라고 한다.

■ 그립 수준이 최대에 이르고 나면 휠 하중의 증가에 따라서 그립은 감소하기 시작한다. 타이어가 과부하 (*Overloaded*) 상태에 이른 것이다.

■ **그림 1.3** 의 특정 지점에서 그립을 휠의 수직 하중으로 나눈 값을 순간적인 마찰 계수로 간주할 수 있다.

각 타이어 컨택 패치에 작용하는 수직 하중 다시 말해서 각 휠의 수직 하중에 대한 정보는 레이싱카 설계의 여러 측면에서 중요한 역할을 한다. 이는 섀시, 브레이크 컴포넌트, 서스펜션 부재, 트랜스미션 등의 하중을 계산하는 것뿐 아니라 차량의 근본적인 운동성능과 밸런스를 조율하는 데에도 사용된다. 이를 위해서 정적 휠 하중을 알아본 후에 차량이 레이싱의 세 가지 요소인 가속, 제동 및 코너링에 따라서 이러한 하중이 어떻게 변화하는지 살펴볼 것이다. 우선 흔히 무게 중심(*Center of gravity*)이라고도 부르는 자동차의 질량 중심(*Center of mass*) 위치를 계산하는 것이 필요하다. 질량 중심은 모든 질량이 집중되었다고 간주할 수 있는 지점이다. 이는 프론트휠과 리어휠 사이의 무게 배분을 결정하기 때문에 정확한 위치를 확인하는 것이 중요하다. 또한 지면으로부터 질량 중심까지의 높이는 자동차가 롤링을 하는 정도뿐 아니라 가속, 제동 그리고 코너링을 하는 동안 휠 사이에서 이동하는 하중의 크기에도 영향을 미친다.

1.3 차량 무게 중심의 위치

예비설계 단계에서는 설계시 장착될 주요 부품의 질량 중심 위치를 예측하는 것이 필요하다. 그리고 의도된 프론트/리어 무게 배분을 맞추기 위해서 프론트 및 리어휠과 각 부품간의 최종적인 위치 관계를 조절할 수 있다.

이러한 과정을 보여주기 위해서 **그림 1.4** 에 몇 가지 부품과 각각의 질량 중심에서부터 기준점까지의 거리를 보여주고 있다. 여기서 기준점은 프론트휠의 컨택 패치인 x 이다.

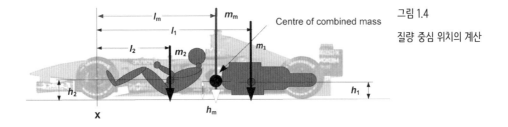

그림 1.4

질량 중심 위치의 계산

개별 부품의 질량 m 과 질량 중심의 위치 l 과 h 는 측정 또는 예측된 값을 사용한다. 목표는 합산된 질량인 m_m 의 값과 기준점으로부터의 상대적인 위치인 l_m 과 h_m 을 찾는 것이다.

합산된 질량은 각 부품의 합으로 계산된다. 총 n 개의 부품에 대해서 이는 수학적으로 다음과 같이 표현할 수 있다.

$$m_m = \sum \left(m_1 + m_2 + \ldots m_n \right) \qquad [1.1]$$

합산된 무게 중심은 아래 식으로 계산된다.

$$l_m = \frac{\sum \left(m_1 l_1 + m_2 l_2 + \ldots m_n l_n \right)}{m_m} \qquad [1.2]$$

$$h_m = \frac{\sum \left(m_1 h_1 + m_2 h_2 + \ldots m_n h_n \right)}{m_m} \qquad [1.3]$$

위의 과정은 프론트휠 컨택 패치를 기준으로 했을 때 합산된 무게가 만드는 모멘트가 각 부품이 만드는 모멘트의 합과 같아지도록 하는 것이다.

예제 1.1

아래는 **그림 1.4** 에 나오는 두 개의 구성요소에 대한 데이타다. 합산된 질량과 질량 중심 위치를 계산하시오.

항목	질량 (kg)	x 지점으로부터 수평 거리 (mm)	지면으로부터 수직 거리 (mm)
엔진	120	2100	245
드라이버	75	1080	355

풀이   식 [1.1]로부터,

합산된 질량, $m_m = 120 + 75 = 195 kg$

식 [1.2]로부터,

합산된 질량까지의 수평 거리, $l_m = \dfrac{(120 \times 2100) + (75 \times 1080)}{195} = 1708 mm$

식 [1.3]으로부터,

합산된 질량까지의 수직 거리, $h_m = \dfrac{(120 \times 245) + (75 \times 355)}{195} = 287 mm$

정답   합산된 질량: $195 kg$

무게 중심: x 로부터 수평 거리 $1708 mm$, 지면으로부터 수직 거리 $287 mm$

실제 차량의 경우 고려해야 하는 부품이 많기 때문에 스프레드시트를 이용하는 것이 편리하다. **표 1.1** 은 이러한 스프레드시트를 보여주고 있다. 이는 *www.palgrave.com/companion/Sewad-Race-Car-*

Design 에서 다운로드해서 해당하는 데이타를 직접 입력하고 계산할 수 있다.

자동차가 제작되고 나면 질량 중심의 위치는 실제 측정을 통해서 확인되어야 하는데 이에 대해서는 제 11 장 셋업 절차에서 논의될 것이다.

1.4 정적 휠 하중과 프론트/리어 무게 배분

정적 하중이란 자동차가 가속, 제동 그리고 코너링으로 인한 가속도의 영향을 받지 않는 상태를 의미한다. 자동차는 드라이버가 탑승하고 연료와 오일까지 채워진 조건이다. 이는 피트(*pit*)에서 수평 상태로 측정되는 하중이다. 지금까지는 모두 *kg* 단위가 사용되는 질량을 의미했으나 하중과 무게는 실제로는 힘을 의미하는 것으로 단위는 뉴톤 *N* 을 사용한다. 따라서 지금부터는 차량에 작용하는 힘은 질량에 가속도를 곱해서 구하는 힘 *W* 를 고려할 것이고, 여기서 수직 하중에 대해서 가속도는 $g = 9.81\,m/s^2$ 이다.

그림 1.5

정적 휠 하중의 계산

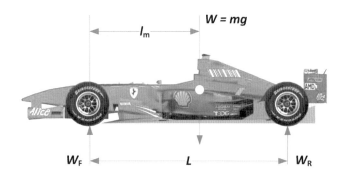

그림 1.5 는 질량 중심의 위치와 크기가 확인된 자동차를 보여주고 있다. 이제 정적 휠 하중을 계산할 것이다. 휠베이스와 질량 중심의 수평위치를 알고 있기 때문에 프론트액슬을 중심으로 하는 모멘트를 계산함으로써 리어액슬 하중 W_R 을 다음과 같이 계산할 수 있다.

$$\text{리어액슬 하중, } W_R = W \times \frac{l_m}{L}$$
$$\text{프론트액슬 하중, } W_F = W - W_R$$

그림 1.5 는 자유물체도(*Free Body Diagram*)이다. 만약 자동차가 중량이 없이 공간 상에 떠있는 상태라면 세 가지 힘인 *W* 와 W_F 그리고 W_R 은 정적 평형(*equilibrium*) 상태를 유지해야만 한다. 다시 말해서, 중력으로 인해서 아래로 작용하는 힘인 *W* 는 휠에 작용하는 반대 방향 반력인 W_F 와 W_R 의 합과 동일해야만 한다. 휠 하중의 방향이 위를 향하는 이유이다. 이는 노면으로부터 자동차에 작용하는 힘을 나타낸다.

앞으로 이 책의 전반에 걸쳐서 자유물체도를 널리 사용할 것이다.

항목	질량 (kg)		수평 거리 (mm)	H 모멘트 (kg-m)	수직 거리 (mm)	V 모멘트 (kg-m)
차량						
프론트휠 어셈블리	32.4		0	0	280	9072
페달박스	5		0	0	260	1300
스티어링기어	5		300	1500	150	750
콘트롤	3		200	600	400	1200
프레임+바닥	50		1250	62500	330	16500
바디	15		1500	22500	350	5250
프론트윙	5		-450	-2250	90	450
리어윙	5		2700	13500	450	2250
소화기	5		300	1500	260	1300
엔진어셈블리+오일	85		1830	155550	300	25500
연료탱크	25		1275	31875	200	5000
배터리	4		1200	4800	120	480
전기	4		1500	6000	200	800
배기	5		1750	8750	350	1750
라디에터+냉각수	10		1360	13600	150	1500
리어휠어셈블리 +드라이브샤프트 +디퍼렌셜	58		2300	133400	280	16240
후진모터	6		2500	15000	280	1680
밸러스트	0		1200	0		0
기타 1				0		0
기타 1				0		0
기타 1				0		0
기타 1				0		0
전체 자동차	322.4		1454	468825	282	91022
드라이버						
중량	80	프론트액슬에서 페달까지 거리	50			
항목	질량 (kg)		수평 거리 (mm)	H 모멘트 (kg-m)	수직 거리 (mm)	V 모멘트 (kg-m)
발	2.8	40	90	250	310	859.73
종아리	7.7	350	400	3072	360	2764.8
허벅지	17.3	760	810	13997	295	5097.6
상체	36.9	1050	1100	40597	300	11072
하완	3.2	800	850	2720	400	1280
상완	5.3	1100	1150	6133	420	2240
손	1.3	650	700	896	510	652.8
머리	5.5	1200	1250	6933	670	3716.27
전체 드라이버	80	5950	6350	74598.4	346	27683.2
총합	402.4		1350	543423	295	118705.2
리어액슬 하중	236					
프론트액슬 하중	166					
전후륜 하중 비율	41.3**%**	58.7**%**				

표 1.1 질량 중심 계산을 위한 스프레드시트

예제 1.2

그림 1.6 의 자동차에 대해서 다음을 계산하시오.

(a) 정적 휠 하중

(b) 프론트와 리어의 하중 배분 비율

(c) 각 휠에 대한 정적 하중

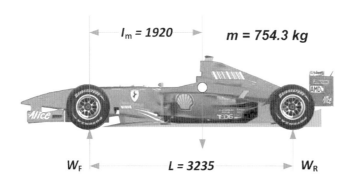

그림 1.6

질량 중심 위치의 계산

$l_m = 1920$ $m = 754.3\ kg$

W_F $L = 3235$ W_R

풀이   (a)   차량의 중량, $W = 754.3 \times 9.81 = 7400N$

리어액슬 정적 하중, $W_R = 7400 \times \dfrac{1920}{3235} = 4392N$

프론트액슬 정적 하중, $W_F = 7400 - 4392 = 3008N$

(b)   프론트 하중 비율 $= \dfrac{3008}{7400} \times 100 = 40.6\%$

리어액슬 하중 비율 $= 100 - 40.6 = 59.4\%$

(c)   써킷주행 레이싱카는 일반적으로 양호한 좌우 밸런스를 가지고 있기 때문에 각 휠 하중은 액슬 하중의 절반으로 가정할 수 있다. 따라서,

리어휠 정적 하중, $W_{RL} = W_{RR} = \dfrac{4392}{2} = 2196N$

프론트휠 정적 하중, $W_{FL} = W_{FR} = \dfrac{3008}{2} = 1504N$

정답   정적 액슬 하중: 프론트 $3008N$, 리어 $4392N$

하중 분포: 프론트 40.6%, 리어 59.4%

정적 휠 하중: 프론트 $1504N$, 리어 $2196N$

배터리 또는 유압 펌프와 같은 특정 부품의 위치를 변경함으로써 설계자는 프론트/리어 중량 배분에 영향을 줄 수 있다. 상당히 무게가 나가는 엔진과 기어박스에 대한 프론트 또는 리어액슬 위치의 변경은 큰 변화를 가져올 수 있다. 또한, 경주용 차량은 대부분 해당 레이싱 규정에서 허용하는 최저 중량보다 훨씬 가볍게 제작된다. 이러한 중량의 차이는 최적의 밸런스를 위해서 전략적으로 배치되는 무거운 밸러스트를 추가함으로써 채워진다.

그림 1.7

구동휠, 엔진 위치,

타이어 종류와 중량 배분

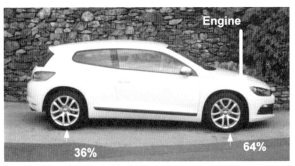

(a) VW Scirocco – 프론트 엔진, 전륜 구동, 전후륜 동일 타이어

(b) BMW 3Series – 프론트 미드 엔진, 후륜 구동, 전후륜 동일 타이어

(c) 포뮬러카 – 미드엔진, 후륜 구동, 리어 와이드 타이어

(d) 포르쉐 911 – 리어엔진, 후륜 구동, 리어 와이드 타이어

그렇다면 최적의 전후 중량 비율은 얼마인가 알아볼 필요가 있다. 운동성능의 관점에서 보자면 50:50 의 비율이 최적이라고 주장할 수 있다. 그러나, 곧 살펴볼 바와 같이 출발선으로부터의 가속에 대해서는 구동 휠에 중량이 추가되는 것이 분명한 장점이 있다. 일반적으로 레이싱카는 대략 45:55 의 전후 비율을 목표로 하고 있으며 운동성능의 문제는 더 넓은 타이어를 이용해서 해결한다. 그림 1.7a-d 에는 구동 휠, 엔진위치 그리고 타이어의 선택에 대한 특정 조합이 어떤식으로 서로 다른 중량 배분을 가져오는지 보여주고 있다.

연료의 중량은 레이스 동안 계속해서 변화하기 때문에 연료탱크의 위치는 어려운 문제이다. 연료 보급이 더 이상 허용되지 않는 *Formula One* 의 경우 *170kg* 까지의 연료를 가지고 레이스를 시작한다. 해결 방법은 연료탱크를 질량 중심에 최대한 근접하게 배치해서 연료가 소모됨에 따라서 차량의 밸런스가 변경되지 않도록 하는 것이다.

이제 레이싱의 세 가지 요소에 대해서 보다 자세히 알아본다.

1.5 선가속도와 전후 방향 하중 이동

선가속도에 대한 이해는 뉴톤의 제 2 법칙의 이해로부터 시작한다.

　　　'*물체의 가속도 a 는 작용하는 힘 F 의 크기에 비례하고 물체의 질량 m 에 반비례한다.*'

이를 식으로 표현하면,

$$a = \frac{F}{m} \qquad\qquad [1.4]$$

자동차의 질량은 일정하다고 고려할 수 있으므로 가속도는 자동차를 앞으로 움직이는데 사용 가능한 힘에 비례한다. 그림 1.8 은 리어 구동 휠의 컨택 패치에 작용하는 이와 같은 트랙션 포스를 보여주고 있다. 여기서 자동차의 질량 중심에 가상의 관성 반력이 전방의 가속도에 저항한다고 가정하는 *d'Alembert* 원리를 적용하면 동역학적 해석을 단순한 정적 해석으로 변환해서 생각할 수 있다. 이는 트랙션 포스와 크기는 같고 방향은 반대로 그림 1.8 에서는 저항힘(*Resistive force*)으로 표시되어 있다. 트랙션 포스는 노면에 작용하고 저항힘은 질량 중심 높이에 작용하기 때문에 모멘트가 발생한다. 이는 정적 액슬 하중 W_F 와 W_R 을 변화시킨다. 이와 같은 변화의 크기인 ΔW_x 는 전후 방향 또는 종방향 하중 이동(*Longitudinal load transfer*)이라고 부르고 이는 프론트 정적 하중에서 줄어들어 리어 정적 하중에 추가된다. 이는 바로 급격한 가속을 하면 자동차의 프론트는 올라가고 리어는 내려가는 스쿼트(*squat*)라고 부르는 현상의 이유이다.

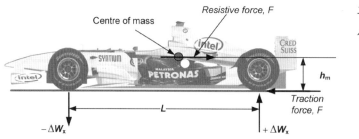

그림 1.8

선가속과 전후 방향 하중 이동

프론트 컨택 패치를 중심으로 모멘트를 취하면,

$$F \times h_m = \Delta W_x \times L$$

따라서 전후 방향 하중 이동은 다음과 같다.

$$\Delta W_x = \pm \frac{Fh_m}{L} \qquad [1.5]$$

만약 자동차를 가속시키는 힘이 노면이 아닌 예를 들어 제트 엔진을 이용해서 질량 중심에 작용했다면 모든 힘이 한 지점에 작용하고 불균형 커플이 없기 때문에 전후 방향으로의 하중 이동은 발생하지 않았을 것이다.

자동차를 출발선으로부터 최대 속도까지 가속시키는 경우 다음과 같은 두 가지로 구분되는 단계를 고려할 수 있다.

1 단계 트랙션 제한 (Traction Limited)

출발선을 떠난 초기 가속 단계에서 트랙션 포스 F 값은 구동되는 타이어의 마찰그립에 따라서 제한된다. 이 단계에서 드라이버는 휠 스핀이 일어나지 않도록 해야한다.

2 단계 엔진 출력 제한 (Power Limited)

자동차의 속도가 증가하면 엔진이 휠 스핀을 일으킬 정도로 충분한 동력을 만들지 못하는 지점에 도달하게 된다. 이 지점을 지나고 나면 최대 가속은 엔진의 출력에 의해서 제한을 받는다. 속도가 더 증가하면 엔진의 모든 출력은 공기 저항과 추가되는 다른 손실을 극복하는데 사용된다. 이러한 지점에서는 추가 가속이 불가능한 속도에 도달하는데, 이를 자동차의 최대 속도(*Maximum velocity*) 또는 최종 속도(*Terminal velocity*)라고 한다.

그림 1.9

트랙션 제한 가속

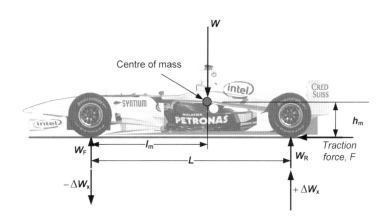

1.5.1 트랙션 제한 가속

초기 트랙션으로 제한되는 가속 단계에서는 가장 높은 수준의 트랙션 포스와 전후 방향의 하중 이동이 발생한다. 설계의 관점에서 보자면 리어휠 서스펜션과 변속기에 가장 높은 하중이 걸리는 경우이다. 위에 나오는 **그림 1.9**는 동일한 차량에 정적 하중이 추가되고 가상의 저항은 제거된 상태를 보여주고 있다.

식 [1.5]로부터

$$\text{전후 방향 하중 이동, } \Delta W_x = \frac{Fh_m}{L}$$

$$\text{트랙션 포스, } F = \left(W_R + \Delta W_x\right) \times \mu$$

$$F = \left(W_R + \frac{Fh_m}{L}\right) \times \mu$$

$$\therefore F - \frac{Fh_m}{L} = W_R\mu$$

$$F\left(1 - \frac{h_m\mu}{L}\right) = W_R\mu$$

$$F = \frac{W_R\mu}{1 - \dfrac{h_m\mu}{L}} \qquad\qquad [1.6]$$

이 단계에서 마찰 계수값 μ 를 가정하는 것이 필요하다. 이미 살펴본 바와 같이 타이어 컨택 패치의 마찰 계수는 일정하지 않기 때문에 일반적으로 레이싱 슬릭(*Racing slick*) 타이어에 대해서는 1.4-1.6 사이에서 적절한 평균값으로 가정할 수 있다. 일반 승용차의 경우에는 0.9 정도가 된다.

식 [1.6]을 F 에 대해서 풀고 나면 하중 이동값 ΔW_x 를 구하기 위해서 식 [1.5]에 다시 대입하면 된다. 이 과정이 아래 예제에 나와있다.

예제 1.3

그림 1.10 의 자동차에 대해서 다음을 계산하시오.

(*a*) 타이어와 노면 사이의 평균 마찰 계수 μ 를 1.5 로 가정하고 최대 가속을 하는 동안 각 휠에 작용하는 하중

(*b*) 만약 타이어의 구름 반경이 275*mm* 라면 출발선에서 가속하는 순간 변속기를 통한 최대 토크

(*c*) 최대 가속도를 m/s 와 해당하는 중력 가속도 g 로 표현

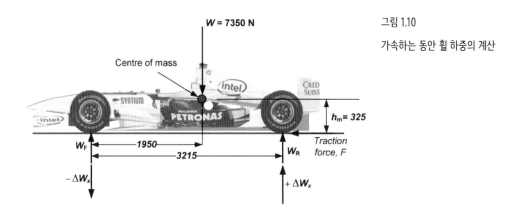

그림 1.10

가속하는 동안 휠 하중의 계산

풀이 (a) 자동차의 중량, $W = 7350N$

리어액슬의 정적 하중, $W_R = 7350 \times \dfrac{1950}{3215} = 4458N$

프론트액슬의 정적 하중, $W_F = 7350 - 4458 = 2892N$

식 [1.6]으로부터,

트랙션 포스, $F = \dfrac{W_R \mu}{1 - \dfrac{h_m \mu}{L}} = \dfrac{4458 \times 1.5}{1 - \dfrac{325 \times 1.5}{3215}} = 7882N$

식 [1.5]로부터,

전후 방향 하중 이동, $\Delta W_x = \pm\dfrac{F h_m}{L} = \pm 7882 \dfrac{325}{3215} = \pm 797N$

리어액슬 하중, $W_{RL} = W_{RR} = \dfrac{4458 + 797}{2} = 2628N$

프론트액슬 하중, $W_{FL} = W_{FR} = \dfrac{2892 - 797}{2} = 1048N$

(b) 리어휠 최대 토크, $T_{wheels} = (W_{RL} + W_{RR}) \times rad. \times \mu$

$$= (2628 + 2628) \times 0.275 \times 1.5 = 2168Nm$$

(c) 차량의 질량, $m = \dfrac{7350}{9.81} = 749.2 kg$

식 [1.4]로부터,

가속도, $a = \dfrac{F}{m} = \dfrac{7882}{749.2} = 10.52 m/s^2 = \dfrac{10.52}{9.81} = 1.072g$

정답 리어휠 하중 $= 2628N$, 프론트휠 하중 $= 1048N$

변속기를 통하는 토크 $= 2168Nm$

가속도 $= 10.52 \, m/s^2 = 1.072g$

비고

위와 같은 휠 하중과 토크는 변속기, 리어휠 어셈블리 그리고 서스펜션 파트 설계에서 중요한 하중 상황을 나타낸다.

만약 어떤 자동차가 위에 나오는 최대 트랙션 포스와 가속도를 얻고자 한다면 적절한 동력대 중량비(*Power to weight ratio*), 적당한 변속기어비 그리고 적절한 클러치와 쓰로틀 조절 또는 자동화된 트랙션 컨트롤 시스템이 필요하다는 것을 알 수 있다. 이에 대해서는 책의 뒷부분에서 보다 자세히 다룰 것이다

1.5.2 동력 제한 가속

예를 들어서 가속을 일으키는 트랙션 포스와 같은 힘이 작용해서 일정 거리를 움직였다면 이는 일을 하는 것이다.

$$Work = Force \times Distance \ [Nm \ or \ Joules] \qquad [1.7]$$

동력은 단위 시간당 일을 의미하는 것으로,

$$Power = \frac{Force \times Distance}{Time} = Force \times Speed \ [Nm \ / \ s \ or \ Watts]$$

$$Force = \frac{Power}{Speed} \ [N] \qquad [1.8]$$

식 [1.8]에서 알 수 있듯이 만약 동력이 제한되는 상황이라면 트랙션 포스는 속도가 증가함에 따라서 감소해야만 한다. 일반적으로 특정한 엔진 회전수에서만 최대 동력이 발생하기 때문에 동력제한 조건에서는 동력의 절대적인 최대값을 고려하는 것은 적절하지 않다. 드라이버가 변속을 하는 동안 휠에 전달되는 평균 동력값은 이보다 약간 작아진다. 뿐만 아니라 변속기의 회전 부품과 휠을 회전시키는 것과 변속 마찰로 인해서 동력의 일부가 손실되기도 한다. 여기에 추가해서, 모든 트랙션 포스가 전적으로 자동차의 가속에 사용되는 것은 아니다. 일부는 추가 손실을 극복하는데 사용되어야만 하는데 이때 중요한 두 가지 손실은 다음과 같다.

- 타이어에서 발생하는 구름 저항
- 공기 저항

그림 1.11

가속을 위해서 사용 가능한 힘

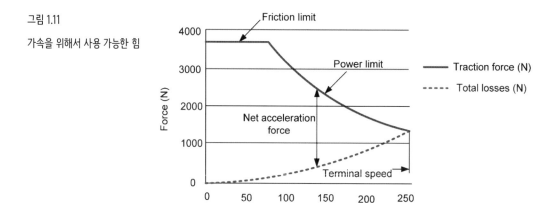

구름 저항(Rolling resistance)은 타이어가 굴러가는 동안 고무의 트레드 부분이 변형됨에 따라 타이어의 온도를 높이는데 사용되는 에너지로 인해서 주로 발생한다. 구름 저항의 크기는 각 타이어에 전달되는 수직 하중과 구름 속도와 관련이 있다. 타이어의 재질, 휠의 직경 그리고 노면에 따라서 달라지는데, 경주용 타이어의 경우 대략 자동차 무게의 2% 정도로 어림잡을 수 있다.

공기 저항은 자동차의 전면부 면적과 유선형 정도에 따라 달라진다. 또한 속도의 제곱에 비례해서 증가하므로 고속에서는 손실의 대부분을 차지하게 된다. 공기역학에 대해서는 제 9 장에서 자세히 다룰 것이다.

그림 1.11 은 속도가 증가함에 따라서 자동차를 가속하는데 사용할 수 있는 총 힘이 어떻게 감소하는지 보여주고 있다. 이 힘이 0 이 되면 자동차는 최대 또는 최종 속도에 이르는 것이다.

가속에 대해서는 최고 성능을 위한 최적의 기어비를 선택하는 방법과 함께 제 7 장에서 다시 살펴볼 것이다.

1.6 제동과 전후 방향 하중 이동

네 개의 휠이 모두 제동에 사용되기 때문에 제동힘(*Braking force*)은 자동차의 총 무게에 타이어와 지면 사이의 가정된 평균 마찰 계수를 곱한 값과 같다고 고려할 수 있다.

$$제동힘, \ F = W \times \mu \qquad\qquad [1.9]$$

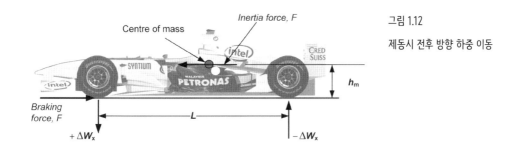

그림 1.12

제동시 전후 방향 하중 이동

그림 1.12 로부터 그림 1.8 에 나왔던 가속시 상황과는 힘의 방향이 반대가 되었음을 알 수 있다. 이 경우 하중은 리어휠에서 프론트휠로 이동하고 이로 인해서 다이브(*Dive*)로 알려져 있는 노즈 다운이 발생한다.

식 [1.5]로부터,

$$전후 \ 방향 \ 하중 \ 이동, \ \Delta W_x = \pm \frac{F h_m}{L} = \pm \frac{W \mu h_m}{L} \qquad\qquad [1.10]$$

예제 1.4

예제 1.3 의 그림 1.13 에 나온 동일한 자동차에 대해서,

(a) 평균 마찰 계수 μ 를 1.5 로 가정하고 최대 제동하는 동안 각 휠 하중을 예측하시오.

(b) 최대 감속도를 m/s^2 와 g 로 계산하시오.

풀이   (a)   자동차의 중량, $W = 7350 N$

이전 예제에서와 같이,

리어액슬의 정적 하중, $W_R = 7350 \times \dfrac{1950}{3215} = 4458 N$

프론트액슬의 정적 하중, $W_F = 7350 - 4458 = 2892 N$

식 [1.9]로부터,

제동힘, $F = W \times \mu = 7350 \times 1.5 = 11025N$

식 [1.5]로부터,

전후 방향 하중 이동, $\Delta W_x = \pm\dfrac{Fh_m}{L} = \pm 11025\dfrac{325}{3215} = \pm 1115N$

프론트액슬 하중, $W_{FL} = W_{FR} = \dfrac{2893+1115}{2} = 2004N\,(55\%)$

리어액슬 하중, $W_{RL} = W_{RR} = \dfrac{4458-1115}{2} = 1672N\,(45\%)$

차량의 질량, $M = \dfrac{7350}{9.81} = 749.2kg$

그림 1.13

제동시 하중 이동 계산

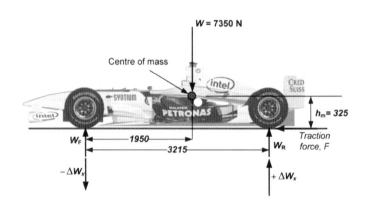

(b) 식 [1.4]로부터,

감속도, $a = \dfrac{F}{M} = \dfrac{11025}{749.2} = 14.72\,m/s^2 = \dfrac{14.72}{9.81} = 1.5g$

정답 프론트휠 하중 $= 2004N$, 리어휠 하중 $= 1672N$

감속도 $= 14.72\,m/s^2 = 1.5g$

비고

위의 결과로부터 다음을 알 수 있다.

1. 위의 휠 하중은 제동 시스템과 프론트휠 어셈블리 그리고 서스펜션 부품의 설계에서 중요한 하중 케이스이다.

2. 제동은 모든 네 개 휠의 그립과 공기역학적 항력 그리고 가속과 비교해서 더 높은 비율의 감속도가 수반된다.

3. 최대 제동을 하는 동안 프론트휠 하중과 이로 인한 제동힘은 일반적으로 리어보다 더 크기 때문에 승용차량에서도 보통 프론트에 더 대용량의 브레이크 디스크를 장착한다. 이러한 사실에도 불구하고 정적 휠 하중은 프론트에 비해서 리어가 더 크다.

4. 중력 가속도 g 로 표현되는 감속도의 크기는 평균 마찰 계수 μ 와 같다. 그러나 이는 공기 저항과 다운포스를 무시한 경우에 한해서 성립한다.

브레이크 시스템 설계에 대한 자세한 사항은 제 8 장에서 살펴볼 것이다.

1.7 코너링과 전체 가로 방향 하중 이동

코너링은 레이싱에서 개념적으로 가장 어려운 요소라고 할 수 있다. 우선 같은 속도로 코너를 달리는 자동차가 왜 가속도의 영향을 받는지 이해하는 것은 쉽지 않다. 여기서 핵심은 속도는 벡터(*Vector*)량이라는 것이다. 속력(*Speed*)이 스칼라(*Scalar*)인 것과는 달리 벡터인 속도(*Velocity*)는 크기와 방향을 갖는다. 따라서 그 크기는 일정하게 유지된다고 하더라도 코너링을 하는 자동차는 방향이 계속 변하기 때문에 속도가 변하는 것이다. 속도가 변하는 이유는 가속도 때문이다. 자동차는 질량을 가지고 있기 때문에 이는 힘을 필요로 하며 이때의 힘이 바로 구심력(*Centripetal force*)이다.

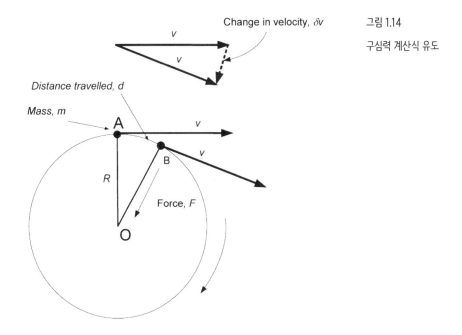

그림 1.14

구심력 계산식 유도

위의 **그림 1.14** 와 같이 줄의 끝에 질량 m 을 가진 물체를 매달아 원을 그리며 회전시키는 익숙한 문제를 고려한다. 작은 시간의 증분(δt)동안 질량이 A 지점에서 B 지점으로 이동하는 모습이 그림에 과장되어 표현되어 있다. A 지점에서 출발하는 화살표는 A 지점에서의 속도 벡터를 나타내고, B에서의 속도 벡터 화살표는 길이 즉 크기는 같지만 방향은 A와 B로 이루어진 원에 접한다. 점선 화살표는 속도의 변화(δv)를 나타낸다. 증분이 작아짐에 따라서 이 속도 변화 벡터의 방향은 회전의 중심인 O를 가리킨다.

또한, 증분이 작아짐에 따라서 A 로부터의 두 직선이 이루는 삼각형과 O 로부터의 두 직선이 이루는 삼각형은 서로 닮은꼴이 된다. 따라서,

$$\frac{\delta v}{v} = \frac{d}{R}$$

그러나 이동거리, $d = v \times \delta t$ 이므로,

$$\frac{\delta v}{v} = \frac{v \times \delta t}{R}$$

양 변을 δt 로 나누고 양 변에 v 를 곱하면,

$$\frac{\delta v}{\delta t} = \frac{v^2}{R}$$

이는 곧 가속도 a 가 된다.

$$a = \frac{v^2}{R}$$

따라서, 질량 m 인 물체에 대해서 구심력은 다음과 같이 표현할 수 있다.

$$구심력, \quad F = m \times a = \frac{mv^2}{R} \qquad [1.11]$$

구심력은 줄에서 질량으로 작용하는 힘을 의미한다. 이와 크기가 같고 방향은 반대로 질량이 줄에 가하는 힘이 이른바 원심력(*Centrifugal force*)인데 이는 질량의 중심부를 향하게 된다.

그림 1.15

레이싱카 코너링

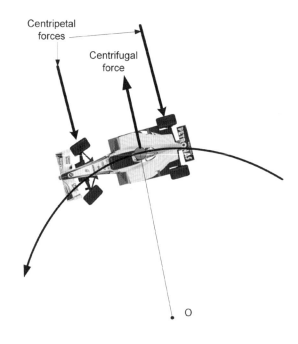

자동차의 경우 구심력은 **그림 1.15** 와 같이 타이어의 가로 방향 그립에 의해서 발생한다. 이러한 힘을 보통 코너링 포스(*Cornering force*)라고 부른다. 크기는 같고 방향은 반대인 원심력은 무게 중심을

지나게 된다. 이때 무게 중심이 휠베이스의 중심에 위치하지 않기 때문에 이는 프론트와 리어 타이어의 가로 방향 그립이 동일하지 않다는 것을 의미한다. 이런 경우 설계자는 리어휠에 더 넓은 타이어를 사용하는 방식으로 추가적인 그립을 주어야만 한다. 최대 코너링 성능을 위해서는 프론트휠과 리어휠이 거의 같은 시점까지 그립을 유지해야 한다. 이를 이른바 밸런스가 잡힌 자동차(*Balanced car*)라고 부른다. 만약 프론트휠이 리어휠보다 먼저 그립을 잃는다면 이때 자동차는 언더스티어라고 부르고, 차량은 코너를 회전하지 못한채 계속 직진할 것이다. 만약 리어휠이 프론트휠보다 먼저 그립을 잃는다면 이때 자동차는 오버스티어라고 부르고, 차량은 스핀할 것이다. 이러한 문제에 대해서는 언더스티어와 오버스티어에 대한 엄밀한 정의가 제공되고 필요한 밸런스를 이루기 위해서 어떤 계산이 적용되어야 하는지 살펴볼 제 5 장에서 보다 자세히 다룰 것이다. 그러나 밸런스를 위한 미세 조율은 특정한 드라이버, 노면 상태 그리고 기상 조건에 적합하도록 조절되어야 하는 써킷 주행 중에도 계속 필요로한다. 이에 대해서는 제 11 장에서 알아본다.

특정한 속도에서 특정 코너를 돌아 나가는 자동차에 대해서 필요한 코너링 포스를 구하기 위해서 구심력에 대한 식 [1.11]을 이용하는 것은 어렵지 않다. 그러나, 설계자는 코너링 포스를 최대로 하고 코너링 성능을 자동차가 도달할 수 있는 가로 방향 가속도 g 의 수치로 표현하는 것에 더 관심이 있다. 제동과 마찬가지로, 타이어 컨택 패치에서 평균 마찰 계수 μ 를 예측함으로써 이를 근사적으로 구할 수 있다. 공기역학 다운포스가 없는 자동차에 대해서,

$$\text{최대 코너링 포스, } F = W \times \mu \left[N \right] \qquad\qquad [1.12]$$

그림 1.16 으로부터 원심력은 노면보다 높은 위치에 있는 질량 중심을 지나기 때문에 가로 방향 하중 이동 ΔW_y 를 일으키는 전복 모멘트 또는 커플이 발생한다. 코너링에서 바깥쪽 휠에 작용하는 하중은 증가하고 안쪽 휠의 하중은 동일한 양만큼 감소한다.

$$\text{전체 가로 방향 하중 이동, } \Delta W_y = \pm \frac{Fh_m}{T} \qquad\qquad [1.13]$$

여기서 T 는 두 휠의 중심간 거리 또는 트랙(*Track*)이다.

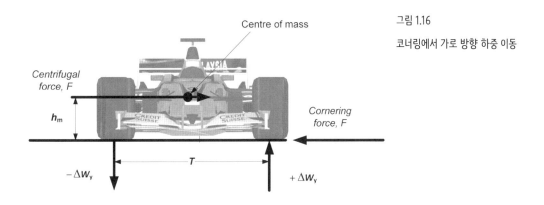

그림 1.16

코너링에서 가로 방향 하중 이동

예제 1.5

예제 1.3 과 1.4 그리고 **그림 1.17** 과 동일한 자동차에 대해서,

(a) 타이어와 노면 사이의 평균 마찰 계수 μ 를 1.5 로 가정하고 코너링 포스를 계산하시오.

(b) 최대 전체 가로 방향 하중 이동을 계산하시오.

(c) 자동차가 $100m$ 반경의 코너를 주행할 수 있는 속도를 예측하시오.

그림 1.17

코너링 동안 전체 가로 방향

하중 이동 계산

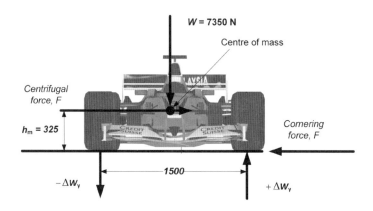

풀이 (a) 식 [1.12]로부터,

　　　　　최대 코너링 포스, $F = W \times \mu = 7350 \times 1.5 = 11025N$

(b) 식 [1.13]으로부터,

　　　　　전체 가로 방향 하중 이동, $\Delta W_y = \pm \dfrac{Fh_m}{T} = \pm \dfrac{11025 \times 325}{1500} = \pm 2389N$

(c) 식 [1.11]로부터,

$$F = \frac{mv^2}{R}$$

따라서, $v^2 = \dfrac{FR}{m} = \dfrac{11025 \times 100}{7350/9.81} = 1471.5$

$\therefore v = 38.4\, m/s = 138\, km/h$

정답 코너링 포스 $= 11025N$

전체 가로 방향 하중 이동 $= \pm 2389N$

코너링 속도 $= 38.4\, m/s = 138\, km/h$

1.7.1 코너링과 타이어 민감도

지금까지는 자동차가 코너링을 하는 동안 안쪽 휠에서 바깥쪽 휠로 이동하는 총 하중인 전체 가로 방향 하중 이동에 대해서만 알아보았다. 이러한 하중의 프론트와 리어액슬 사이의 분포는 복잡해서 프론트와 리어 서스펜션의 강성, 서스펜션 지오메트리, 상대적인 트랙폭, 안티롤바 등에 따라서 달라진다. 서스펜션을 튜닝함으로써 프론트와 리어휠 사이의 가로 방향 하중 이동 비율을 조절하는

것은 차량의 밸런스를 맞추기 위한 중요한 수단이다.

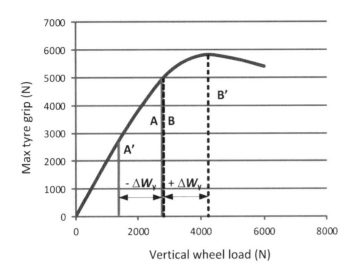

그림 1.18

코너링과 타이어 민감도

앞에 나왔던 **그림 1.3** 에서 고려했던 타이어 그립 곡선을 **그림 1.18** 과 같이 다시 살펴보면, 직선 A 와 B 는 직선을 주행하는 동안 프론트휠에 작용하는 동일한 수직 하중을 나타낸다. 자동차가 코너에 진입하면 가로 방향 하중 이동인 ΔW_y 가 발생하는데, 이 값은 안쪽 휠에서 줄어들어 바깥쪽 휠에 더해진다. A' 와 B' 는 코너링을 하는 동안 휠의 하중을 나타낸다. 여기서 주목할 점은, 곡선의 형태가 볼록하기 때문에 하중 이동 이후의 그립인 A' 와 B' 의 합은 A 와 B 의 합보다 훨씬 작다는 것이다. 위의 그림과 같은 경우에 대해서는 다음과 같다.

$$하중\ 이동\ 이전의\ 프론트휠\ 그립의\ 합 = 2 \times 4900 = 9800N$$
$$하중\ 이동\ 이후의\ 프론트휠\ 그립의\ 합 = 2600 + 5800 = 8400N$$

뿐만 아니라, 만약 가로 방향 하중 이동이 더욱 증가한다면 A' 에서의 그립은 상당히 감소할 것이고 B' 에서의 그립 또한 타이어에 과부하가 걸리면서 감소하기 시작할 것이다. 따라서, 가로 방향 하중 이동이 차량의 전후 어느쪽으로든 증가함에 따라서 해당 방향에 대한 합산된 그립은 감소한다. 전체 가로 방향 하중 이동은 예제 1.5 에서 계산된 것과 같지만 차량 전후에 대한 가로 방향 하중 이동의 비율은 이미 나타난 바와 같이 차량의 최적 밸런스를 위해서 제어될 수 있다. 이 주제에 대해서는 제 5 장에서 보다 자세히 다룰 것이다.

1.8 g-g 다이어그램

$g - g$ 선도(*Diagram*)는 코너링, 가속 그리고 제동 사이의 관계를 시각적으로 표현하는데 아주 유용한 도구이다. 이는 여러가지 형태로 표현할 수 있고 또한 마찰력 써클(*Friction circle*) 또는 트랙션 써클(*Traction circle*)로 부르기도 한다. **그림 1.19** 는 각 타이어에 대한 간단한 형태의 $g - g$ 선도를

보여주고 있다. 이 선도로부터 어떤 방향으로든 트랙션의 상한선을 알 수 있다. **그림 1.19** 의 선도를 보면 순수한 가속과 제동에 대해서는 $1.5g$, 코너링에 대해서는 $1.4g$ 까지 허용되지만 코너링과 제동 또는 가속이 함께 일어나는 A 와 같은 상황이라면 이런 한계 수치는 줄어들게 된다. $0.75g$ 의 가속을 하는 A 지점과 같은 상황이라면 자동차는 $1.3g$ 의 코너링만이 가능하다.

그림 1.19

개별 타이어에 대한

g-g 선도

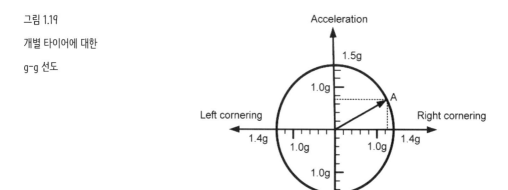

위의 사례에도 나오는 것과 같이 대부분의 타이어는 코너링보다 가속과 제동시 약간 더 높은 트랙션을 제공하기 때문에 $g-g$ 선도는 완벽한 원형을 이루지는 않는다. 또한 각 타이어가 전후 방향 또는 가로 방향 하중 이동의 영향을 받으면 $g-g$ 선도의 직경도 증가 또는 감소한다. 전체 자동차의 네 개 휠에 대한 선도를 합해서 구한 좀 더 의미있는 형태의 $g-g$ 선도가 **그림 1.20** 에 나와있다. 좌측 회전에서 벗어나 가속을 하는, 다시 말해서 하중이 리어와 우측으로 이동하는 후륜 구동 자동차에 대한 각 휠의 하중이 **그림 1.20** 에 나와있다. 전체 자동차에 대한 선도는 어떤 방향으로든 성취가 가능한 최대 g 값을 나타낸다. 가속 구간의 평평한 윗부분은 리어휠 구동과 출력 제한 가속의 결과이다.

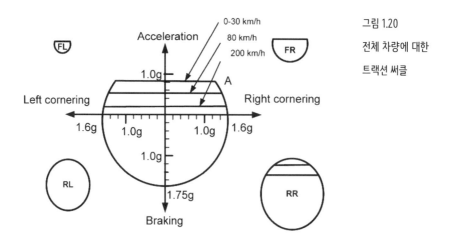

그림 1.20

전체 차량에 대한

트랙션 써클

설계자의 목표는 트랙션 써클의 크기를 최대로 만드는 것이다. 드라이버의 목표는 자동차를 트랙션 써클상의 둘레에 최대한 가까이 위치하도록 유지하는 것이다. **그림 1.21**은 레이스 동안 기록된 드라이버 데이타를 보여준다. 그림으로부터 알 수 있듯이 드라이버는 1.7g 까지 제동했고, 2.2g 로 코너링을 했으며 1.0g 까지 가속이 이루어졌다.

그림 1.21

실제 트랙션 써클 데이타

(ETB Instrument Ltd– DigiTools

Software)

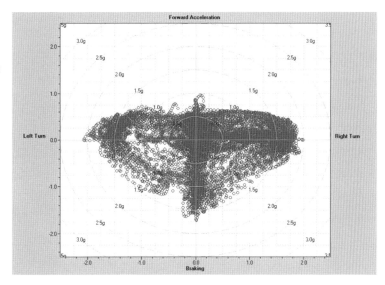

1.9 공력 다운포스의 영향

계속해서 단축되는 랩타임에서도 알 수 있듯이 지난 40 년간 레이싱카 성능은 비약적으로 발전해왔다. 단일 요인 중에서 가장 결정적인 것이라면 다운포스를 발생시키는 공기역학 장치의 개발이라고 할 수 있다. 이 장치의 목적은 추가되는 질량의 증가가 없이 컨택 패치에 작용하는 다운포스를 증가하는 것으로 트랙션을 향상시키는 것이다. 레이싱카에서 다운포스를 발생시키는 세 가지 주요 부위는 프론트윙, 리어윙 그리고 언더바디이다. 각 부위별 설계에 대해서는 제 9 장에서 자세히 다룰 것이다. 여기에서는 중요한 두 가지만 확인한다.

■ 공기역학으로 인한 힘은 자동차에 대한 상대흐름 속도의 제곱에 비례한다. 따라서 설계자는 다양한 속도 영역에서의 하중 조건을 고려할 필요가 있다.

■ 다운포스의 발생으로 인한 단점은 공기역학적 손실 또는 저항의 증가이다. 설계자는 이러한 저항을 극복하는데 사용될 엔진 동력의 크기를 얼마로 할당할지에 대해서 결정해야만 한다. 이는 곧 자동차를 가속하는데 필요한 동력이 감소한다는 것이고 결과적으로 최대 속도가 줄어든다는 것이다. 상대적으로 출력이 높지 않은 자동차는 낮은 다운포스의 공기역학 셋업으로 달린다는 의미이다. 엔진의 출력이 높아짐에 따라서 보다 공격적인 다운포스 패키지를 채용할 수 있다는 의미이기도 하다.

아래 표 1.2 는 참고용으로 사용할 수 있는 대략적인 수치와 함께 일부 사례를 보여준다.

다운포스 수준	엔진 출력 (bhp)	최고 속도 (km/h; mph)	다운포스 (180km/h; 110mph)	다운포스 (최고 속도시)	사례
낮음	<200	225 (130)	0.5g	0.7g	모터바이크 엔진 1인승 차량
중간	200-350	250 (150)	0.75g	1.4g	F3
높음	350-700	275 (170)	0.85g	2.0g	F2
매우 높음	>700	320 (200)	1.0g	3.3g	F1

표 1.2 전형적인 다운포스 등급

위에 나오는 두 가지 사항에 따르면 서로 다른 형태의 써킷에서는 별도의 셋업이 필요하다는 것을 이해할 수 있다. 전형적인 높은 다운포스 써킷은 여러 개의 빠른 코너를 가지고 있다. 낮은 다운포스 써킷은 급격한 헤어핀 코너와 이어지는 빠른 직선주로로 구성되어 있다. 이러한 상황에서는 공격적인 윙이라고 하더라도 코너에서는 속도가 낮기때문에 다운포스는 작게 발생하고, 항력으로 인해서 직선 주로에서 최고 속도는 감소한다.

다운포스와 관련해서 *FSAE/Formula Student* 자동차는 흥미로운 사례이다. 평균 속도 $48\,km/hr$ 에서 $57\,km/hr$ 범위에 겨우 $105\,km/hr$ 인 최고 속도는 공기역학 장치가 효과를 나타내기 시작하는 최저 한계 수치에 불과하다. 윙을 사용해서 성공한 팀도 있었고 윙이 없이도 성공한 팀도 있었다. 저자의 견해로는, 공학적으로 잘 설계된 경량 구조의 공기역학 장치는 약간의 중량 페널티가 있지만 올바른 드라이버가 탑승한다면 거의 확실히 효과가 있다고 본다.

이 책에서는 중간중간 설계과정에 있어서 공기역학 다운포스의 적용에 대해서 살펴볼 것이다. 지금은 공기역학이 세 가지 레이싱의 요소인 가속, 제동 그리고 코너링에 미치는 영향을 고려할 것이다.

1.9.1 가속과 다운포스

가속에 대한 다운포스의 효과는 상대적으로 크지 않다. 저출력 차량의 경우 상대적으로 트랙션 제한 단계는 짧으며, 약 $90\,km/hr$ 정도에 이르면 동력 제한 단계로 넘어갈 가능성이 있다. 이 속도에서 다운포스는 상대적으로 미미하다. 이후 증가된 트랙션은 가속에 대해서는 도움이 되지 않으며, 항력이 약간 증가하면 실제로 성능은 감소한다. 결과적으로 저출력에 낮은 다운포스 차량에 대해서 변속기에 걸리는 하중의 임계값은 출발선에서 가속하는 상황에서 나타나는 수치와 비슷할 것이다.

이런 상황은 고출력에 다운포스가 큰 차량에서는 약간 달라진다. 이런 자동차는 $150\,km/hr$ 에 이르기 전에는 출력제한 상태에 도달하지는 못하지만 이 시간 동안에 이미 상당한 다운포스를 만들었을 것이다. 변속기의 부하는 트랙션이 증가함에 따라서 커지게 된다. 만약 $150\,km/hr$ 에서 다운포스가 예를 들어 $0.7\,g$ 의 수직 하중을 추가한다면 변속기의 부하는 출발선에서의 값에 비해서 70% 높아질 것이다.

1.9.2 제동과 다운포스

공력 다운포스는 고속에서의 제동시 막대한 영향을 미친다. 표 1.2 에 나오는 *Formula One* 을 보면, $320\,km/hr$ 에서 제동시 중력으로 인한 $1.0g$ 외에 다운포스로 인한 $3.3g$ 의 힘을 받게되어 결국 총 자체 질량 곱하기 $4.3g$ 만큼의 중량을 갖는다는 의미이다. 타이어의 민감도로 인해서 평균 마찰 계수는 1.5 에서 1.2 정도로 감소한다. 타이어 컨택 패치의 마찰력으로 인한 제동 외에도 공력 저항으로 인한 에어 브레이크도 작용한다. $320\,km/hr$ 의 속도에서는 드라이버가 가속 페달에서 발을 떼는 순간 브레이크 페달을 건드리지 않더라도 약 $1.5g$ 의 감속도로 속도가 줄어든다. 이런 제동효과는 지면이 아닌 차량 전면부의 압력 중심에 작용한다. 이는 차량의 무게 중심에 가까울 가능성이 높기 때문에 전후 방향에 대한 하중 이동에 미치는 영향은 거의 없다.

예제 1.6

Formula One 자동차가 $320\,km/h$ 에서 제동할 때 아래 상황을 가정하고 예제 1.4 를 반복하시오.

■ $3.3g$ 의 공력 다운포스가 프론트/리어의 정적 휠 하중과 같은 비율로 배분

■ $1.5g$ 의 공기 저항 제동(*Drag braking*)이 무게 중심에 작용

(a) 타이어와 노면 사이의 평균 마찰 계수를 1.2 로 가정했을때 최대 제동시 프론트/리어액슬에 걸리는 하중을 계산하시오.

(b) 최대 감속도를 m/s^2 과 g 값으로 계산하시오.

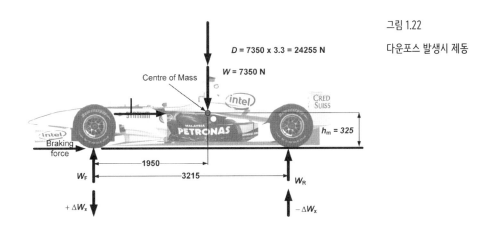

그림 1.22

다운포스 발생시 제동

풀이   (a)   자동차의 유효 총 중량, $W_T = Static\,Weight + Downforce = 7350 + 24255 = 31605N$

앞에서와 같이,

리어액슬 하중, $W_R = 31605 \times \dfrac{1.95}{3.215} = 19169N$

프론트액슬 하중, $W_F = 31605 - 19169 = 12436N$

식 [1.9]로부터,

제동힘, $F = W_T \times \mu = 31605 \times 1.2 = 37926N$

식 [1.5]로부터,

전후 방향 하중 이동, $\Delta W_x = \pm \dfrac{Fh_m}{L} = \pm 37926 \times \dfrac{325}{3215} = \pm 3834N$

(b)　프론트휠 하중, $W_{FL} = W_{FR} = \dfrac{12436 + 3834}{2} = 8135N$

리어휠 하중, $W_{RL} = W_{RR} = \dfrac{19169 - 3834}{2} = 7668N$

공기 저항 제동힘 $= 7350 \times 1.5 = 11025N$

전체 제동힘, $F_T = 11025 + 37926 = 48951N$

자동차의 질량 $= \dfrac{7350}{9.81} = 749.2kg$

식 [1.4]로부터,

감속도, $a = \dfrac{F_T}{m} = \dfrac{48951}{749.2} = 65.3 \, m/s^2 = \dfrac{65.3}{9.81} = 6.7g$

정답　휠 하중: 프론트 $= 8135N$, 리어 $= 7668N$

감속도 $= 65.3 m/s^2 = 6.7g$

비고

1. 감속도 $6.7g$ 의 제동은 상당한 수준으로 드라이버에게는 고통스러운 것이다. 그러나 이러한 수치는 속도에 따라서 급격하게 감소하며 따라서 다운포스와 공기 저항도 줄어든다.

2. 위에서 계산된 휠 하중은 제동 시스템과 프론트휠 어셈블리, 베어링, 서스펜션 부재 등에 대해서는 매우 중요한 하중 케이스이다.

1.9.3 코너링과 다운포스

제동과 마찬가지로 다운포스는 고속 코너링에서도 상당한 영향을 미친다. 유효하중이 크게 증가하는 것으로 인해서 그립도 증가하는 반면 질량은 그대로 유지된다는 것은 가로 방향 가속도(*Lateral acceleration*) 값을 높게 유지할 수 있다는 것을 의미한다. 이로 인해서 *Formula One* 자동차는 *Spa-Francorchamps* 의 *Eau Rouge* 같은 급코너에서 $300 \, km/hr$ 가 넘는 최대 속도로 돌아나갈 수 있다. 이미 앞에서 다루었듯이 다운포스가 없는 자동차의 최대 가로 방향 가속도 값은 평균 마찰 계수와 같다. 다운포스 D 가 있는 자동차에서는,

최대 코너링 포스, $F = (W + D) \times \mu$

g 로 표시하는 가로 방향 가속도 $= \dfrac{(W + D) \times \mu}{W} = (1 + g_{downforce}) \times \mu$

페이지 24 의 **표 1.2** 로부터 속도 $320 \, km/hr$, 평균 마찰 계수 μ 가 1.2 이면 코너링 가로 방향 가속도는 $(1 + 3.3) \times 1.2 = 5.2g$ 이다.

그림 1.23

다운포스 코너링

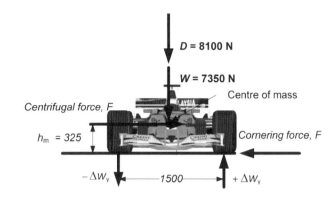

예제 1.7

질량 중심에 $8100N$ 의 공력 다운포스 D 를 받는 차량에 대해서 예제 1.4 를 반복하시오. **(그림 1.23)**

(a) 타이어와 노면 사이의 평균 마찰 계수 μ 를 1.2 로 가정하고 코너링 포스 F 를 계산하시오. 이 값을 가로 방향 g 로 나타내시오.

(b) 전체 가로 방향 하중 이동 최대값을 계산하시오.

(c) $100m$ 반경의 코너를 돌아갈 수 있는 속도를 예측하시오.

풀이 (a) 자동차의 유효 중량, $W = 7350 + 8100 = 15450N$

식 [1.12]로부터,

최대 코너링 포스, $F = W \times \mu = 15450 \times 1.2 = 18540N$

g 로 나타낸 가로 방향 가속도 $= \dfrac{18540}{7350} = 2.52g$

(b) 식 [1.13]으로부터,

전체 가로 방향 하중 이동, $\Delta W_y = \pm \dfrac{F h_m}{L} = \pm 15450 \times \dfrac{325}{1500} = \pm 3348N$

(c) 식 [1.11]로부터,

$$F = \frac{mv^2}{R}$$

따라서, $v^2 = \dfrac{FR}{m} = \dfrac{18540 \times 100}{7350/9.81} = 2475$

$\therefore v = 49.7\,m/s = 179\,km/h$

정답   코너링 포스 $= 18540N$ $(2.52g)$

전체 가로 방향 하중 이동 $= \pm 3348N$

코너링 속도 $49.7\,m/s = 179\,km/h$

비고

다운포스가 없는 차량에 비해서 코너링 속도가 $138\,km/h$ 에서 $179\,km/h$ 로 약 30% 가량 증가되었다.

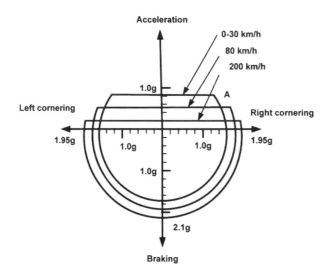

그림 1.24

다운포스를 갖는 전체 차량에

대한 g-g 다이어그램

1.9.4 다운포스가 g-g 선도에 미치는 영향

다운포스가 가속에 미치는 영향은 상대적으로 작은 반면 제동과 코너링에 미치는 영향은 상당하다는 것은 이미 살펴본 바와 같다. 그림 1.24 는 이런 영향이 어떤식으로 $g-g$ 선도에 변화를 주는지 보여주고 있다. 그림에서 볼 수 있듯이 속도가 증가함에 따라서 제동과 코너링시 가능한 g 값도 증가한다. 이는 다운포스가 없는 경우를 보여주는 그림 1.20 과 비교될 수 있다.

1.10 레이싱카 설계시 고려사항

이번 장의 목적은 앞서 살펴본 주제를 돌아보고 경주용차량 설계에 필요한 특성을 이끌어내는 것이다.

1.10.1 질량

앞에서 다루었던 레이싱의 세 가지 요소인 가속, 감속 그리고 코너링은 모두 전후 또는 가로 방향의 가속을 포함한다는 것을 살펴보았다. 그리고 이런 가속도를 최대로 만들기 위해서는 뉴톤의 제 2 법칙인 식 [1.4]로부터 힘은 최대로 하고 질량은 최소로 하는 것이 필요하다는 것도 알고 있다. 모든 경우에 대해서 이러한 힘의 근원은 타이어와 노면 사이의 컨택 패치에 있다. 그림 1.3 으로부터 타이어에 작용하는 하중이 증가함에 따라서 타이어와 노면 사이의 유효 마찰 계수는 감소한다는 것을 보여주는 타이어 민감도 현상을 살펴보았다. 이는 질량을 최소로 하면 레이싱의 세 가지 요소를 향상시킬 수 있다는 의미이다. 가벼운 자동차는 무거운 자동차에 비해서 가속, 제동 그리고 코너링을 더 잘 할 수 있다. 로터스의 설계자인 *Colin Chapman* 에 따르면,

'출력을 높이면 직선에서 더 빨라질 수 있지만, 무게를 줄이면 어디서나 더 빨라질 수 있다.'

자동차가 적절한 강성, 강도 그리고 안전성을 가지고 있다고 가정하면 질량은 최소가 되어야만 한다.

규정이 최소 중량을 명시하고 있다면 이러한 중량보다 더 가볍게 제작하고 밸러스트를 전략적으로 추가하는 것이 바람직하다.

중량 감소는 설계와 제작 과정에서 규정이 필요하며 세부적인 사항에 상당한 주의가 필요하다. 응력 계산은 모든 주요 구성품에 대해서 재료의 형상과 두께를 최적화하도록 처리되어야 한다. 볼트의 개수와 크기는 확인이 필요하다. 가능하다면 구성요소는 한 가지 이상의 기능을 담당해야 한다. 예를 들어서 응력을 받는 엔진(Stressed engine)은 섀시의 구조를 일부 대체할 수 있다. 브라켓 또는 태그는 한 가지 이상 부품을 지지할 수 있다. 단 1그램이라도 줄일 수 있도록 노력해야 하는데 이는 카본 파이버 복합재료와 같은 값비싼 재료로 이어질 수 밖에 없기 때문에 안타깝게도 이는 비용이 증가한다.

1.10.2 질량 중심의 위치

휠과 다른 부품의 위치는 전체 차량의 질량 중심이 최적 지점에 위치하도록 배열되어야만 한다. 양쪽의 두 휠이 균등하게 하중을 받도록 하기위해서 질량 중심은 최대한 차량의 전후 방향 중심선에 가깝게 위치할 필요가 있다. 이는 일반적으로 배터리와 같은 작은 부품의 위치를 조절하는 것으로 가능하도록 할 수 있다.

질량 중심의 전후 방향 위치는 가속시 트랙션을 위해서 구동휠에 더 많은 중량이 가해질 수 있어야 한다. 따라서 후륜 구동 차량에 대해서 질량 중심은 차량의 후방쪽으로 위치해야 한다. 45:55 또는 40:60 전후 배분이 일반적으로 최적이라고 받아들이지만 이는 코너링시 차량의 밸런스를 위해서 리어휠에 더 넓은 타이어를 필요로 한다.

지면으로부터 질량 중심까지의 높이에 대해서는, 타이어 민감도로 인해서 코너링에서 하중 이동의 결과로 전체 그립은 감소하고 이와 같은 전체 가로 방향 하중 이동은 식 [1.13]으로부터 다음과 같이 나타낼 수 있다.

$$\text{전체 가로 방향 하중 이동, } \Delta W_y = \pm \frac{F h_m}{T}$$

이는 하중 이동을 최소로 하기 위해서는 질량 중심의 높이 h_m 이 최대한 작아져야만 한다는 것을 보여준다. 낮은 질량 중심은 또한 코너링시 롤링을 감소시키고, 이후에 다시 살펴보겠지만 이는 휠의 경사인 캠버에 미치는 부정적인 영향의 위험을 줄여준다는 것을 의미한다. 따라서 최대한 낮은 질량 중심을 목표로 해야한다.

마지막으로, 연료와 같이 레이스 동안 질량이 변하는 항목은 질량의 변화로 인해서 차량의 전반적인 밸런스에 영향을 미치지 않도록 하기위해서 최대한 질량 중심에 가깝게 위치해야만 한다.

1.10.3 엔진과 구동 형식

오늘날 거의 모든 1 인승 오픈휠 레이스카는 리어/미드쉽 엔진에 후륜 구동 방식을 채용하고 있다고 해도 과언이 아니다. 이는 무게 중심의 위치를 잡는데 유리하고 동력을 휠에 전달하는 거리가 짧아지고 좁은 전면부 면적으로 인한 공기역학 효율이 좋아지는 여러가지 장점을 제공한다.

일반적으로 이런 형태의 차량은 넓은 리어 타이어를 사용하는 것이 유리하다.

1.10.4 휠베이스와 트랙

최적의 휠베이스 값을 정의하는 것은 쉽지 않다. 일반적으로 짧은 휠베이스는 날렵한 운동성능에 유리하고 따라서 굴곡있는 써킷에서 코너링에 유리하다. 반면 긴 휠베이스는 빠른 직진주로에서 안정적이다. 힐클라임/스프린트 자동차는 급격한 헤어핀이 있는 좁은 도로를 주행하기 때문에 상대적으로 짧은 휠베이스($2.0-2.5m$)로 변화되어 왔다. 써킷 주행 자동차는 넓은 주로에서 고속으로 주행하는 시간이 더 많기 때문에 긴 휠베이스($2.5-2.8m$)로 변화했다. 오늘날 *Formula One* 자동차는 특히 긴 휠베이스($3.1-3.2m$)를 가지고 있는데 그 이유는 추가로 늘어나는 길이만큼 바닥 길이도 길어지고 이로 인해서 다운포스를 더 낼 수 있기때문이다. 그렇지만 다른 모든 조건이 동일하다면 휠베이스가 짧은 자동차가 긴 자동차에 비해서 움직임이 더 가볍다는건 분명한 사실이다.

휠 중심 사이의 거리인 트랙의 최적값은 상대적으로 정의가 용이하다. 위에 나오는 식 1.13 으로부터 하중 이동은 트랙값 T 에 반비례하기 때문에 통상적으로 포뮬러 규정에서 허용하는 최대값을 사용하는 것이 장점이 있다. 또한 넓은 트랙은 코너링에서 롤을 줄여준다. 규정은 대부분 차량의 전폭에 대한 최대값으로 정해두기 때문에 광폭 타이어를 사용하는 리어휠의 트랙값은 프론트휠에 비해서 약간 작아지게 된다.

FSAE/Formula Student 의 경우에는 휠베이스와 트랙값에 대해서는 특이한 사례를 보여준다. 좁고 구불구불한 써킷은 가볍고 기민한 차량이 요구된다. 경험상 사이즈가 작은 차량이 좋은 결과를 보여주는데 휠베이스는 $1.5-1.7m$ 범위이고, 트랙은 대략 $1.2m$ 정도이다.

제 1 장 주요 사항 요약

1. 자동차 경주는 최적의 가속, 제동 그리고 코너링으로 이루어지는데, 세 가지 경우 모두 타이어와 노면 사이의 컨택 패치에서 최대 트랙션이 필요하다.
2. 레이싱카 설계의 많은 부분은 각 휠에 작용하는 수직 하중에 대한 정보가 필요한데, 그 중에서도 정적 하중값은 자동차의 무게 중심 위치에 따라서 결정된다.
3. 휠에 작용하는 하중은 자동차가 가속, 제동 또는 코너링에서 발생하는 하중 이동에 따라서 변동된다.
4. 타이어와 노면 사이에 작용하는 마찰 계수는 일정하지 않으며 타이어에 작용하는 하중이 증가함에 따라서 감소하는데 이를 타이어의 민감도(Tyre Sensitivity)라고 한다.
5. g-g 선도는 가속, 제동 그리고 코너링 사이에 발생하는 상호 작용을 보여주는 유용한 도구이다.
6. 공기역학 다운포스는 트랙 성능을 향상시키기 위해서 필수적이고, 다운포스의 존재는 휠 하중과 트랙션을 증가시킨다. 그 효과는 자동차 속도의 제곱에 비례한다.
7. 최적 성능을 위한 레이싱카는 규정에서 허용하는 한도 내에서 최대한 가벼워야 하며, 낮은 질량 중심과 넓은 트랙을 가져야 한다. 후륜 구동에 리어/미드쉽 엔진 배치가 선호되고 있다.

제 2 장 섀시 구조

목표

■ 레이싱카 섀시 구조에 대한 주요 요구 사항을 정의할 수 있다.

■ 스페이스 프레임, 모노코크 그리고 응력 외피와 같은 구조의 기본적인 형식과 각각에 대한 특성을 이해한다.

■ 섀시에 작용하는 하중을 정의하고 안전 계수의 필요성에 대해서 이해한다.

■ 섀시 프레임에 대한 해석 기법을 이해한다.

■ 충돌 안정성 구조에 대해서 이해한다.

2.1 개요

섀시(*Chassis*)라는 용어는 서스펜션과 휠 어셈블리를 포함하는 전체 롤링섀시(*Rolling chassis*)를 의미하는 목적으로 사용될 수 있지만, 이 장에서는 자동차의 구조적인 프레임으로 한정할 것이다. 구조적인 섀시의 기본적인 조건으로는,

■ 관련된 포뮬러 규정을 만족해야 한다.

■ 엔진, 연료탱크, 배터리와 같은 자동차의 모든 구성요소에 대해서 확보된 위치를 제공해야 한다.

■ 자동차가 높은 g 값으로 가속, 제동 그리고 코너링시 서스펜션과 스티어링 부품으로부터의 전달되는 힘에 견딜수 있을 정도로 충분한 강도와 강성을 제공해야 한다.

■ 충돌시 드라이버를 보호해야 하고 안전벨트를 위한 확실한 지지점을 제공해야 한다.

■ 높은 공기역학 힘을 받는 상황에서 윙과 다른 바디 부분을 지지해야 한다.

섀시 구조는 인간의 뼈대에 해당하는 역할로써 주요 기관을 올바른 위치에 자리잡도록 하며 유용한 움직임과 일을 처리할 수 있도록 근육과 힘줄에 대한 지지점을 제공한다.

지난 50 여 년에 걸쳐 아래와 같은 단 두 가지 주요 형태의 섀시 구조물이 사용되어 왔다.

1. 스페이스 프레임(*Space frame*) – 튜브로 구성된 3 차원의 형태의 구조물로써 비구조용 바디워크로 마감한다.

2. 모노코크(*Monocoque*) – 폐쇄된 박스 또는 실린더 형태를 갖도록 판재(*plate*)와 셸(*shell*)로 구성된다. 따라서 모노코크는 바디워크의 일부를 대체할 수 있다. 최신 모노코크는 대부분 카본 복합재료로 만들어진다.

또 다른 한 가지 형태로는 위의 두 가지가 복합된 응력 외피(*Stressed-skin*) 구조이다. 이는 모노코크의 다른 이름으로 사용될 수도 있지만, 여기서는 일부 부재가 구조적으로 튜브에 고정된 외피로 대체되거나 또는 추가된 스페이스 프레임으로 사용된다.

2.2 비틀림 강성의 중요성

섀시의 비틀림 변형은 자동차의 길이 방향으로 비틀어지는 것을 의미한다. **그림 2.1a** 는 변형되지 않은 스페이스 프레임 섀시, **그림 2.1b** 는 실험실의 비틀림 테스트에서 비틀림을 받는 섀시를 각각 보여주고 있다. 실제로 섀시는 트랙에서 휠 한쪽이 높거나 낮은 지점을 지날 때마다 비틀림을 받게 된다. 가로 방향 힘은 섀시의 수평 방향 굽힘과 비틀림을 일으키기 때문에 **그림 2.1c** 와 같이 코너링에서도 비틀림을 받는다.

그림 2.1a

변형이 없는 섀시

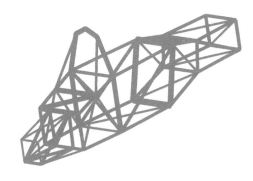

그림 2.1b

비틀림을 받는 섀시

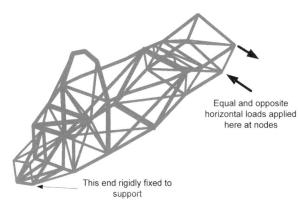

Equal and opposite
horizontal loads applied
here at nodes

This end rigidly fixed to
support

그림 2.1c

코너링으로 인해서 비틀림과 가로
방향 굽힘을 받는 섀시

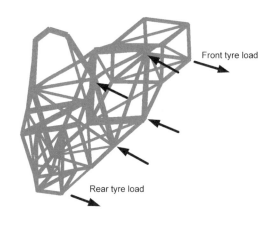

Front tyre load

Rear tyre load

레이싱카에서 높은 비틀림 강성(*Torsional stiffness*)이 필요한 이유로는 중요한 두 가지가 있다. 첫 번째는, 자동차의 밸런스를 효과적으로 조율해서 과도한 언더스티어(*Understeer*)나 오버스티어(*Oversteer*) 없이 뉴트럴 스티어(*Neutral steer*)에 가까운 특성을 얻을 수 있기 때문이다. 예를 들어 과도한 오버스티어를 보이는 자동차를 가정해 보면, 이는 한계 상황의 코너링에서 자동차의 뒷부분이 먼저 그립을 잃고 결과적으로 스핀이 일어날 수 있다는 의미가 된다. 앞에 나왔던 1.7.1 장에서 살펴본 것과 같이 타이어의 민감도(*Tyre sensitivity*)로 인해서 증가된 하중이 자동차의 프론트나 리어로 이동하면 해당 부위의 전체 그립은 점진적으로 줄어들게 된다. 결과적으로 자동차의 프론트 하중 이동이 증가하고 리어 하중 이동이 감소한다면 이는 프론트 그립은 감소하고 리어 그립은 증가하게 되어 오버스티어 문제가 제거될 수 있을 것이다. 이를 위해서는 롤에 대해서 프론트 서스펜션을 강화하고 리어 서스펜션을 부드럽게 하는 것으로 해결이 가능하다. 그러나 이는 섀시가 드라이버와 엔진의 중량으로부터 가로 방향 코너링 하중을 프론트 서스펜션의 코너로 이동해야 한다는 것을 의미한다. 이는 섀시의 비틀림을 유발한다. 이때 만약 섀시의 비틀림 강성이 너무 낮다면 이는 프론트 서스펜션과 직렬로 연결된 스프링과 동일한 움직임을 보일 것이므로 유효한 롤 강성을 크게 감소시킬 것이다. 따라서 자동차 밸런스의 조율은 절충이 필요하다. 참고 문헌 6 에 따르면, 이러한 조율이 최소한 80% 정도 효과를 보기 위해서는 섀시의 비틀림 강성은 적어도 전후 서스펜션의 롤 강성을 포함하는 자동차의 전체 롤 강성에 근접해야만 한다. 참고 문헌 15 의 *Milliken and Milliken* 에 따르면,

'섀시 강성이 안전하게 무시할 수 있을 정도로 충분히 확보된다면
예측 가능한 운동성능을 성취할 수 있다.'

실제로 레이스카의 전체 롤 강성은 다운포스의 크기와 자동차에 작용하는 가로 방향 가속도 g 값에 비례해서 증가한다. 낮은 다운포스와 부드러운 스프링을 장착한 자동차의 경우 전체 롤 강성은 $300\,Nm/deg$ 정도이지만 *Formula One* 자동차의 경우에는 $25000\,Nm/deg$ 까지 증가하기도 한다. 따라서 프론트와 리어 서스펜션의 연결 지점에서 측정되는 섀시의 비틀림 강성의 범위는 $300 - 25000\,Nm/deg$ 정도이다. 높은 강성 수치는 카본 복합재료를 이용한 모노코크 구조로만 만들어낼 수 있다. 과도한 무게의 증가가 없다면 강성이 높을수록 좋으며, 최소한 $1000\,Nm/deg$ 이상이 추천된다.

비틀림 강성이 중요한 두 번째 이유는, 유연한 섀시는 상당한 변형 에너지(*Strain energy*)를 저장하기 때문이다. 이로 인해서 하드 코너링에서 유연한 섀시는 태엽 시계의 스프링처럼 작동할 수도 있기 때문이다. 이 에너지는 드라이버가 코너 탈출에서 직선주로에 들어가면서 가속하는 상황의 임계 지점에서 자동차를 불안정 상태로 만들게 된다. 물론 이때 에너지가 서스펜션 스프링에도 저장되지만 이는 댐퍼에 의해서 제어되기 때문에 문제가 되지 않는다. 섀시 댐핑의 부재는 반복되는 비틀림 진동을 유발할 수도 있다.

2.3 스페이스 프레임 섀시 구조

2.3.1 원리

우수한 스페이스 프레임 설계의 필수 요소는 튜브를 이용해서 삼각형 형태를 이루도록 노드를 서로 연결하는 것이다. 각 노드에서는 최소한 세 개의 튜브가 만나야 한다. 이런 삼각형 세 개를 가지고 **그림 2.2** 와 같이 사면체(*Tetrahedron*)를 만들수 있다.

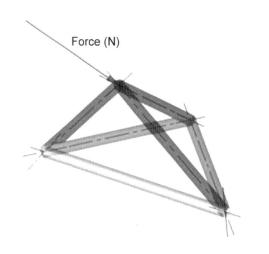

그림 2.2

노드에 하중이 작용하는 사면체

노드에서 만나는 각 튜브의 중심축은 공통된 한 지점을 통과해야만 한다. 섀시에 작용하는 모든 주요 하중은 노드에 작용해야만 하고 이상적으로는 동일한 한 교점을 지나야 한다. 이러한 구조의 장점은 튜브에 작용하는 하중이 실질적으로 굽힘이 없는 거의 대부분 순수한 인장 또는 압축이라는 것이다. 거의 대부분과 실질적이라고 표현하는 이유는 실제 노드 조인트는 순수한 핀 조인트가 아닌 일반적으로 용접으로 연결되기 때문이다. 순수하게 핀 조인트로 연결되는 구조의 부재는 어떠한 굽힘도 받지 않는다. 기존의 노드에 세 개의 멤버를 계속 연결해 나간다면 추가로 노드를 생성할 수 있다.

삼각형 형태 구조의 장점은 **그림 2.3** 과 같이 2 차원 프레임으로 분명하게 설명될 수 있다.

그림 2.3a 는 아랫부분 모서리에 지지되며 윗부분 모서리에서 $1kN$ 의 하중을 받는 브레이싱이 없는 정사각형 2 차원 튜브 프레임이다. 프레임은 $500mm$ 의 정사각형이고 전형적인 연강(*Mild steel*) 튜브로 만들어졌다. 왼쪽 그림은 변형되지 않은 형상과 하중을 보여준다. 오른쪽 그림은 유한 요소 해석을 통한 변형된 형태를 과장해서 보여주고 있다. 최대 변형은 $7mm$ 이고 이때 인장 응력은 $190 \, N/mm^2$ 이다. **그림 2.3b** 는 대각선 브레이싱(*bracing*) 부재를 추가함으로써 삼각형을 이루는 효과를 보여준다. 변형은 브레이싱이 없는 경우에 비해서 0.3%로 감소하였고 최대 인장 응력도 약 7.5%로 감소하였다. 구조물에 저장되는 변형 에너지는 하중에 의해서 변형된 길이에 비례하므로 대각선 브레이싱을 적용함으로써 에너지 역시 0.3%로 감소하였다. 모든 부재는 거의 순수한 인장

또는 압축만을 받게된다. **그림 2.3c** 는 삼각형 형태의 구조일지라도 만약 하중이 노드가 아닌 지점에 작용한다면 그 효과가 사라지는 것을 보여주고 있다. 최대 변형과 최대 응력 모두 위의 두 가지 경우의 중간 정도가 된다.

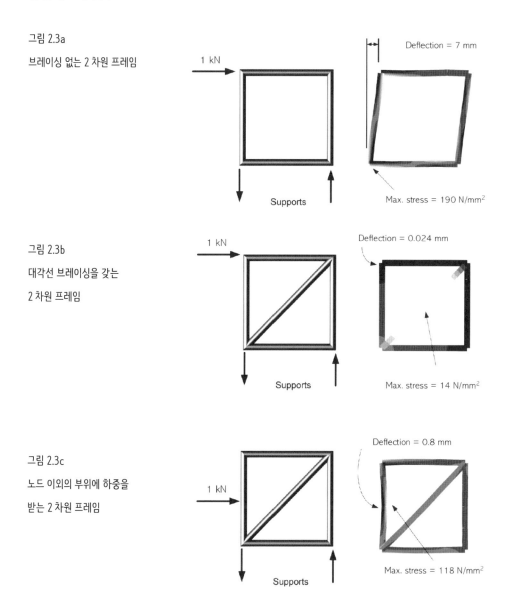

그림 2.3a
브레이싱 없는 2 차원 프레임

그림 2.3b
대각선 브레이싱을 갖는
2 차원 프레임

그림 2.3c
노드 이외의 부위에 하중을
받는 2 차원 프레임

강건한 삼각형 형태인 사면체의 형성이 바람직하지만 이를 평평한 옆면을 갖는 대다수 최근 레이싱카에 적용하기에는 적합하지 않은 경우가 종종 발생한다. 따라서 다른 원리로 사각형 또는 사다리꼴 형태인 프리즘을 만들어 프리즘의 각 면이 삼각형으로 이루어진 사각형을 이용할 수도 있다. 이런 원리가 적용된 형상이 **그림 2.4** 에 나와있다. **그림 2.5** 는 이러한 형상을 몇 개 연결하고 여기에 롤바를 추가해서 레이싱카의 형태가 드러나기 시작하는 모습을 보여준다. 그러나 실제 적용에서의 제한으로 인해서 일부 주요 대각선 부재는 제거되었다.

■ 가장 중요한 사항으로 콕핏 입구는 대각선 부재로 보강될 수 없다.

■ 드라이버의 다리를 위한 공간을 위해서 두 개의 대각선 보강재가 제거되었다.

■ 엔진의 장착와 탈거를 위해서 한 개의 대각선 부재가 제거되었다.

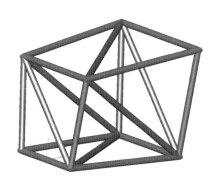

그림 2.4
삼각형으로 구성된 프리즘 형태의
섀시 블록

그림 2.5
일부 대각부재가 제거된 스페이스
프레임 섀시

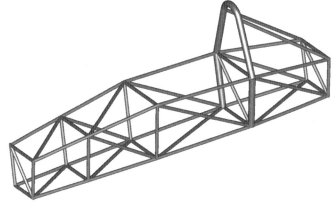

위의 항목은 모두 섀시의 비틀림 강성을 감소시키기 때문에 이를 위한 조치가 추가로 고려되어야 한다. 그림 2.6a 는 비틀림 변형을 받는 섀시의 평면도를 보여주고 있는데 대부분의 변형은 콕핏 부분에서 일어나고 있음을 분명하게 알 수 있다. 이를 해결하게 위해서 고려할 수 있는 방법으로는 다음과 같은 방법이 있다.

■ 상부 콕핏 사이드 부재의 수평 방향에 대한 굽힘 강성을 높인다.

■ 전방과 주 롤 후프 사이의 높은 위치에 보강 부재를 추가한다.

■ 모서리 부위에 짧은 대각선 부재를 추가하는 것으로 콕핏 사이드 부재의 유효 길이를 감소시킨다.

■ 예를 들어 변형되지 않은 상태인 그림 2.6b 에 나오는 것과 같이 구조적인 사이드포드 형태로 콕핏 주위에 일종이 액자 프레임을 추가한다. 그림과 같은 사례의 경우 비틀림 강성은 약 50% 정도 증가되었다.

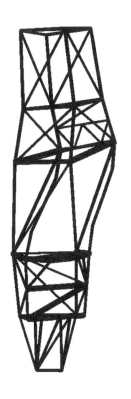

그림 2.6a
콕핏 개구부에서
가장 큰 변형을
보여주는 비틀림을
받아 변형된 섀시

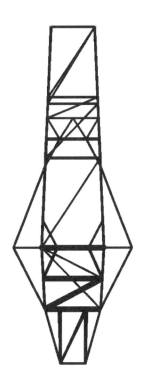

그림 2.6b
사이드포드 구조 부재를
추가함으로써 비틀림 강성이
50% 증가된 섀시

섀시의 전방부위에 대해서는 드라이버의 다리가 위치하는 부위에 **그림 2.7**과 같은 벌크헤드를 하나 또는 그 이상 적용할 수 있다. 이는 서스펜션으로부터 노드가 아닌 부위에 전달되는 하중을 지지하기 위한 목적으로 특히 바람직한 방법이다. 또한 많은 레이스 규정에서는 드라이버 보호를 위한 구조의 일부로 전방에 단단한 롤 후프(*Roll hoop*)의 장착을 요구하기도 한다. 엔진의 장착과 탈거를 위한 입구 부위는 보통 볼트로 체결되는 제거 가능한 부재나 엔진 자체의 단단한 지점에 브레이스를 추가하는 것으로 보강될 수 있다. 또 다른 고려 방법으로는, 튼튼한 연결 지점이 존재한다고 가정한다면 엔진을 섀시의 응력을 감당하는 부분으로 사용하는 것이다. 이런 경우 섀시는 전방 섹션과 후방 섹션으로 분리될 수도 있다.

그림 2.7
전형적인 프론트 롤-후프 벌크헤드

2.3.2 스페이스 프레임의 설계 과정과 재료

섀시의 모든 주요 하중이 노드 포인트에 작용하도록 하는 것이 중요하기 때문에 섀시 프레임의 레이아웃을 확정하기에 앞서 서스펜션과 엔진 마운트의 지점을 알아야할 필요가 있다. 섀시 프레임의 설계는 노드 지점을 서로 연결해 나가는 것이라고 이미 설명되었다. 실제로 섀시 설계는 서스펜션과 병행되는 경향이 있지만 프레임 설계자는 서스펜션에 따라서 노드의 위치를 조절할 준비가 되어있어야 한다.

따라서 섀시 프레임 부재의 초기 레이아웃은 다음 사항을 고려해야 한다.

1. 해당 자동차에 적합한 특정 포뮬러 규정 – 이는 최소 지면 간격, 롤 후프의 크기와 높이 그리고 드라이버 보호를 위한 구조를 포함할 수 있다. *Formula One* 이나 *FSAE/Formula Student* 와 같은 일부 규정에서는 최소 콕핏 크기를 요구할 수도 있는데 이를 위해서 콕핏 템플레이트(*Cockpit template*)를 완성된 자동차에 넣어서 체크하게 된다.

2. 드라이버의 치수 – **그림 2.8** 은 콕핏 설계를 위한 시작점으로 대략적인 치수를 보여주고 있다. 최종적인 치수는 드라이버의 경사각도, 무릎이 구부러질 각도, 페달이 장착될 전방 바닥의 높이에 따라서 별경될 수 있다. 전방의 시야를 확보하기 위해서 전방의 롤 후프는 드라이버의 입 위치보다 높지 않아야 한다.

3. 모든 높은 하중이 섀시에 연결될 지점에 노드의 제공 – 서스펜션 부품, 엔진 마운트 그리고 안전벨트 고정 지점 등이 여기에 포함된다.

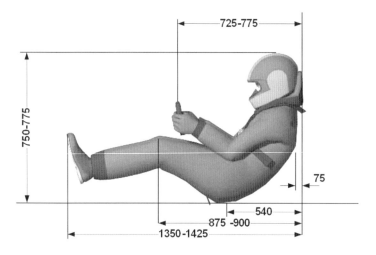

그림 2.8

콕핏 설계를 위한

표준 드라이버 치수

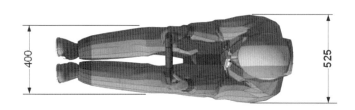

재료

노드에 하중에 작용하는 삼각형으로 이루어진 잘 설계된 스페이스 프레임에 대해서 구조 부재는 대부분 순수한 인장 또는 압축을 받는다는 것을 살펴보았다. 또한 앞으로 살펴볼 것과 같이 많은 부재는 다른 하중조건 하에서는 반대 방향의 하중을 받게 된다. 결과적으로 모든 부재는 압축 하중에 견디도록 설계될 필요가 있고 이에 대한 유일한 실질적인 선택은 속이 빈 중공 튜브이다. 표 2.1 에 스페이스 프레임 부재에 사용할 수 있는 주요 옵션이 나열되어 있다. 대다수 옵션은 몇 가지 강도 등급이 선택가능하며 또한 강화, 경화 또는 담금질 등의 열처리된 상태로도 가능하다. 풀림된 상태의 튜브는 쉽게 굽힐 수 있지만 보통 상당히 약한편이다.

종류	표준 또는 타입	항복 강도 (N/mm²)	비고
스틸			밀도=7850kg/m³ 탄성 계수=205000N/mm²
이음매 없는 원형 튜브	BS EN 10297-1: 2003	235-470	영국 모터스포츠 협회에서는 롤케이지와 브레이싱에 대해서 최소 항복강도 350 N/mm²를 요구한다. 서스펜션 부재와 같은 고강도 부재에 대해서는 이음매가 없는 것이 추천된다.
용접된 원형 튜브	BS EN 10296-1: 2003	175-400	위의 재료보다 저렴하고 일관적인 특성과 신뢰성을 갖는 재료이다.
용접된 정사각형 튜브	BS EN 10305-5: 2010	190-420	정사각형 튜브가 일반적으로 접합이 용이하다. 또한 플로어와 같은 판재를 접합하는 것에도 양호하다. 원형 튜브보다 간소하며 굽힘에 다소 더 강하지만 압축 좌굴에는 약 20% 정도 효율이 떨어진다.
스틸 합금 튜브	BS4 T45, AIS1 4130, Osborne GT1000	620-1000	일반적으로 '항공용' 튜브로 알려져 있고 크롬, 몰리브덴 그리고 니켈을 함유한 스틸 합금으로 만들어진다. 가격이 훨씬 더 비싸고 특수 용접이 필요하다. 규정에서 요구하는 특정 하중에 견뎌야 하는 섀시 프레임에 대해서 가장 가벼운 구조를 제공한다.
알루미늄 합금			밀도=2710kg/m³ 탄성 계수=7000N/mm²
6082-T6	BS EN 754-2: 2008	260	알루미늄 합금은 연강과 유사한 강도를 갖지만 중량은 약 1/3이고 탄성 계수(강성)도 역시 1/3 정도이다. 이는 압축 좌굴에 대한 효율을 감소시키기 때문에 중량 감소 효과가 대부분 사라진다. 또한 용접이 어렵기 때문에 열의 영향을 받는 부위에서는 50% 정도인 상당한 강도의 감소를 가져온다. 이상적으로는 용접 이후 열처리가 필요하다.

표 2.1 스페이스 튜브의 재료

표준화된 튜브의 크기와 성질은 부록 2 에 나와있다. 책을 준비하는 당시를 기준으로 미터 단위 보다는 인치 단위로의 구입이 용이하였다. 하지만 부록 2 에 나오는 것과 같이 모든 인치 단위는 동일한 값의 미터 단위로 변환이 가능하다.

2.4. 응력외피 섀시 구조

플레이트 1 은 그림 2.3 과 동일한 정사각형 프레임을 보여주고 있지만 대각선 부재가 1mm 두께의 알루미늄 판재로 대체된 것이다. 최대 변형과 응력은 대각선 부재를 갖는 프레임과 비슷한 수준임을 알 수 있다. 큐브에 판재를 붙이는 것은 고품질의 구조적인 접착을 필요로 하고 이는 단면 튜브를 이용한다면 쉽게 가능하다. 중요한 것은 양호한 표면 준비, 적절한 경화 조건 그리고 고품질의 구조 접착제를 사용하는 것인데 보통 리벳이나 자체 태핑 스크류를 추가로 사용하게 된다.

이러한 평평한 구조 판재의 사용은 플로어팬 같은 부위에 사용할 경우 무게 절감 효과가 있다. 하지만 바디워크 대신으로 광범위한 사용은 접근성, 외관 그리고 공기역학적인 효과를 감소시킬 수도 있다.

2.5 모노코크 섀시 구조

2.5.1 모노코크 원리

모노코크 섀시는 보다 가볍고 단단하고 강하고 따라서 안전하기 때문에 현재 레이싱 전반에 걸쳐서 전문적인 수준으로 적용되고 있다. 반면 비용이 많이 들고 제작이 어렵다는 단점이 있다. 스페이스 프레임은 인장과 압축에 대응하는 튜브로 이루어진 삼각형 형태에 기반한 반면 모노코크는 주로 전단에 견디는 판재와 셀로 구성된다. 그림 2.4에 나오는 삼각형 기반의 프리즘 블록은 그림 2.9와 같은 플레이트 프리즘으로 대체된다. 한쪽 끝단이 충분히 구속된다면 이러한 구조는 비틀림에 매우 강하다. 스페이스 프레임과 마찬가지로 실용적인 이유로 인해서 드라이버와 다른 부품의 접근을 위해서 일부 면은 제거되거나 덜어져야 한다. 플레이트 2(a)와 2(b)는 엔드 플레이트(*End plate*)가 제거된 경우 비틀림 강성에 미치는 효과를 보여주고 있다. 그림에서 알 수 있듯이 변형은 4배 증가하였는데 이는 비틀림 강성은 1/4로 감소되었다는 의미가 된다. 따라서 모노코크의 외피에는 내부 보강 리브(*rib*)와 벌크헤드(*bulkhead*)가 추가된다. 또한 얇은 판재 구조는 한 지점에 작용하는 집중 하중에 취약하기 때문에 서스펜션이 연결되는 부위와 같은 주요 체결 지점에는 금속 인서트가 보강재의 역할로 추가된다.

그림 2.9
모노코크 플레이트로 구성된
박스 블록

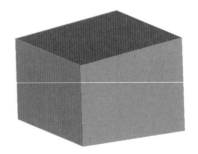

2.5.2 모노코크 재료
알루미늄 합금

과거에는 대략 *1mm* 정도 두께의 알루미늄 합금 판재(*Aluminium alloy sheet*)를 가지고 모노코크를 제작하였다. 알루미늄 합금 시트는 굽힘으로 가로 방향의 박스로 성형할 수 있거나 드라이버의 양쪽 옆에 길이 방향으로 지나가는 튜브 형태로 성형할 수 있었다. 이는 다시 플로어 플레이트, 벌크헤드 그리고 방화벽과 결합되어 전체적으로 강한 구조물로 완성되었다. 시트는 리벳, 용접 또는 접착제

본딩으로 결합되었다.

보다 최근의 추세는 알루미늄 하니콤 복합재 시트를 이용해서 섀시를 구성하는 것이다. 이는 **그림 2.10** 과 같이 두 장의 알루미늄 시트가 알루미늄 하니콤 코어에 본딩되어 이루어진다. 전체 두께는 일반적으로 약 $10-15mm$ 정도 된다. 이는 강하고 가벼운 판넬로 만들어져 자르고 구부리고 접착될 수 있다. 한 방향 이상으로 곡선을 이루도록 하는 것은 불가능하기 때문에 미관적으로나 공기역학적인 부분에서는 별도의 외부 바디작업이 필요하지 않으려면 절충이 필요하다.

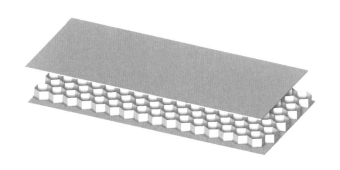

그림 2.10

알루미늄 하니콤 시트

카본파이버 복합재료

카본파이버 복합재료(*Carbon fibre composite*)는 **그림 2.11** 과 같이 카본파이버 모노코크(*monocoque*)를 위한 재료로 전문적인 수준으로써 현재 널리 적용되고 있다. 카본파이버 복합재료는 구조용 강 또는 알루미늄과 비교했을 때 강성과 강도에서 모두 단위 무게당 약 3 배 정도 더 높다. 복합재료라는 명칭이 의미하듯 이는 두 가지의 서로 다른 재료로 만들어진다.

■ 강화제(*Reinforcement*)는 복합재료 강도의 대부분을 제공하는 것으로 적용될 하중에 적합하도록 다양한 방향으로 엮이는 섬유로 구성된다. 모노코크에 사용되는 목적으로는 카본이나 케블러(*Kevlar*) 또는 노멕스(*Nomex*)로 알려지기도 한 아라미드(*Aramid*) 섬유가 사용된다. 이는 일반적으로 직조된(*Woven*) 또는 단방향(*Unidirectional*)의 섬유의 형태로 제공된다. 섬유는 다양한 강도와 경도에 따라서 여러가지 등급이 가능하다.

■ 레진 매트릭스(*Resin matrix*)는 재료의 몸체를 형성하게 된다. 이는 서로 결합하고 강화제를 보강하고 하중을 섬유로 배분하는 역할을 한다. 레진의 종류에 따라서 복합재료가 열에 저항하는 성질이 결정된다. 페놀(*Phenolic*) 계열의 레진은 화재에 대한 저항이 더 좋은 반면 에폭시(*Epoxy*) 레진은 더 강하고 내구성이 우수하기 때문에 섀시에 사용하기에는 더 좋다. 폴리에스테르(*Polyester*) 레진은 가격이 저렴하지만 강도와 내구성이 부족하다. 비닐 에스테르(*Vinyl ester*) 레진은 기계적인 강도와 비용면에서 에폭시와 폴리에스테르의 중간 정도이다.

■ 카본파이버 복합재료 구조는 예외없이 비등방성(*Anisotropic*)으로 섬유는 강도의 효과를 최대한 볼 수 있는 특정한 방향으로 배치된다.

■ 많은 구조물은 경량의 아라미드나 알루미늄 하니콤 코어의 양쪽에 얇은 외피의 카본파이버

복합재료가 조합되는 방식이다.

제작의 첫 단계는 목재나 레진으로 이루어진 실제 크기인 섀시 형틀(*Pattern*)을 제조하는 것이다. 그리고 카본 파이버로 이루어진 암컷 몰드(*Female mould*) 또는 툴(*Tool*)을 성형해서 형틀 주변을 감싼다. 섀시 터브는 보통 상부와 하부로 구분되는 두 조각으로 만들어지고 후에 서로 구조적으로 접착한다. 모든 복합재료 작업은 세심하게 관리되는 클린룸 상태에서 처리되어야 한다. 마감 부품의 제조를 위한 몇 가지 방법이 있는데 다음의 두 가지가 포함된다.

그림 2.11

카본파이버 모노코크 섀시

McLaren MP4/1C

(F-1 Dictionary)

- 습식 레이업(*Wet layup*)은 가장 간단한 방법이다. 몰드 위에 레진과 보강제를 번갈아 가며 적층하고 수동 롤러를 이용해서 압축한다. 그리고 전체를 진공백에 넣어 압축해서 레진을 경화시킨다. 레진은 실내 온도에서 경화되도록 되어있다.
- 프리프렉(*Prepreg*)은 보다 전문적인 방법이다. 강화 매트(*Reinforcement mat*)는 레진에 습식된 상태이지만 고온에서 경화되기 전에는 작업성을 위해서 여전히 유연한 상태가 유지된다. 진공백에 들어가기 전에 여러 장의 레이어가 적층되고 이를 가압되는 오븐인 오토클레이브(*Autoclave*)에서 사용되는 레진의 종류에 따라서 지정된 온도, 압력 그리고 시간 동안 경화시킨다. 이러한 과정을 통해서 가볍고 강한 부품을 생산할 수 있지만 상당한 고가의 장비를 필요로 한다.

고품질의 카본 복합재료를 이용한 섀시는 상당한 수준의 기술 숙련도와 경험을 필요로 하기 때문에 *Formula One* 팀도 종종 외부 전문업체를 이용하기도 한다. 반면 몇몇 *FSAE/Formula Student* 팀은 상당한 성과를 보이기도 했다.

2.6 섀시의 하중 조건과 안전 계수

2.6.1 하중 계수

만약 섀시가 비틀림에 대해서 적당한 강성을 가지고 있다면 이는 적당한 강도를 가지고 있을 가능성이 높다. 그럼에도 불구하고 일부 하중 조건으로부터 최대 하중이 걸리는 상황에서 구조물의 강도를 확인하는 것이 바람직하다. 레이싱카는 상당히 동적인(*dynamic*) 물체라는 것으로 인해서 복잡성이 더해진다. 자동차에 작용하는 정적 하중만으로 응력을 고려하는 것은 충분하지 않다. 자동차가 공중에 뜨는 상태라던가 또는 범프나 커브를 지나갈 때에는 서스펜션, 스프링, 댐퍼를 통해서 충격 하중이 전달된다. 이런 동적 하중의 실제 크기를 계산하는 것은 상당히 어려운 일이지만 통상적인 설계 과정은 매우 간단해서 정적 하중에 동적 하중에 대한 계수를 적용하는 것이 일반적인 방법이다. 수직 하중에 대해서는 보통 계수로 3 을 적용한다. 이는 자동차의 질량이 수직 방향으로 $3g$ 의 가속도를 받는다는 의미가 된다. 코너링 상황이나 공기역학으로 인해서 발생하는 마찰 그립으로부터 인한 동적 하중에 대해서 적정한 계수는 1.3 이다. 표 2.2 에는 대표적인 하중 조건과 이에 대해서 사용할 수 있는 적절한 동적 계수값이 나와있다.

표 2.2 에 나와있는 계수는 참고 문헌 2 와 19 그리고 저자의 경험에 따른 것이다. 여기서 한 가지 흥미로운 의문 사항이 나올 수 있는데, 예를 들어서 '최대 수직 하중 + 최대 코너링'과 같은 복합된 하중 조건에 대한 확인 여부이다. 일반적으로 구조 엔지니어는 이러한 조합에서 동시에 최대값이 나올 가능성은 높지 않다고 보기 때문에 예를 들어서 각각 2.0 과 1.1 정도로 계수를 낮추어 적용하는 경향이 있다. 다시 말해서 이는 복합된 하중 조건은 보통 중요하지 않다는 것을 의미한다.

하중 케이스	동적 영향에 따른 계수
최대 수직 하중	3.0
최대 비틀림 (대각선 반대 방향의 휨)	수직 하중에 대해서 1.3
최대 코너링	수직과 가로 방향 하중에 대해서 1.3
최대 제동	수직과 전후 방향 하중에 대해서 1.3
최대 가속	수직과 가로 방향 하중에 대해서 1.3

표 2.2 하중 케이스와 동적 계수

2.6.2 재료 안전 계수

표 2.2 에 주어진 하중에 대한 계수에 추가해서 재료의 강도에도 안전 계수를 적용하는 것이 필요한데 이 값으로 1.5 가 추천된다. 이는 아래 사항을 고려한 것이다.

■ 재료의 품질
■ 부품의 치수에 대한 작은 오차
■ 직선의 부재와 같은 부품의 결함
■ 부품의 중심에 작용하지 않는 하중

일부 설계자는 안전도나 주행에 결정적인 역할을 하는 부품에는 이보다 약간 더 높은 1.6 을 안전 계수로 적용하고 나머지 부품에는 약간 낮은 1.4 를 적용할 수도 있다. 높은 계수를 적용하는 예로는 서스펜션의 위시본 부재가 포함되고, 낮은 계수값을 적용하는 예로는 비틀림 강성을 증가시키는 역할로 추가되는 대각선 보강 부재가 포함된다. 재료의 종류에 따라서 안전 계수의 값을 다르게 적용하는 것도 적절하다. 따라서 신뢰할만한 경로로 획득한 스틸이나 알루미늄의 경우에는 수작업으로 제작된 섬유 강화 복합재료에 비해서 낮은 계수를 사용할 수도 있다.

2.7 구조 부재의 설계

2.7.1 인장을 받는 부재

노드에 하중이 전달되는 삼각형 형태 구조물의 부재는 주로 인장이나 압축을 받는다는 것을 살펴보았다. 인장 부재에 대해서는 앞에 나왔던 재료의 안전 계수로 예를 들어서 1.5 를 재료의 항복 응력 σ_y 또는 항복점이 분명하지 않은 알루미늄인 경우 0.2% 옵셋 항복 응력에 적용한다. 따라서,

$$\text{인장응력, } \sigma_t = \frac{Force, F_t}{Area, A} \leq \frac{Yield\,Stress, \sigma_y}{1.5}$$

$$\therefore \text{최소 면적, } A = \frac{1.5 \times F_t}{\sigma_y} \qquad [2.1]$$

2.7.2 압축을 받는 부재

가느다란 압축 부재는 항복 응력에 도달하기 전에 좌굴이 일어난다. 이러한 부재에 대한 적절한 가정은 오일러 좌굴 하중을 적용하는 것이다. 핀으로 연결되는 부재에 대해서 이는,

$$\text{오일러 좌굴 하중, } P_E = \frac{\pi^2 EI}{L^2}$$

여기서
$\qquad\qquad E = $ 탄성 계수

$\qquad\qquad I = 2$ 차 면적 모멘트

$\qquad\qquad L = $ 유효 길이

이 경우 재료의 안전 계수 1.5 가 오일러 공식에 적용되어,

$$\text{허용 오일러 좌굴 하중, } \frac{P_E}{1.5} = \frac{\pi^2 EI}{1.5 L^2} \qquad [2.2]$$

핀으로 연결되는 스트럿의 경우 유효 길이는 노드 사이의 거리가 된다. 조인트가 용접으로 연결되는 프레임 구조에서 압축 부재의 유효 길이는 0.85×노드 사이의 거리로 계산한다.

이 공식을 적용한 사례가 페이지 47 의 예제 2.1 에 나와있다.

2.7.3 굽힘을 받는 부재

그림 2.3c 과 같이 만약 힘이 삼각형 구조물의 노드에서 떨어진 부위에 작용한다면 이는 해당 부재에 굽힘 모멘트를 발생시키고 따라서 굽힘 응력을 받게된다. 재료에 대한 안전 계수 1.5 를 적용하면,

$$\text{굽힘응력, } \sigma_b = \frac{Bending\,Moment, M}{Elastic\,Modulus, Z} \leq \frac{Yield\,Stress, \sigma_y}{1.5}$$

$$\therefore \text{최소 탄성 계수} = \frac{1.5 \times M}{\sigma_y} \qquad [2.3]$$

탄성 계수는 부재의 단면에 따라서 결정되는 기하학적인 특성이다. 표준 튜브에 대한 값이 테이블에 나와있다.

만약 구조 부재가 굽힘 모멘트와 인장력을 동시에 받는다면 아래와 같이 식 [2.1]과 [2.3]을 조합해서 적용할 수 있다.

$$최대 \ 굽힘 \ 응력, \quad \sigma_b = \frac{F_t}{A} \pm \frac{M}{Z} \leq \frac{Yield \ Stress, \sigma_y}{1.5} \qquad [2.4]$$

굽힘 모멘트의 계산과 구조 부재의 설계에 대한 보다 자세한 사항은 참고 문헌 22 를 참조한다.

2.8 섀시 응력 해석

2.8.1 수기 해석

스페이스 프레임 섀시에서 주요 부재의 강도를 확인하기 위한 목적으로는 손으로 해석하는 방법이 유용하다. 그림 2.12a 와 같이 주어진 섀시를 고려한다. 최대 수직 하중을 받는 상황에서 부재 a, b 그리고 c 에 작용하는 힘을 계산하는 것이 목적이다.

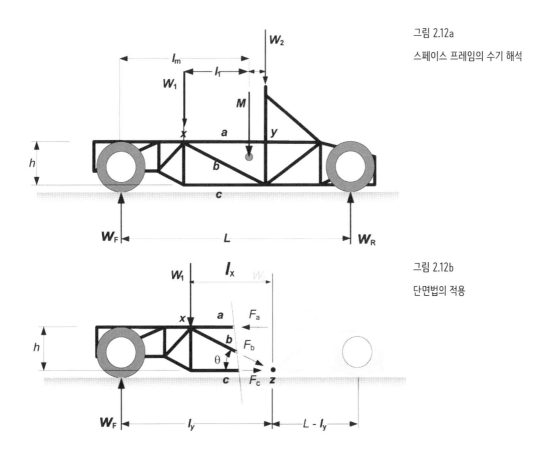

그림 2.12a
스페이스 프레임의 수기 해석

그림 2.12b
단면법의 적용

첫 번째 단계는 동적 하중 계수를 고려해서 무게 중심에 작용하는 자동차의 무게를 계산하는 것이다. 이런 경우 현가상 질량(*Sprung mass*), m_s 를 고려하는 것이 적절하다. 그 이유는 위시본 질량의 절반과 휠 어셈블리의 질량은 섀시 프레임이 아닌 타이어를 통해서 지면으로 직접 전달되기 때문이다. 그리고 프론트와 리어휠에 작용하는 하중을 계산한다. 대칭으로 작용하는 수직 하중에 대해서는 자동차 설계 중량의 절반이 자동차 한쪽의 가장 가까운 프레임 노드에 할당된다. 각 노드에 작용하는 하중인 W_1 과 W_2 는 무게 중심으로부터의 거리에 반비례한다. 실제로 자동차의 현가상 질량은 프레임 전체에 걸쳐 넓게 분포되기 때문에 이는 보수적인 접근 방법이다. 여기서 동적 안전 계수로는 3 을 적용한다.

$$자동차의 \ 설계 \ 중량, \ W = m_s \times 3 \times 9.81 N$$

W_F 를 중심으로 모멘트를 취하면,

$$리어휠 \ 하중, \ W_R = \frac{W}{2} \times \frac{l_m}{L}$$

수직 방향 힘의 평형으로부터,

$$프론트휠 \ 하중, \ W_F = \frac{W}{2} - W_R$$

$$x \ 지점의 \ 하중, \ W_1 = \frac{\frac{W}{2} \times l_2}{(l_1 + l_2)}$$

수직 방향 힘의 합으로부터,

$$y \ 지점의 \ 하중, \ W_2 = \frac{W}{2} - W_1$$

다음 단계는 단면법(*Method of sections*)으로 알려진 방법을 사용해서 a, b 그리고 c 에 작용하는 힘을 구하는 것이다. 여기서 힘을 구해야하는 모든 부재는 **그림 2.12b** 처럼 가상의 선에 의해서 잘려진다고 가정한다. 그리고 이 선의 오른쪽 구조는 무시한다. 선의 왼쪽의 모든 힘은 잘려진 부재인 a 와 b 그리고 c 의 화살표로 보여지는 힘과 평형을 이루어야만 한다. 이 단계에서는 세 개의 힘을 알 수 없지만 만약 예를 들어서 z 와 같이 두 힘이 교차하는 지점을 중심으로 모멘트를 취하면 변수 두 개가 제거되므로 나머지 a 에 작용하는 힘 하나만 유일한 미지수로 남게 된다.

$$z 를 \ 중심으로 \ 모멘트를 \ 취하면, \ W_F \times l_y = (W_1 \times l_x) + (F_a \times h) \ 따라서 \ F_a$$
$$x 를 \ 중심으로 \ 모멘트를 \ 취하면, \ W_F \times (l_y - l_x) = F_c \times h \ 따라서 \ F_c$$

만약 부재 a 와 c 가 서로 수평이라면 b 에 작용하는 힘의 수직 성분으로 수직 방향에 대한 평형 방정식을 세울수 있다.

$$수직 \ 방향 \ 힘의 \ 합으로부터, \ W_F - W_1 = F_b \times sin\theta \ 따라서 \ F_b$$

예제 2.1

그림 2.13a 는 스페이스 프레임 레이싱카 섀시를 보여준다. 만재시(*Fully laden*) 현가상 질량은 530*kg*
이다.

1. 부재 *a, b* 그리고 *c* 에 작용하는 힘을 계산하시오.

2. 다음과 같은 조건에서 두께가 1.5*mm* 이고 외경이 25*mm* 인 원형 튜브를 사용하는 것의 적정성을
   확인하시오.

■ 단면적 $= 110.7 mm^2$

■ 2 차 면적 모멘트 $= 7676 mm^4$

■ 항복 응력 $= 275 \, N\big/mm^2$

■ 탄성 계수 $= 200000 \, N\big/mm^2$

그림 2.13a

스페이스 프레임의 해석

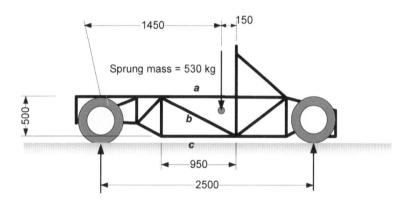

그림 2.13b

단면법의 적용

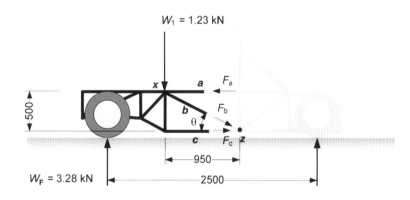

풀이   1.   자동차의 설계 중량, $W = 530 \times 3 \times 9.81\big/10^3 = 15.6 kN$

W_F 를 중심으로 모멘트를 취하면,

리어휠 하중, $W_R = \dfrac{W}{2} \times \dfrac{l_m}{L} = \dfrac{15.6}{2} \times \dfrac{1450}{2500} = 4.52 kN$

수직 방향 힘의 평형으로부터,

프론트휠 하중, $W_F = \dfrac{W}{2} - W_R = \dfrac{15.6}{2} - 4.52 = 3.28 kN$

x 에 작용하는 하중, $W_1 = \dfrac{\dfrac{W}{2} \times l_2}{\left(l_1 + l_2\right)} = \dfrac{\dfrac{15.6}{2} \times 150}{\left(800 + 150\right)} = 1.23 kN$

수직 하중의 합으로부터,

y 에 작용하는 하중, $W_2 = \dfrac{W}{2} - W_1 = \dfrac{15.2}{2} - 1.23 = 6.37 kN$

그림 2.13b 단면법을 적용

z 를 중심으로 모멘트를 취하면,

$$W_F \times l_y = \left(W_1 \times l_x\right) + \left(F_a \times h\right)$$

$$3.28 \times 1600 = \left(1.23 \times 950\right) + \left(F_a \times 500\right)$$

$$F_a = 8.16 kN \quad \text{(압축)}$$

x 를 중심으로 모멘트를 취하면,

$$W_F \times \left(l_y - l_x\right) = F_c \times h$$

$$3.28 \times \left(1600 - 950\right) = F_c \times 500$$

$$F_c = 4.26 kN \quad \text{(인장)}$$

$$\theta = tan^{-1} \dfrac{500}{950} = 27.8°$$

수직 하중의 합으로부터,

$$W_F - W_1 = F_b \times sin\,\theta$$

$$3.28 - 1.23 = F_b \times sin\,27.8°$$

$$F_b = 4.40 kN \quad \text{(인장)}$$

2. 부재의 강도 검증

부재 a 에 대해서, $F_a = 8.16 kN$ (압축)

오일러 좌굴 하중, $P_E = \dfrac{\pi^2 EI}{1.5 l^2}$

여기서 $E = $ 탄성 계수 $= 200000 \, N/mm^2$

$I = 2$ 차 면적 모멘트 $7676 \, N/mm^4$

용접된 조인트 $l = $ 유효 길이 $= 0.85 \times 950 = 807.5$

재료의 안전 계수 $= 1.5$

$$P_E = \dfrac{\pi^2 \times 200000 \times 7676}{1.5 \times 807.5^2} = 15491N = 15.5 kN > 8.16 kN \quad OK$$

부재 b 에 대해서, $F_b = 4.40kN$ (인장)

인장 응력, $\sigma_t = \dfrac{Force}{Area} = \dfrac{4400}{110.7} = 39.7\,N\big/mm^2$

허용 하중 $= \dfrac{Yield\ Stress}{Safety\ Factor} = \dfrac{275}{1.5} = 183N\big/mm^2 > 39.7N\big/mm^2\ OK$

부재 c 에 대해서, $F_c = 4.26kN$ (인장)

결과를 종합하면, 응력을 만족함

비고

이와 같은 하중 케이스로부터 특히 인장 부재에 대해서 부재의 치수를 줄이는 것을 고려할 수 있다.

2.8.2 전산 해석

응력 해석

섀시 프레임의 응력 해석은 일반적으로 상업용 유한 요소 해석(*Finite Element Analysis, FEA*) 전산 패키지를 이용해서 처리된다. 이런 프로그램이 처음 사용된 분야는 항공 산업으로 현재 다양한 종류가 나와있다. 여기에는 비선형 재료로 처리할 수 있는 복잡한 전문 *FEA* 패키지에서부터 3차원 모델링 패키지에 확장으로 추가할 수 있는 간단한 것도 있다. 대부분 고가이지만 특히 스페이스 프레임에 대해서는 참고 12 에 나오는 *LISA* 와 같은 무료로 사용 가능한 프로그램을 이용해서 유용한 정보를 얻을 수 있다. 다음은 *LISA* 를 이용해서 예제 2.1 에 나오는 간단한 스페이스 프레임을 해석하는 방법을 보여준다.

그림 2.14 는 섀시 프레임 모델을 보여주는 *LISA* 의 샘플 화면을 보여주고 있다. 아래 사항을 참고해야 한다.

1. 첫 번째 단계는 노드의 좌표점을 입력하는 것이다.

2. 각 튜브에 대한 재료의 성질와 크기를 정의해야 한다.

3. 노드를 요소(*Element*)로 연결한다. 이 경우 요소는 선요소가 되고 각 요소는 이와 관련된 특정한 재료의 성질을 갖게 된다.

4. 대부분의 경우 요소는 용접과 같이 끝에서 단단하게 연결되었다고 가정하지만 서스펜션 위시본은 핀으로 체결되는 트러스 부재로 가정한다.

5. 휠 어셈블리와 섀시를 연결하는 서스펜션 푸시로드 및 스프링은 흥미로운 부분이다. 회전하는 벨크랭크 모델로 만드는 것이 가능하지만 이 경우에는 간단한 방법을 적용하였다. 푸시로드의 탄성 계수 값을 상당히 감소시켜서 스프링처럼 작용하도록 한다. 이를 벨크랭크의 피봇 역할을 하는 섀시의 노드에 연결시켰다.

6. 무게 중심 위치에 추가 노드를 생성시키고 이를 역시 낮은 탄성 계수를 갖는 인근의 노드에 연결해서 이로 인해서 메인 섀시의 하중에 미치는 영향을 최소화하였다.

7. 지지점은 상당한 주의가 필요하다. 휠 업라이트는 지면 높이까지 연장되어 컨택 패치를 형성하도록 한 것을 볼 수 있다. 자동차는 안정성(*stability*)을 제공하기 위한 최소한의 구속 부위를 제공받을

필요가 있다. 이 경우 각 휠은 수직 방향으로 구속된다. 두 개의 바깥쪽 컨택 패치는 가로 방향으로 구속되는데 한 개의 뒷부분 컨택 패치는 전후 방향으로 구속된다. 여기에 불필요하게 추가되는 구속 조건은 자동차가 아치 형태가 되는 아칭(*Arching*) 현상을 일으킬 수 있는데 이는 튜브 내부의 힘에 영향을 미치게 된다.

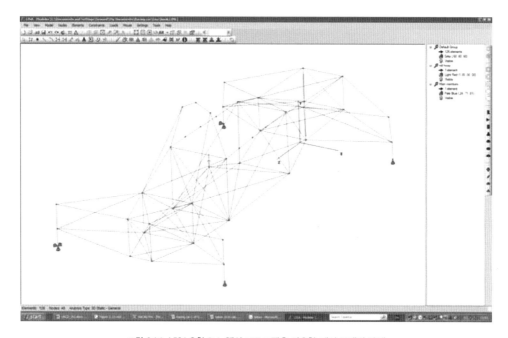

그림 2.14 *LISA* 유한요소 해석 프로그램을 이용한 섀시 모델의 사례

8. 계수가 적용된 설계 하중이 무게 중심 노드에 추가된다. 현가상 질량을 시뮬레이션하기 위한 수직 방향 성분에 추가해서 가로 방향 성분으로 코너링을 시뮬레이션하고 전후 방향 성분으로 가속과 제동을 시뮬레이션할 수 있다.

9. 최대 비틀림 조건에 대해서는, 수직 하중이 추가되고 대각선 방향의 마주보는 휠 컨택 패치를 나머지 휠의 반력이 0이 되기까지 윗쪽으로 변형시킨다.

결과

해석이 끝나면 *LISA* 는 각 요소에 대한 관련된 하중, 응력 및 노드의 변위를 테이블 형태의 결과로 일련의 컨투어 형태인 변형된 이미지와 함께 출력한다. **그림 2.15a-c** 는 세 가지 하중 케이스에 대해서 변형을 과장해서 보여준다. 예제 2.1 에서 해석되었던 세 개의 주요 사이드 부재의 힘도 같이 표시되었다. 최대 수직 하중 케이스에 대해서 수치는 손으로 계산해서 구한 값과 유사한 것을 알 수 있다. 수치의 차이는 아마도 하중이 약간 다른 방법으로 적용되었다는 사실로 설명이 가능할 것이다. 일반적으로 간단한 유한 요소 툴은 압축 좌굴은 확인하지 못한다. 재료의 항복 응력에 대해서 단순히 최대 압축 응력을 확인하는 것은 적절하지 않다. 압축 하중은 예제 2.1 과 같이 오일러 좌굴 하중과 비교되어야만 한다.

그림 2.15a

최대 수직 하중 케이스

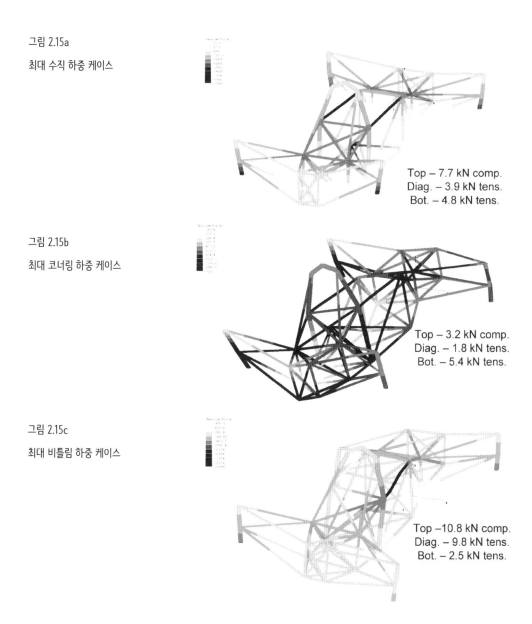

Top – 7.7 kN comp.
Diag. – 3.9 kN tens.
Bot. – 4.8 kN tens.

그림 2.15b

최대 코너링 하중 케이스

Top – 3.2 kN comp.
Diag. – 1.8 kN tens.
Bot. – 5.4 kN tens.

그림 2.15c

최대 비틀림 하중 케이스

Top –10.8 kN comp.
Diag. – 9.8 kN tens.
Bot. – 2.5 kN tens.

강성 해석

높은 비틀림 강성은 레이싱카 섀시의 중요한 설계 목표로써 전산 유한 요소 해석을 이용하면 서스펜션의 전체 롤 강성과 비교할 수 있는 비틀림 강성을 양호하게 예측할 수 있다는 것을 살펴보았다. 예측하는 절차는 예를 들어 리어 서스펜션 벨크랭크가 연결되는 노드와 같은 프레임의 한쪽 끝단을 고정시키고 프론트 서스펜션이 연결되는 반대편 끝단에 토크를 가하는 것이다. 이때 가해지는 토크는 임의값으로 자동차의 실제 하중과는 관련이 없다. 이렇게 하는 이유는 섀시의 비틀림 강성을 다른 자동차와 비교하려는 목적이기 때문이다.

예제 2.2

플레이트 3 은 이와 같은 유한 요소 해석의 모델과 결과를 보여준다.

섀시의 비틀림 강성을 Nm/deg 단위로 계산하시오.

풀이
$$적용된 \ 토크 = 1000 \times 0.270 = 270 Nm$$

$$각 \ 회전량 = tan^{-1} \frac{0.831}{270} = 0.176°$$

$$비틀림 \ 강성 = \frac{270}{0.176} = 1534 \ Nm/deg$$

비고

1. 앞의 2.2 장으로부터 비틀림 강성에 대한 목표 수치는 차량의 전체 롤 강성과 같아야 한다. 따라서 위의 그림은 만족스러운 수준이다.

2. 위의 계산은 섀시의 길이에 걸친 전체 비틀림각 0.176 도를 보여준다. 비틀림에 특별히 취약한 섀시 단면의 존재를 확인하기 위해서는 조금씩 증가하는 비틀림 각도를 그래프로 그려보는 것이 유용하다. 이러한 경우 콕핏 개구부에서 가장 큰 비틀림을 나타낼 것이다.

3. 비틀림 강성에 대한 영향을 확실히 파악하기 위해서는 특정 부재의 치수를 변경하고 가능하다면 다른 부재를 추가하거나 제외하고 해석을 반복하는 것이 바람직하다. 가능한 목표는 비틀림 강성대 질량의 비율을 최대로 하는 것이다. 이러한 방법을 통해서 콕핏 개구부 주변의 추가 브레이싱을 살펴볼 수 있을 것이다.

2.9 충돌해석

충돌시 드라이버를 보호하는 원리는 승용차에 적용되는 것과 동일하다. 다시 말해서 드라이버를 단단한 안전셀 내부로 두고 이 셀을 에너지를 발산할 수 있는 재료로 만들어진 크럼플 존(*Crumple zone*)으로 둘러싸는 것이다. 대다수 포뮬러 규정은 롤 후프(*Roll hoop*)와 같은 세이프티 셀(*Safety cell*)에 사용되는 부재의 크기를 포함하거나 견딜 수 있는 특정 하중을 명시하고 있다. 설계는 일반적으로 허용된 계산 방법과 물리적인 테스트로 검증되어야만 한다.

그림 2.16
알루미늄 충격 흡수기의
압착 테스트 전후

전면 (후면) 충격 흡수 구조에 대한 규정은 일반적으로 자동차가 특정한 속도에서 드라이버에 과도한 g 가 작용하지 않으면서 정지할 수 있도록 요구한다. 이는 특별한 성질을 갖는 충격 흡수 장치(*Impact attenuator*)를 필요로 한다. 이는 분명하게 정의된 힘을 받으면 변형되기 시작해야만 하고 큰 변위에 걸쳐서 힘이 작용하는 동안 계속해서 이 힘에 저항해야 한다. 이는 발산되는 에너지를 의미하는 하중-변위 그래프의 아랫부분 면적을 최대로 할 수 있기 때문이다. 운동 에너지는 열로 변환된다. 이러한 목적으로 사용할 수 있는 다양한 종류의 특수 폼과 알루미늄 하니콤이 개발되어 있다. **그림 2.16** 은 압착테스트 전과 후의 알루미늄 하니콤 충돌 흡수 장치를 보여주고 있다. 테스트 데이타의 그래프인 **그림 2.17** 을 보면 초기에 높은 피크 응력을 나타내고 있으며 이후에는 거의 일정한 하중을 나타내는 긴 영역이 따르고 있다. 대부분의 포뮬러 규정에서는 이러한 아주 짧은 시간동안 나타나는 피크값을 허용하고 있지만 이러한 피크는 장착하기 전에 수 밀리미터 정도를 미리 찌그러트리는 것으로 제거될 수 있다. 흡수 장치에서 흡수된 에너지는 힘과 변형 곡선의 아랫부분 영역과 같다.

그림 2.17

알루미늄 하니콤에 대한

전형적인 압착 응력 곡선

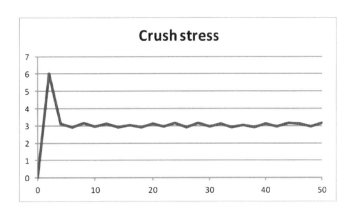

Displacement (mm)

아래와 같은 조건을 가정했을 때 설계 절차는 다음과 같다.

■ 자동차의 총 중량 = m
■ 자동차의 초기 속도 = u
■ 최대 g 값 = G

첫 번째 단계는 자동차가 g 한계 이내에 머물기 위해서 감속되어야만 하는 거리를 계산해서 필요한 충격 흡수 장치의 본래 길이를 결정하는 것이다.

$$감속도, \ a = -9.81 \times G$$

표준 운동방정식으로부터,

$$v^2 = u^2 + 2as$$

여기서 v = 최종 속도 = 0 , u = 초기 속도, s = 거리이므로 식을 정리하면,

$$s = \frac{u^2}{2a}$$

제조사 데이타로부터, 충격 흡수기의 유효 강도 = 변형 전 본래 길이의 70%를 적용하면,

$$변형 \ 전 \ 본래 \ 길이 = \frac{s}{0.7}$$

이제 충격 흡수기가 변형되는 동안 정확한 힘을 제공할 수 있도록 하니콤의 형식과 전면 면적을 결정해야 한다. 다양한 형식에 대한 제조사의 데이타가 아래의 **표 2.3**에 나와있다. (참고 문헌 10)

형식	밀도 (kg/m³)	압착 강도 (N/mm²)
1/4-5052-3.4	54	1.03
1/4-5052-4.3	69	1.59
1/4-5052-5.2	83	2.31
1/4-5052-6.0	96	2.97
1/4-5052-7.9	127	5.00

표 2.3 HexWeb 하니콤 압착 강도 (www.hexcel.com)

표 2.3에 나오는 압착 강도는 정적인 값으로 이는 **그림 2.18**에 근사적으로 표현된 것과 같이 충격 속도에 따라서 증가한다.

$$뉴톤의 \ 법칙으로부터, \ Force = M \times a$$
$$또한, \ Force = Crush \ Strength \times Frontal \ Area$$
$$정리하면, \ Frontal \ Area = \frac{M \times a}{Crush \ Strength}$$

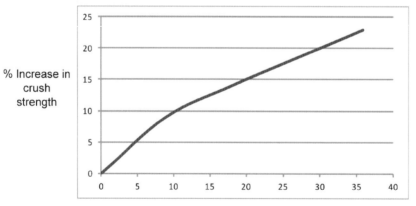

그림 2.18
속도 변화에 대한
압착 강도의 증가

예제 2.3

FIA 규정에 따르면 $650 kg$ 자동차는 $12 m/s$ 로부터 드라이버가 $25g$ 이상 감속에 노출되지 않으면서 정지할 수 있어야만 한다. 적절한 알루미늄 하니콤 충격 흡수기의 치수를 결정하시오.

풀이　　　　　감속도, $a = 9.81 \times G = 9.81 \times 25 = 245.3 \, m/s^2$

거리, $s = -\dfrac{u^2}{2a} = \dfrac{12^2}{2 \times 245.3} = 0.294 m$

변형 전 충격 흡수기의 길이 $= \dfrac{s}{0.7} = \dfrac{0.294}{0.7} = 0.420 m$

힘, $F = ma = 650 \times 245.3 = 159445$

표 2.3 으로부터 $1/4 - 5052 - 6.0$ 형식을 시도하고 그림 2.18 을 참고하면

$12 m/s$ 에서의 압착 강도 $= 2.97 \times 1.11 = 3.3 \, N/mm^2$

전면 면적, $A = \dfrac{159445}{3.3} = 48320 mm^2$

폭 $300 mm$ 에 대해서, 높이 $= \dfrac{48320}{300} = 161 mm$

검증　　　이동하는 차량의 운동 에너지 $= 0.5 mu^2 = 0.5 \times 650 \times 12^2 = 46800 \, Joules$

충격 흡수기가 흡수한 에너지 $= F \times s = 159445 \times 0.294 = 46880 \, Joules$

정답　　　가로×세로×높이 $420 \times 300 \times 161 mm$ 인 알루미늄 하니콤 $1/4 - 5052 - 6.0$ 충격 흡수기 사용

제 2 장 주요 사항 요약

1. 섀시 프레임은 서스펜션과 기타 부품으로부터 전달되는 정적 하중과 동적 하중을 지지해야 하고 충돌시에는 드라이버를 보호해야만 한다.
2. 자동차가 양호한 운동성능을 보이기 위해서 섀시 프레임은 비틀림에 대해서 강성을 가져야만 한다.
3. 섀시의 두 가지 대표적인 형태는 튜브를 이용한 스페이스 프레임과 모노코크 구조이다.
4. 스페이스 프레임은 가능하면 완전한 삼각형 형태로 이루어져야 하고 모든 외력은 노드 또는 노드의 근처에 작용해야 한다. 만약 이런 조건이 불가능하다면 보강이 필요하다.
5. 모노코크에 사용되는 대표적인 두 가지 재료는 알루미늄 하니콤 판재와 카본파이버 복합재료다.
6. 동적 효과를 위해서 정적 하중에 적절한 계수가 적용되어야 하고 또한 재료의 강도에는 안전 계수가 적용되어야 한다.
7. 주요 부재에 작용하는 하중에 대한 유용한 정보는 간단한 계산으로 가능하지만 완전한 해석을 위해서는 유한 요소 패키지를 이용한다.
8. 안전을 위해서 드라이버는 에너지를 발산할 수 있는 재료로 만들어지는 튼튼한 안전셀로 보호되어야 한다.

제 3 장 서스펜션 링크

목표

■ 성능을 최적화하기 위해서 레이싱카 서스펜션에 필요한 사항을 이해한다.

■ 더블 위시본 서스펜션을 설계하는 방법을 이해하고 지오메트리 변화가 휠 캠버와 다른 중요한 특성에 어떤 영향을 미치는지 파악한다.

■ 서스펜션 지오메트리가 이른바 안티 스쿼트와 안티 다이브라고 하는 가속과 제동시 발생하는 피칭을 제어하는 방법을 이해한다.

■ 서스펜션에 작용하는 하중을 계산하고 적절한 구조 부재를 선택할 수 있다.

■ 서로 다른 다양한 차량에 특별한 위시본 지오메트리가 적용되었는지 이해한다.

3.1 레이싱카 서스펜션 개요

훌륭하게 설계된 서스펜션은 레이싱카의 성능에 결정적인 역할을 한다. 참고 문헌 18 의 *Tony Pashley* 는 이같은 어려움을 아래와 같이 정의하고 있다.

> '서스펜션과 스티어링의 설계 목표는 어떤 조건에서도 항상 휠을 도로 표면에 최적의 각도를 유지하도록 만드는 것이라고 분명히 강조하고 싶다.
> 이는 설계자에게는 성배와도 같아서 현실적으로 성취가 불가능하다.'

플레이트 4 는 전형적인 레이싱카의 프론트 서스펜션 형상과 사용되는 용어를 보여주고 있다. 이는 더블 위시본(*Double wishbone*)으로 알려진 종류인데 레이싱카에 널리 사용되고 있다. 서스펜션의 종류에는 여러가지가 있지만 이 책에서는 더블 위시본과 그 변형의 설계에 주로 초점을 맞출 것이다. 리어 서스펜션도 거의 동일하지만 조향이 필요하지 않기 때문에 고정된 토우 링크를 가지고 있다. 더블 위시본은 차축식과는 다른 독립 현가(*Independent suspension*) 방식의 하나이고 따라서 불규칙한 노면에 대해서 각 휠이 개별적으로 대응할 수 있다. 이번 장에서는 위시본의 설계에 대해서만 다룰 것이다. 제 4 장에서는 스프링, 댐퍼, 벨크랭크 그리고 안티롤바를 살펴볼 것이다. 휠의 내부 구조와 조향 장치에 대해서는 제 6 장에서 알아볼 것이다.

어퍼와 로어 위시본은 휠을 섀시 구조물에 연결하는 메커니즘을 제공한다. 여기에 스프링, 댐퍼가 없는 상태에서 토우 링크를 추가하면 휠은 섀시 프레임에 대해서 미리 지정된 경로를 따라서 자유롭게 움직일 수 있게 된다. 이런 움직임의 경로는 자동차의 핸들링에 매우 중요하며 또한 섀시의 어느 부분에 연결되는가에 따라서 민감하게 달라진다. 링크 지오메트리의 작은 변화는 휠의 움직임 또는 기구학(*Kinematics*)에 중요한 변화를 가져온다. 이런 움직임의 속성은 계산, 도면 또는 축소 모형을 가지고 알아볼 수도 있지만 최근의 추세는 서스펜션 설계를 위한 컴퓨터 프로그램을 사용하는 것이다. **플레이트 4**를 포함한 여러 다른 그림은 모두 참고 27 의 *SusProg 3D Designer* 와 몇몇 다른 패키지를 이용한 결과이다.

섀시와 휠 사이의 상대적인 움직임은 아래처럼 두 가지로 구분할 수 있다.

1. 범프(*Bump*)와 리바운드(*Rebound*) – 양쪽 휠이 서로 같은 방향으로 움직이는 것
2. 롤(*Roll*) – 양쪽 휠이 서로 반대 방향으로 움직이는 것

이는 **그림 3.1a-d** 에 나와 있다. 다른 모든 움직임은 이러한 두 가지 기본적인 타입의 조합이라고 간주할 수 있다. **그림 3.1a** 를 자세히 보면 휠의 수직 방향 경사 또는 캠버(*Camber*)가 영향을 받으며 이는 그립에 중요한 영향을 미친다.

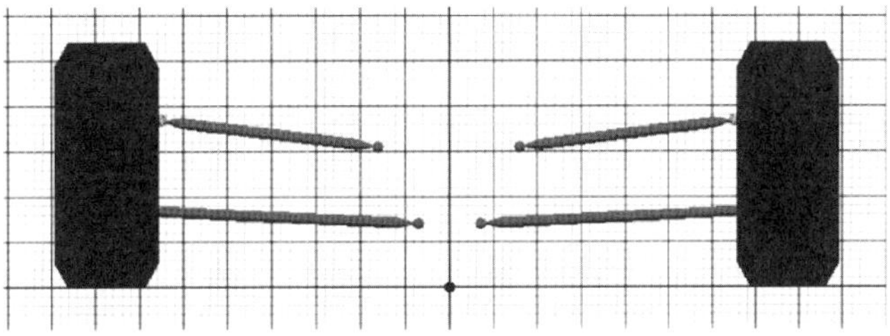

그림 3.1a
정적 상태

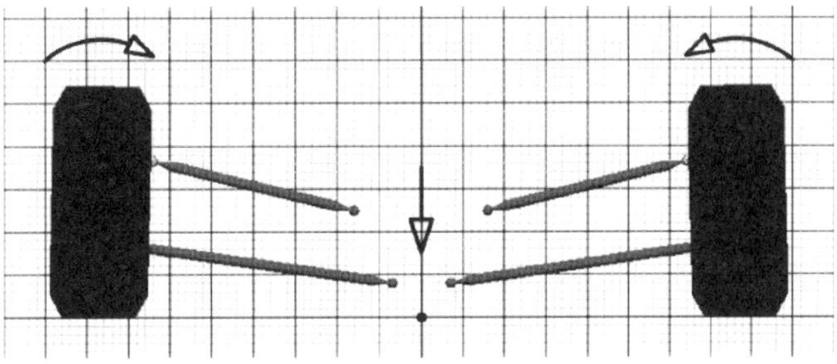

그림 3.1b
범프

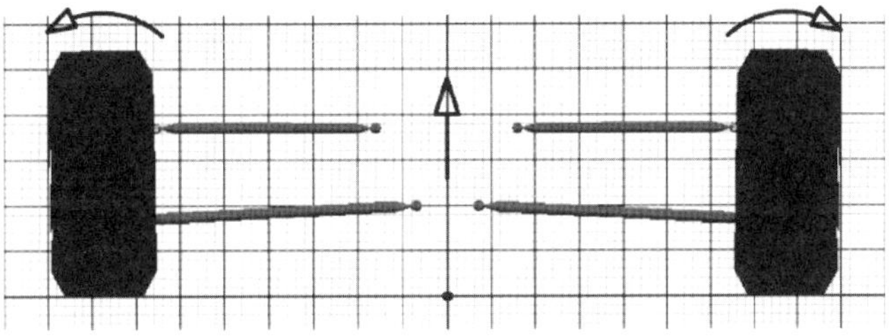

그림 3.1c
리바운드

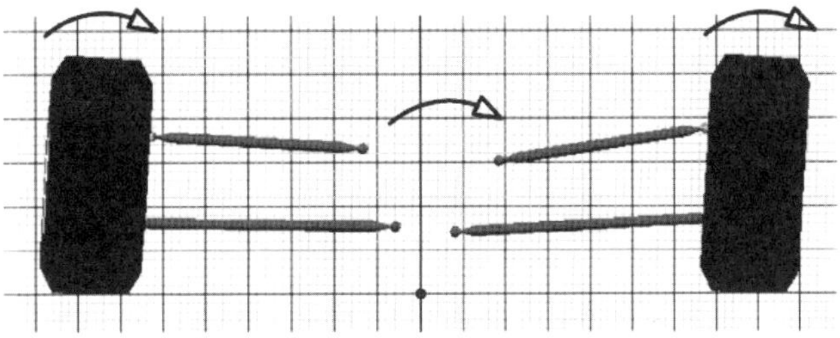

그림 3.1d
롤링

3.2 휠 캠버와 그립

휠 캠버각 ϕ 는 휠의 단면이 수직과 이루는 각도로 정의된다. 캠버각은 **그림 3.1c** 와 같이 휠의 윗부분이 자동차의 바깥쪽으로 기울어진 경우 양($Positive$)의 방향이라고 하고, **그림 3.1b** 와 같이 안쪽으로 기울어진 경우에는 음($Negative$)의 방향이라고 한다. 따라서 **그림 3.1d** 와 같은 롤이 발생한 경우에는 하중이 증가하는 바깥쪽 휠은 양의 캠버를 갖고 하중이 감소하는 안쪽 휠은 음의 캠버를 갖게 된다.

그림 3.2 는 실제 타이어 테스트를 통해서 얻은 값인데 캠버각의 변화에 따라서 가로 방향과 전후 방향 그립이 어떻게 달라지는지 보여주고 있다. 이와 같은 경우 하중이 추가되는 바깥쪽 휠에 대해서 최대 그립은 캠버각 약 -1 도에서 나타남을 알 수 있다. 그리고 이는 휠이 양의 캠버값을 가지면서 급격하게 떨어지기 시작한다. 그러나 하중이 줄어드는 안쪽 휠에 대해서 최대 그립은 양의 캠버에서 발생한다. 이는 캠버각의 정의 때문인데, 실제로 최대 그립을 위해서는 양쪽 휠 모두 휠의 윗부분이 선회중심 쪽으로 기울어져야만 한다. **그림 3.1d** 에는 안쪽과 바깥쪽 휠 모두 최대 그립에 대해서 잘못된 방향으로 캠버각을 이루고 있음을 보여준다. 가속과 제동에서는 예상하는 것과 같이 컨택 패치의 크기가 최대가 되는 제로 캠버에서 최대 그립이 발생한다.

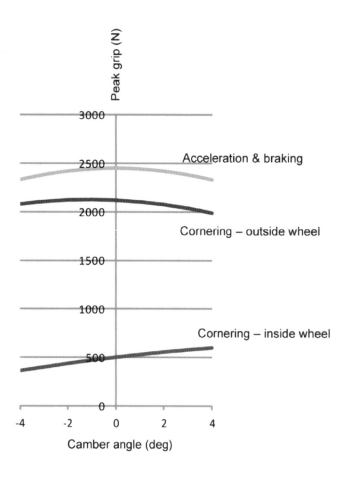

그림 3.2

휠 그립에 대한 캠버의 영향

3.3 더블 위시본 서스펜션 - 정면도

3.3.1 동일한 길이의 평행한 더블 위시본

더블 위시본 서스펜션을 이해하기 위해서는 우선 길이가 같고 서로 평행한 더블 위시본이 범프와 롤에 대해서 어떤식으로 움직임을 보이는지 고려하는 것이 필요하다. 이와 같은 경우에 대해서 $50mm$ 범프와 4 도의 롤에 대한 결과가 **그림 3.3** 에 나와 있다. 평행한 링크에 대해서 예상할 수 있는 것과 같이 4 도의 롤에 대해서는 4 도의 부정적인 캠버 변화가 발생한다. 그러나 범프와 리바운드 상황에서는 캠버의 변화가 없다.

그림 3.3a

평행하고 동일한 길이의 위시본의 롤링

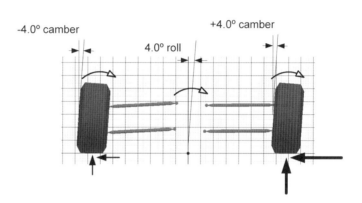

그림 3.3b

평행하고 동일한 길이의 위시본의 범프/리바운드

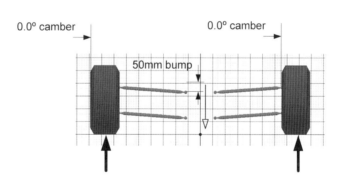

이와 같은 롤 상황에서의 문제를 개선하기 위해서 설계자는 아래 몇 가지 옵션을 고려할 수 있다.

■ 롤의 양을 줄이고 부정적인 캠버 변화를 감소시키기 위해서 스프링과 안티롤바의 강성을 높인다. 이는 부분적으로는 사용 가능한 옵션이지만 뒤에서 살펴볼 바와 같이 그립을 최대화하기 위해서는 스프링이 최대한 부드러워야 한다.

■ 정적 휠 캠버를 추가한다. 이러한 경우 만약 휠이 −4 도의 정적 캠버에서 시작한다면 중요한 바깥쪽 휠은 롤링에서 0 의 캠버를 가질 것이다. 그러나 안쪽 휠의 캠버는 +8.0 도가 되어 타이어 마모의 문제가 발생할 수 있다.

■ 평행이 아닌 서로 수렴하는 위시본을 사용한다.

■ 동일한 길이가 아닌 위쪽에 짧은 위시본을 사용한다.

이 중에서 마지막 두 가지 옵션에 대해서 더 자세히 알아본다.

3.3.2 동일한 길이의 수렴하는 더블 위시본

그림 3.4a 는 수렴하는 위시본을 갖는 하나의 휠을 보여주고 있다. 우선 섀시는 고정되어 있고 휠이 범프를 지나가듯 위로 올라간다고 가정한다. 윗쪽 위시본은 a 지점을 중심으로 회전을 해서 결국 휠의 b 지점은 화살표와 같이 위시본에 대해서 수직으로 움직이게 된다. 마찬가지로 d 지점은 c 지점을 피봇으로 해서 아래쪽 위시본에 직각 방향으로 움직일 것이다. 이는 결국 섀시에 대한 휠의 상대적인 움직임은 두 위시본의 연장선의 교점을 중심으로 그려지는 원을 따라 움직인다는 의미이다. 이러한 교점을 순간 중심(*Instant centre*)이라고 부른다. 순간라고 하는 이유는 링크의 지오메트리가 변하면 이 교점도 달라지기 때문이다.

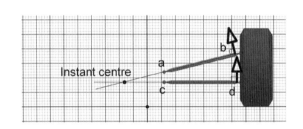

그림 3.4a

수렴하는 위시본과 순간 중심

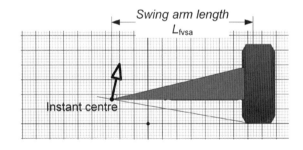

그림 3.4b

수렴하는 위시본과 스윙암 길이

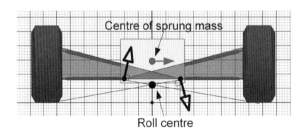

그림 3.4c

롤 센터

위의 내용이 의미하는 것은, 작은 움직임에 대해서는 **그림 3.4b** 와 같이 서스펜션을 마치 휠에 단단히 고정되어 연결되어 순간 중심을 회전축으로 해서 움직이는 스윙암(*Swing arm*)처럼 생각할 수 있다는 것이다. 이를 정면 스윙암(Front view swing arm) 또는 간단히 fvsa 라고 부르고, 그 길이를 L_{fvsa} 라고 한다. 그러나 실제로는 코너링에서 롤이 발생하는 경우 타이어는 노면과의 접촉을 그대로 유지하고 회전은 타이어의 컨택 패치를 중심으로 발생한다. 따라서 만약 컨택 패치 중심과 순간 중심을 직선으로 연결한다면 **그림 3.4b** 의 화살표와 같이 섀시상의 가상의 지점이 순간 중심으로부터 이 직선에 대해서 수직으로 이동할 것이다.

그림 3.4c 는 휠과 섀시를 나타내는 사각형을 모두 보여주고 있다. 섀시는 각 컨택 패치와 순간 중심을 연결한 두 직선의 교점을 중심으로 회전할 것이다. 이는 롤 센터(Roll centre)라고 부르는 매우 중요한 지점이다. 대칭인 서스펜션 셋업에 대해서 초기의 롤 센터는 자동차의 중심선 상에 위치하지만 순간 중심이 이동함에 따라서 롤 센터는 새로운 위치로 이동할 것이다. 이러한 움직임의 크기는 특히 섀시의 연결지점과 같은 위시본 링크의 지오메트리에 따라서 달라진다. 제 5 장에서 자세히 살펴볼 바와 같이 코너링을 하는 동안 롤 센터의 과도한 움직임은 자동차의 핸들링 밸런스에 부정적인 영향을 미치기 때문에 피해야만 한다. 일반적으로 가로 방향으로는 최대 $100mm$, 상하 방향으로는 최대 $50mm$ 정도가 적절하다고 받아들이지만 많은 설계자는 특히 상하에 대한 움직임은 훨씬 더 줄이는 것을 목표로 한다.

롤 센터와 현가상 섀시의 질량 중심 사이의 관계는 중요하다. **그림 3.4c** 에 나온 것과 같이 코너링에서는 현가상 질량으로 인한 구심력은 질량 중심을 통해서 수평 방향으로 작용한다. 질량 중심과 롤 센터 사이의 수직 거리에 구심력을 곱하면 롤 커플(Roll couple)을 계산할 수 있다. 더블 위시본 서스펜션은 롤 센터의 위치에 상당한 유연성을 제공한다. 섀시 연결지점의 높이를 변경하는 것으로 위시본의 기울기가 달라지고 롤 센터 위치는 지면 아래에서부터 질량 중심의 위쪽까지 다양하게 변화시킬 수 있다. 다음 몇 가지 사항에 주목할 필요가 있다.

■ 만약 롤 센터가 현가상 질량 중심과 일치한다면 롤 커플은 발생하지 않으며 따라서 코너링에서 롤 움직임도 나타나지 않을 것이다.

■ 만약 롤 센터가 현가상 질량 중심보다 더 높다면 섀시는 자동차의 윗부분이 코너의 안쪽으로 기울어지는 식으로 잘못된 방향으로 롤 움직임을 보일 것이다.

■ 롤 센터가 낮아짐에 따라서 롤 커플의 크기 다시 말해서 롤 움직임도 증가할 것이다.

■ 높은 롤 센터를 이용해서 롤을 줄이는 것이 바람직해 보일 수도 있지만 이는 두 가지 새로운 문제를 일으킨다. 우선 특히 짧은 스윙암 길이와 같이 적용되었을 때 이는 높은 가로 방향 휠 스크럽(Lateral wheel scrub)을 발생시킨다. 이는 특히 범프와 리바운드에서 휠 컨택 패치가 옆쪽으로 움직이려는 경향이다. 이는 가로 방향 그립을 감소시키고 두 휠 사이에 아치(Arching)현상이 나타나게 되어 피트(pit)에서 라이드 높이를 설정하는데 문제를 일으킨다. 두 번째, 높은 롤 센터의 경우 급한 코너링에서 자동차가 위로 올라가는 재킹(Jacking) 현상이 증가한다. 재킹을 계산하는 방법에 대해서는 후에 살펴볼 것이다. 롤은 자동차의 언더스티어/오버스티어 밸런스를 튜닝하는 것에도 중요하다. 예를 들어, 롤이 없다면 안티롤바를 튜닝의 수단으로써 사용할 수 없을 것이다.

그림 3.5

롤 축과 롤 커플

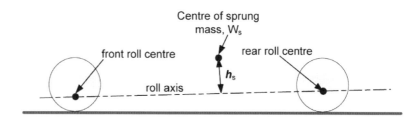

■ 코너링에서 롤 센터가 지면의 위아래로 이동하는 것은 무한대의 가로 방향 회전 움직임을 일으킬 수도 있기 때문에 피해야만 한다. 이러한 조건이 주행에서 어떤 현상을 일으킬지 확실하지 않지만 자동차를 불안정하게 만드는 것은 분명하다.

■ 롤 센터는 일반적으로 자동차의 프론트와 리어에서 서로 다른 높이에 위치한다. **그림 3.5**와 같이 두 개의 롤 센터를 연결한 직선을 롤 축(*Roll axis*)이라고 한다. 일부 설계자는 롤 커플이 자동차의 프론트와 리어에서 동일하도록 룰 축을 설정하는 것이 바람직한 방법이라고 보기도 한다. 이를 위해서는 자동차를 전후 방향에 대해서 두 부분으로 구분해서 프론트와 리어 각각에 대한 질량 중심의 높이와 크기를 계산하는 것이 필요하다. 그 이유는 섀시가 비틀림 하중을 전달하는 것을 감소시키고 또한 양호한 뉴트럴 밸런스를 이루겠다는 의도인데, 뒤에서 살펴볼 바와 같이 이를 성취하는 다른 방법도 존재한다.

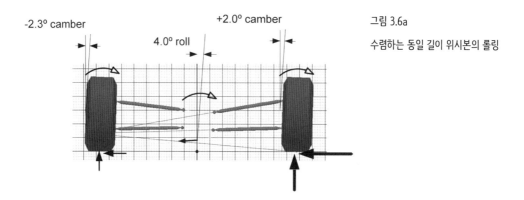

그림 3.6a

수렴하는 동일 길이 위시본의 롤링

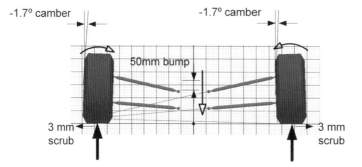

그림 3.6b

수렴하는 동일 길이 위시본의 범프

이제 **그림 3.3** 에서 고려했던 50*mm* 범프와 4 도 롤인 상황에 대해서 수렴하는 위시본이 평행한 위시본에 비해서 성능이 더 우수한지 살펴볼 것이다. 이 사례에서는 80*mm* 의 정적 롤 센터 높이와 자동차의 트랙폭과 거의 같은 1.65*m* 의 스윙암 길이를 이용할 것이다. **그림 3.6a** 에 나온 것과 같이 수렴하는 위시본에 대해서 4 도의 롤은 이제 이전 사례의 약 절반 수준인 약 2 도만의 부정적인 캠버 변화를 일으킨다. 휠이 자동차에 비해서 적은 롤을 보인다는 것은 서스펜션이 약간의 캠버 회복(*Camber recovery*)을 갖는다는 것으로, 이 사례에서는 50% 캠버 회복에 해당한다. 자동차의 중심에서 나오는 작은 화살표는 4 도의 롤을 하는 동안 롤 센터의 움직임을 나타낸다. 여기서는 수직 방향으로 –8*mm* 이고 수평 방향으로는 142*mm* 이다. 수평 방향의 수치가 다소 높다.

그림 3.6b 는 50*mm* 범프의 영향을 보여준다. 이전 사례에서는 캠버의 변화가 없었던 것에 비해서 이제 양쪽 휠에 모두 –1.7 도 변화가 발생했다. 50*mm* 리바운드에 대해서는 이 수치가 대략적으로 반대가 되어 +1.7 도가 된다. 범프와 리바운드에서는 링크의 길이가 길어지면 각도의 변화는 작아지기 때문에 더 바람직하다. 또한 이 사례에서는 50*mm* 범프에서 3*mm* 의 가로 방향 타이어 스크럽이 발생한다. 이는 허용 가능한 수준이지만 만약 롤 센터가 낮아지거나 또는 스윙암의 길이가 길어지면 더 줄어들 수 있다.

그림 3.7a

수렴하는 서로 다른 길이 위시본–

롤링

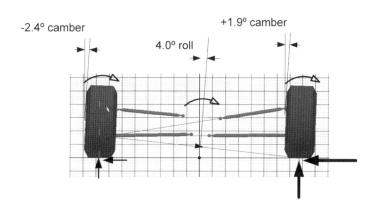

그림 3.7b

수렴하는 서로 다른 길이 위시본–

범프

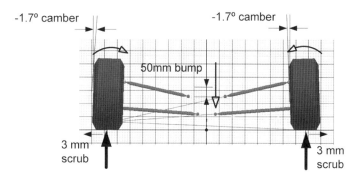

이제 여기서 평행한 링크와 비교했을 때 수렴하는 링크가 롤에서는 더 양호한 캠버 제어를 보이지만 범프와 리바운드에서는 보다 부정적으로 움직인다고 결론을 내릴 수 있다. 이러한 변화는 전적으로

링크가 수렴하는 정도에 따라서 달라진다. 상하 링크가 자동차의 중심선 상의 동일한 피봇 지점에서 만나는 극단적으로 수렴하는 경우 롤에서 캠버 변화는 0 으로 100% 캠버 회복을 보이겠지만, 범프와 리바운드에서 캠버 변화는 더욱 증가할 것이다. 결과적으로 이는 평행한 위시본의 경우와 비교해서 완전히 반대가 되는 것이다.

3.3.3 다른 길이의 수렴하는 더블 위시본

이번에는 이전에 살펴본 수렴하는 경우에 서로 다른 길이의 위시본을 추가하는 효과에 대해서 살펴볼 것이다. 이전 사례에서와 같이 정적 롤 센터의 높이는 $80mm$ 이고 스윙암 길이는 $1.65m$ 이다. 어퍼 위시본의 길이가 로어 위시본의 약 80%가 되도록 상하 위시본의 길이를 조절하였다. 그림 3.7a 와 b 에 나오는 결과로부터 알 수 있듯이 이는 캠버변화나 스크럽에는 거의 아무런 차이를 나타내지 않았다. 위시본의 길이가 짧다면 서로 다른 길이의 링크가 캠버 회복에 도움을 줄 수 있다. 롤 센터의 이동은 수직으로는 겨우 $1mm$ 에 수평으로는 $14mm$ 로 훨씬 감소되었다. 서로 다른 길이의 링크를 사용하는 주요 장점은 롤 센터의 움직임을 제거하는 능력이라고 결론을 내릴 수 있을 것이다.

만약 이러한 서스펜션 지오메트리를 적용하려고 한다면 이는 하중이 무겁게 걸리는 바깥쪽 휠이 절대로 양의 캠버에 도달하지 않도록 하기 위해서 최소 −2 도의 정적 캠버 세팅을 설정한 것과 관련되었을 것이다.

3.3.4 서스펜션 정면도 요구 조건의 요약

레이싱 서스펜션에 대한 요구사항은 다음과 같이 요약할 수 있다.

- **롤에서 양호한 캠버의 제어를 유지한다.** 이는 수렴하는 위시본과 제 4 장에서 다룰 안티롤 시스템(*Anti-roll system*)을 이용해서 롤을 제한하는 방법을 통한 캠버 회복을 고려해야 함을 의미한다. 코너링 한계에서 하중이 증가된 바깥쪽 휠에 양의 캠버가 나타나는 것을 방지하기 위해서 양쪽 휠에는 충분한 정적 음의 캠버가 주어져야 한다.

- **안정적인 롤 센터 위치를 제공한다.** 일부 위시본 지오메트리는 코너링에서 롤 센터의 이동이 대폭 증가하는데 이는 자동차의 언더스티어/오버스티어 밸런스에 영향을 줄 수 있다. 특히 수직 방향 움직임이 중요하기 때문에 이는 최소화되어야 한다. 이를 위해서는 어퍼 위시본의 길이를 줄이는 것이 효과적이다. 롤 센터가 지면을 통과해서 움직이는 것은 피해야 한다.

- **범프와 리바운드에서 휠 스크럽을 최소로 한다.** 타이어 컨택 패치의 가로 방향 움직임은 허용 가능한 수치 이내로 유지해야 한다. 이는 컨택 패치가 노면상에서 끌리는 것이 아닌 타이어 벽면(*Tyre wall*)이 변형되는 것으로 처리될 수 있는 수준인 예를 들어 최대 스크럽을 $5mm$ 정도로 제한하는 것이 가장 좋은 방법이다. 롤 센터가 지면에 가까워지면 스크럽은 감소한다.

- **범프와 리바운드에서 양호한 캠버 제어를 유지한다.** 한쪽 휠만 범프를 지나가는 한쪽 휠 범프 (*Single wheel bump*) 또는 양쪽 휠이 모두 섀시에 대해서 위로 올라가는 양쪽 휠 범프(*Two-wheel bump*)에서 과도한 캠버의 변화가 없어야 한다. 이러한 요구사항은 롤에서 캠버를 제어하는 것과는 상반되는 것이다. 평행한 위시본은 범프에서 캠버를 제어하는 것에서는 최적이지만 롤의 경우에는

수렴하는 위시본이 최적이다. 그러나 위시본의 길이를 최대로 하는 것이 도움이 된다. 롤과 범프에서 모두 캠버 문제를 해결하는 유일한 방법은 캠버각을 감지하고 이를 액추에이터로 수정하는 방식으로 휠 캠버를 제어하는 액티브 서스펜션(*Active suspension*)을 이용하는 것이다. 이러한 시스템은 많은 형태의 레이싱 규정에서 금지되어 있다.

서스펜션 지오메트리 변경에 따른 위의 요구사항에 대한 영향은 서스펜션 설계용 컴퓨터 프로그램 패키지를 이용해서 검증하는 것이 가장 좋은 방법이다.

3.4 더블 위시본 서스펜션 - 측면도

위시본의 측면 레이아웃은 다양한 안티 지오메트리의 정도를 결정한다. 안티다이브(*Anti-dive*), 안티리프트(*Anti-lift*) 그리고 안티스쿼트(*Anti-squat*) 지오메트리를 적용함으로써 급격한 가감속 상황에서 발생하는 피칭의 일부 또는 전부를 방지할 수 있다. 여기서 이러한 안티 지오메트리는 전후 방향에 대한 하중 이동의 크기에 영향을 미치는 것이 아니라 다만 전후 방향 하중 이동에 대한 서스펜션의 대응방법을 변경하는 것임을 이해하는 것이 중요하다. 피칭은 서스펜션의 상하운동과 지면과의 간격을 변화시키며 일반적으로 휠 캠버에 부정적인 영향을 주기도 한다. 하지만 대다수 설계자는 안티 지오메트리의 양을 약 20-30% 정도의 수준으로 제한하는 것에 동의하고 있다. 그 이유는 다음과 같다.

- 과격한 안티 지오메트리는 제동시 범프 상황에서 프론트 서스펜션을 단단하게 만들어 극단적인 경우에는 타이어가 튀는 현상을 유발할 수도 있다. 이는 승용차에서는 승차감을 해치고, 레이싱카에서는 접지력에 부정적인 영향을 미칠 수 있기 때문에 특히 바람직하지 않다.
- 일반적으로 강한 안티지오메트리는 운전자에게 자동차가 피드백이 없다는 느낌을 줄 수 있다.

상대적으로 크게 수렴하는 위시본을 사용하는 경우 (따라서 범프시 캠버 조절이 좋지 않다면) 그리고 레이싱은 대부분 굴곡이 없는 부드러운 써킷에서 이루어진다는 것을 감안하면 강한 안티 지오메트리가 선호된다고 할 수도 있다. 반대로 평행한 위시본인 경우 제로의 안티 지오메트리가 적용될 수도 있다.

3.4.1 안티다이브 지오메트리

제동시에는 자동차의 리어로부터 프론트로 하중이 이동하며 이러한 증가된 하중으로 인해서 스프링이 압축되기 때문에 노즈가 아래로 내려간다는 것을 제 1 장에서 살펴보았다. 동시에 자동차의 리어에서는 스프링의 하중이 경감되면서 위로 올라가게 된다. 안티 지오메트리의 원리는 상당히 간단해서, 수평 방향 트랙션 힘이 다이브 힘에 대응하도록 섀시의 서스펜션 링크 피봇라인을 기울이는 것이다.

정적 경우와 비교했을 때 최대 제동 상황에서 프론트휠에 발생하는 하중의 변화는 수평 방향 제동힘 F 와 전후 방향 하중 이동 ΔW_x 이다. 1.6 장으로부터,

$$제동힘, \quad F = W\mu$$

$$전후 \ 방향 \ 하중 \ 이동, \quad \Delta W_x = \pm \frac{W\mu h_m}{L}$$

그림 3.8a 를 고려하면, 만약 섀시의 위시본 피봇 라인이 지면과 평행이라면 휠의 움직임은 지면에 수직 방향으로 한정된다는 것을 알 수 있다. 이와 같은 상황에서 수평 방향 제동힘 성분은 서스펜션 움직임에 아무런 영향을 미치지 않으며 따라서 제로 안티다이브가 된다.

그림 3.8b 에서 위시본 상하 피봇 라인은 리어에서 수렴하도록 경사를 가지고 있다. 섀시상의 피봇 라인과 평행을 이루도록 휠 업라이트의 상부와 하부 베어링을 지나는 선이 그려져 있다. 이 두 직선은 측면 순간 중심(*Side view instant centre*)에서 만나고 휠은 이 지점을 중심으로 회전한다. 실질적으로 이는 길이가 L_{svsa} 인 측면 스윙 액슬(*Side view swing axle*)을 형성하게 된다. 아웃보드 브레이크와 같은 일반적인 경우 제동으로 인해 발생하는 힘의 변화는 타이어 컨택 패치에 작용한다. 순간 중심에 대해서 모멘트를 취하면 하중 이동으로 인한 힘은 다이브를 초래하는 시계 방향 모멘트를 발생시키는 것을 알 수 있다. 그러나 이제 이러한 모멘트는 제동힘으로 인한 반시계 방향 모멘트에 의해서 저항된다.

식 [1.10]을 이용하면,

$$다이브를 \ 일으키는 \ 시계 \ 방향 \ 모멘트, \ = \Delta W_x \times L_{svsa} = \frac{W\mu h_m}{L} \times L_{svsa}$$

$$다이브에 \ 저항하는 \ 반시계 \ 방향 \ 모멘트, \ = W_F \mu \times H_{svsa}$$

만약 두 모멘트의 크기가 같고 방향이 반대라면 서스펜션의 움직임은 없으며 이는 100% 안티다이브를 의미한다. 또 다른 100% 안티 다이브의 의미로는 **그림 3.8b** 에서 볼 수 있듯이 제동힘과 하중 이동으로 인한 힘의 조합으로 인한 합력이 측면 순간 중심을 지나는 것이다.

측면 순간 중심의 높이가 줄어들면 안티다이브의 비율이 감소한다.

위의 모멘트를 나누면,

$$\%anti-dive = \frac{W_F \mu H_{svsa}}{\dfrac{W\mu h_m L_{svsa}}{L}} \times 100\% = \frac{L W_F H_{svsa}}{W h_m L_{svsa}} \times 100\%$$

$$그러나 \ 프론트에서 \ 전체 \ 제동힘의 \ 비율, \ F_{F\%} = \frac{W_F}{W} \times 100\%$$

대입하면,

$$\%anti-dive = \frac{F_{F\%} L H_{svsa}}{h_m L_{svsa}} = \frac{F_{F\%} L \tan\theta_1}{h_m} \qquad [3.1]$$

여기서 $F_{F\%}$ = 프론트에서 전체 제동힘의 퍼센티지

                L = 휠베이스

                H_{svsa} = 측면 스윙 액슬 높이

h_m = 질량 중심 높이

L_{svsa} = 측면 스윙 액슬 길이

θ_1 = 컨택 패치에서 측면 순간 중심까지 기울기

그림 3.8c 는 안티다이브를 구하는 또 다른 방법을 보여준다. 여기서 위시본은 평행이지만 기울어져 있다. 기울어진 경사각이 합력의 기울기와 같아지면 100% 안티다이브가 이루어진다. 경사각이 이보다 작을 때에는,

$$\text{합력의 기울기, } \ tan^{-1} \frac{\dfrac{W\mu h_m}{L}}{W_F \mu} = tan^{-1} \frac{Wh_m}{LW_F}$$

$$\% anti - dive = \frac{tan\,\theta_2}{\dfrac{Wh_m}{LW_F}} \times 100\% = \frac{F_{F\%}L\,tan\,\theta_2}{h_m} \qquad [3.2]$$

여기서 $\qquad\qquad \theta_2$ = 위시본 피봇라인과 지면이 이루는 각도

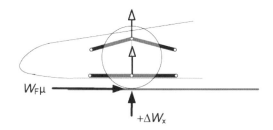

그림 3.8a

제로 안티다이브 지오메트리

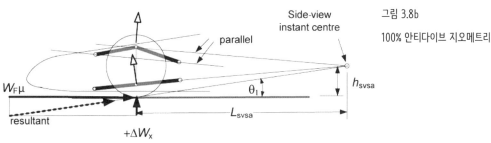

그림 3.8b

100% 안티다이브 지오메트리

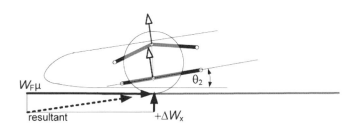

그림 3.8c

다른 안티다이브 지오메트리

3.4.2 안티리프트 지오메트리

자동차의 리어에서 전후 방향 하중 이동은 수직 휠 하중을 감소시켜 스프링이 이완되면서 자동차의 리어가 올라가도록 한다. **그림 3.9** 는 안티리프트 지오메트리를 보여주고 있다. 리어의 제동힘 비율 $F_{R\%}$ 을 대입하는 것으로 식 [3.1]과 [3.2]를 적용할 수 있다.

그림 3.9

100% 안티리프트 지오메트리

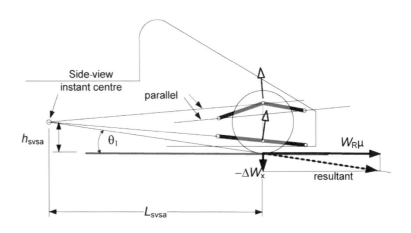

3.4.3 안티스쿼트 지오메트리

가속은 후방으로의 전후 방향 하중 이동을 일으키고 이는 제동시와는 반대가 된다. 이때 자동차의 프론트는 올라가고 리어는 주저앉는 스쿼트(*Squat*)가 발생한다. 후륜 구동 자동차에 대한 안티스쿼트 지오메트리는 제동시 안티리프트와 유사하지만 한 가지 중요한 차이가 있다. 더블 위시본과 같은 독립 현가에서 구동 토크는 섀시에 의해서 저항되고 휠에 작용하는 힘과 위시본 사이의 유일한 하중 경로는 휠의 허브 베어링을 통과하는 것이다. 따라서 힘은 **그림 3.10** 에 나온 것과 같이 반드시 휠의 중심에 작용해야만 한다. 이는 디퍼렌셜에서 제동이 되는 인보드 브레이크(*Inboard brake*)의 상황에서도 마찬가지이다. 식 [3.1]과 [3.2]가 역시 적용될 수 있지만 모든 트랙션이 리어에서 발생하기 때문에 이번에는 제동힘의 퍼센티지 항을 변경해서 적용한다. 식 [3.1]에 θ_3 를 대입하면,

$$\%anti-squat = \frac{L\tan\theta_3}{h_m} \times 100\%$$ [3.3]

여기서 θ_3 = 휠 센터에서 측면 순간 중심까지의 경사각

또는 앞에서와 같이 다른 방법에 따라서,

$$\%anti-squat = \frac{L\tan\theta_2}{h_m} \times 100\%$$ [3.4]

위의 공식은 순수한 기하학을 따르며 트랙션 포스와 마찰 계수에는 독립된다는 것을 주목해야 한다. 위로부터 만약 순간 중심이 지면과 휠 센터 사이의 높이에 위치한다면 제동시에는 양의 안티리프트를 갖지만 가속시에는 음의 안티스쿼트를 가질 것이다. 드래그 레이싱카의 경우 리어그립을 증가시키기 위해서 자동차의 질량 중심이 올라가서 더 큰 후방으로의 전후 방향 하중 이동을 유도하는 것을 주

목적으로 때로는 프로 리프트(*Pro-lift*)로 알려진 100% 안티스쿼트로 설계하기도 한다.

후륜 구동 자동차의 경우 하중 이동에 대응할 수 있는 트랙션 포스가 없기 때문에 프론트에서 리프트를 완전히 제거하는 것은 불가능하다.

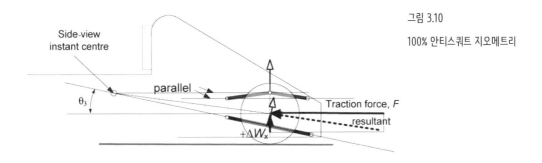

그림 3.10

100% 안티스쿼트 지오메트리

예제 3.11

그림 3.11 은 예제 1.4 로부터 구한 제동시 휠 하중을 보여주고 있다. 그림과 같이 프론트 위시본은 순간 중심 길이가 2100*mm* 에 높이가 105*mm* 가 되도록 경사를 가지고 측면 스윙 액슬을 구성하고 있다. 리어 위시본은 평행하지만 지면에 대해서 2.5 도 기울어져 있다.

제동시 프론트 안티다이브와 리어 안티리프트, 가속시 리어 안티스쿼트를 퍼센티지로 계산하시오.

그림 3.11

안티 지오메트리 계산

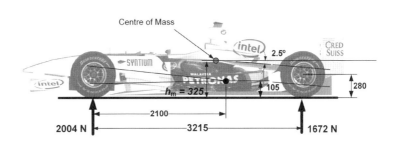

풀이   프론트와 리어의 제동 비율은 휠 하중에 비례한다고 가정한다.

$$F_{F\%} = \frac{2004}{2004 + 1672} \times 100\% = 54.5\%$$

$$F_{R\%} = 100 - 54.5 = 45.5\%$$

$$\theta_1 = tan^{-1}\frac{105}{2100} = 2.9°$$

식 [3.1]로부터, $\%anti - dive = \dfrac{F_{F\%}L\tan\theta_1}{h_m} = \dfrac{54.5 \times 3215 \times \tan 2.9°}{325} = 27.3\%$

식 [3.2]로부터, $\%anti - lift = \dfrac{F_{R\%}L\tan\theta_2}{h_m} = \dfrac{45.5 \times 3215 \times \tan 2.5°}{325} = 19.6\%$

$$식\ [3.4]로부터,\ \%anti-squat = \frac{L\tan\theta_2}{h_m}\times100 = \frac{3215\times\tan2.5^\circ}{325}\times100 = 43.2\%$$

3.5 더블 위시본 서스펜션 - 평면도

더블 위시본 서스펜션의 기구학적 거동은 평면 기하 형상에는 특별히 민감하지 않다. 따라서 위시본을 섀시의 가장 강한 지점에 연결하는 것을 목표로 하는 것이 일반적이다. 하지만 여기서 두 가지를 고려해야 한다.

1. 프론트 위시본에서 가장 높은 하중은 일반적으로 제동시에 발생하고 이와 같은 하중에서 각 부재의 힘은 **그림 3.12** 에 나오는 스프레드(*Spread*)가 증가할수록 감소한다. 따라서 큰 위시본 부재의 필요성을 제거하고 섀시에 작용하는 힘을 감소시키기 위해서는 가능한 최대한의 스프레드를 사용하는 것이 바람직하다. 그러나 완전한 스티어링 록(*Full steering lock*) 상태에서 위시본과 휠 림 사이의 간섭의 문제는 피해야만 한다.
2. 만약 섀시 피봇이 **그림 3.11** 과 같이 자동차의 전후 방향 중심선과 약간의 각도를 갖는다면 주요 효과는 롤 센터가 지면보다 위에 있을 때 약간의 안티 다이브가 생긴다는 것이다. 이는 **그림 3.12 과** 같이 제동힘이 위시본 피봇축에 대해서 수직을 이루는 성분이 일부 생기고 이는 전후 방향 하중 이동에 저항하기 때문이다.

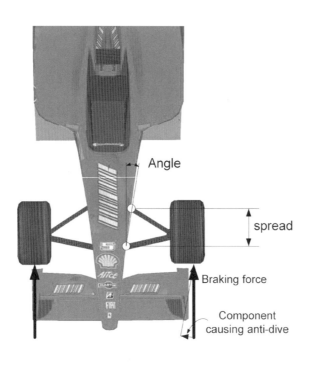

그림 3.12

위시본 평면도

3.6 위시본 응력 해석

이상적으로 레이싱카의 모든 구조 부재는 응력 해석을 통해서 최적화되어야만 한다. 이번 장에서는 위시본 부재에 대한 설계 계산이 어떻게 이루어지는가에 대해서 자세히 살펴본다.

3.6.1 위시본 하중

위시본 하중의 해석은 다양한 하중 케이스에 대해서 컨택 패치에 작용하는 휠 하중을 계산하는 것으로 시작한다. 프론트 서스펜션의 경우 임계 하중 케이스는 제동과 코너링에서 최대 수직 하중일 것이다. 리어 서스펜션에 대해서는 최대 가속을 하는 상황을 추가할 수 있다. 제 1 장에서는 레이싱카가 가속, 제동 그리고 코너링을 하는 동안 정적 휠 하중이 가로 방향과 전후 방향 하중 이동에 따라서 어떻게 변하는지 살펴보았다. 공기역학 다운포스는 이와 같은 모든 하중을 상당히 증가시키기 때문에 반드시 고려되어야만 한다. 제 2 장에서는 충격 하중의 경우 동적 계수를 곱해서 하중을 감안하는 것을 살펴보았다. 이와 같은 과정을 이해하기 가장 좋은 방법은 다음과 같은 실제 사례의 예제를 고려하는 것이다.

예제 3.2

그림 3.13 에 다시 나와 있는 예제 1.6 에 사용되었던 최대 다운포스를 갖는 자동차에 대해서 다음 하중 케이스에 대한 설계 수직 하중 및 수평 하중을 계산하시오.

(a) 프론트휠 최대 수직 하중

(b) 프론트휠 최대 제동

(c) 프론트휠 최대 코너링

　단, (b)와 (c)에 대해서는 마찰 계수를 1.2*로 가정한다.

예제 1.2 를 참고해서,

(d) 리어휠 다운포스가 없는 경우 최대 가속

　단, (d)에 대해서는 마찰 계수를 1.5*로 가정한다.

*마찰 계수의 차이는 타이어 민감도 때문이다.

그림 3.13

F1 자동차의 휠 하중

계산

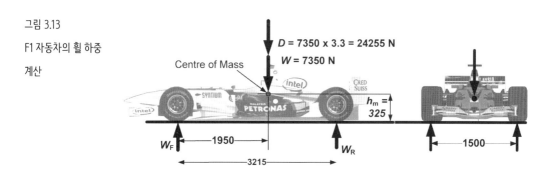

풀이　(a) 최대 수직 하중

　　　해당하는 하중은 최대 다운포스에서 발생한다. 질량으로부터 구해진 수직 하중 부분에는

동적 계수 3.0 을 적용하고 공기역학 다운포스로부터 구한 하중 부분에는 계수 1.3 을 적용하면

$$설계\ 수직\ 하중/side = 0.5 \times [(7350 \times 3) + (7350 \times 3.3 \times 1.3)] = 26790 N$$

$$프론트휠\ 설계\ 수직\ 하중,\ W_{vert} = 26790 \times (3215 - 1950)/3215 = 10541 N$$

(*b*) 최대 제동

최대 속도에서 제동시 휠 하중을 다루고 있는 예제 1.6 을 고려한다.

$$프론트휠\ 하중(수직\ 방향) = 8135 N$$

이는 동적 계수만큼 증가되어야만 한다.

$$설계\ 하중(수직\ 방향),\ W_{vert} = 8135 \times 1.3 = 10576 N$$

제동힘을 구하기 위해서 마찰 계수를 곱하면,

$$설계\ 제동힘(전후\ 방향),\ W_{long} = 10576 \times 1.2 = 12691 N$$

(*c*) 최대 코너링

$$자동차의\ 유효\ 중량,\ W = 7350 + (7350 \times 3.3) = 31605 N$$

식 [1.12]로부터,

$$최대\ 코너링\ 포스,\ F = W \times \mu = 31605 \times 1.2 = 37926 N$$

식 [1.13]로부터,

$$전체\ 가로\ 방향\ 하중\ 이동,\ \Delta W_y = \pm\frac{Fh_m}{T} = \pm\frac{37926 \times 325}{1500} = \pm 8217 N$$

위에서 계산된 수치 8217N 은 전체 자동차에 대한 총 가로 방향 하중 이동이다. 각 휠에 전달된 양을 계산하는 것은 복잡하고 제 7 장에서 다룰 것이다. 그러나 서스펜션 힘을 계산하기 위한 목적으로 이 수치의 62.5%가 고려되는 휠로 전달되었다고 가정한다.

다시 말해서,

$$프론트\ 바깥쪽\ 수직\ 휠\ 하중 = [0.5 \times 31605 \times (3215 - 1950)/3215] + (8217 \times 0.625)$$

$$= 11354 N$$

$$동적\ 계수를\ 적용하면,\ W_{vert} = 11354 \times 1.3 = 14760 N$$

$$프론트\ 바깥쪽\ 설계\ 코너링\ 포스,\ W_{lat} = 14760 \times \mu = 14760 \times 1.2 = 17712 N$$

(*d*) 최대 가속

임계 상황은 출발선으로부터의 가속과 같은 다운포스는 무시한 트랙션 제한 가속이라고 가정한다. 이는 예제 1.3 에서 고려되었던 상황이다.

$$예제\ 1.3\ 으로부터,\ 리어휠\ 하중 = 2628 N$$

이는 동적 계수만큼 증가되어야만 한다.

$$가속\ 설계\ 하중,\ W_{vert} = 2628 \times 1.3 = 3416 N$$

가속힘(*Acceleration force*)을 구하기 위해서 마찰 계수를 곱하면,

$$설계\ 가속힘,\ W_{long} = 3416 \times 1.5 = 5124 N$$

안티스쿼트에서와 같이 가속힘은 휠 허브 베어링을 통해서 위시본에 작용하고 따라서

타이어 컨택 패치가 아닌 리어휠 중심 높이에 발생한다.

정답　그림 3.14a-d 참조

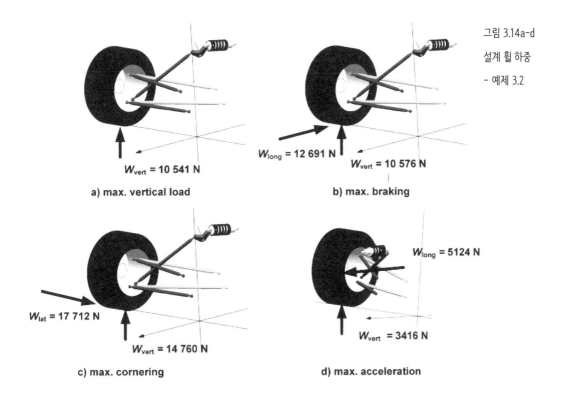

그림 3.14a-d

설계 휠 하중

– 예제 3.2

W_vert = 10 541 N

a) max. vertical load

W_long = 12 691 N　W_vert = 10 576 N

b) max. braking

W_lat = 17 712 N

W_vert = 14 760 N

c) max. cornering

W_long = 5124 N

W_vert = 3416 N

d) max. acceleration

3.6.2 도면과 계산을 통한 위시본 힘의 예측

서스펜션에 작용하는 힘을 도면과 수기 계산으로 추정하는 것은 상대적으로 용이한 작업이다. 각 위시본 부재는 노드에 연결되어 다시 말해서 부재의 도심이 휠의 구면 베어링 조인트에서 서로 교차한다고 가정한다. 이는 부재에 작용하는 힘은 순수한 인장 또는 압축이라는 것을 의미한다. 또한 이 단계에서는 캐스터, 스크럽 반경 그리고 캠버와 같은 미세한 서스펜션 지오메트리는 결과에 별다른 영향을 미치지 않기 때문에 무시한다.

서스펜션 링크는 단순한 핀 연결 스페이스 프레임으로써 해석한다.

최대 수직 하중 케이스

모든 수직 하중은 **그림 3.15** 와 같이 푸시로드와 로어 위시본에 의해서 지지된다. 어퍼 위시본이 수평에 가깝다고 가정하면 푸시로드에 작용하는 힘의 수직 성분은 수직 휠 하중과 동일해야만 한다.

만약 푸시로드가 지면에 대해서 θ 만큼 기울었다고 하면,

$$\text{수직 휠 하중, } W_{vert} = F_{pushrod} \times sin\,\theta$$

$$F_{pushrod} = \frac{W_{vert}}{\sin \theta} \quad [N]$$

푸시로드에 작용하는 힘의 수평 성분은 로어 위시본에 의해서 저항되므로,

$$H_{pushrod} = F_{pushrod} \times \cos \theta$$

로어 위시본 부재의 힘은 노드에서 힘을 분해하는 것으로 간단히 계산할 수 있지만 가장 쉬운 방법은 힘의 삼각형을 그리는 것이다. 벡터는 힘의 크기와 방향을 나타내도록 그린다. 그리고 직선은 삼각형을 이루도록 위시본 부재에 평행하게 그리고 힘의 크기는 **그림 3.15** 에 나온 것과 같이 축소된다.

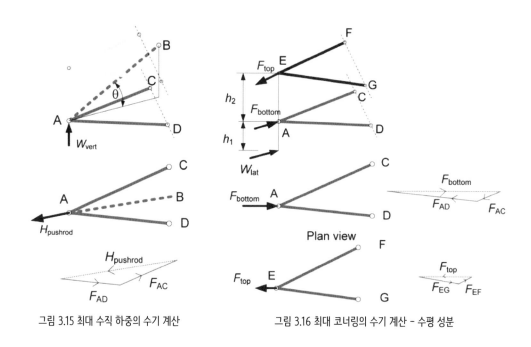

그림 3.15 최대 수직 하중의 수기 계산   그림 3.16 최대 코너링의 수기 계산 – 수평 성분

최대 코너링 케이스

수직 하중 성분은 위의 방법과 같이 고려한다. 수평 성분에 대해서는 위시본 노드에 작용하는 등가 하중을 계산할 필요가 있다. **그림 3.16** 으로부터

노드 A 를 중심으로 모멘트를 취하면,

$$F_{top} \times h_2 = W_{lat} \times h_1$$

$$F_{top} = \frac{h_1}{h_2} \times W_{lat}$$

만약 어퍼 위시본이 지면에 대해서 α 도 만큼 기울었다면 위시본 평면의 힘 $F_{wishbone}$ 은,

$$F_{wishbone} = \frac{F_{top}}{\cos \alpha}$$

노드 E를 중심으로 모멘트를 취하면,

$$F_{bottom} \times h_2 = W_{lat} \times (h_2 + h_1)$$

$$F_{bottom} = \frac{h_1 + h_2}{h_2} \times W_{lat}$$

이제 수평 하중으로부터 발생하는 부재의 힘을 계산하기 위해서 각 위시본에 대한 힘의 삼각형을 그릴 수 있다. 로어 위시본에 대한 각 부재의 전체 하중은 수직과 수평 케이스에 대한 힘을 모두 합하는 것으로 구할 수 있다.

최대 제동 케이스

그림 3.17에 나온 것과 같이 힘은 전후 방향으로 작용한다.

그림 3.17

최대 제동의 수기 계산 – 수평 성분

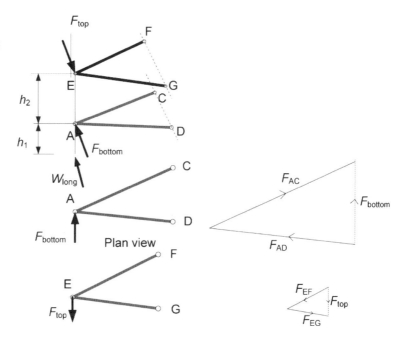

최대 가속 케이스

그림 3.14d에 나온 것과 같이 가속힘은 컨택 패치가 아닌 휠의 중심 높이에 작용한다. 따라서 전후 방향 가속힘은 어퍼와 로어 위시본 노드 사이를 나누어 주는 것으로 구할 수 있다.

예제 3.3

그림 3.18은 최대 제동하중과 위시본 서스펜션의 치수를 보여주고 있다. 푸시로드와 위시본 부재에 작용하는 힘을 계산하시오.

풀이
$$F_{pushrod} = \frac{W_{vert}}{\sin\theta} = \frac{4500}{\sin 37°} = 7477N \ \ (압축)$$

푸시로드의 수평 성분, $H_{pushrod} = F_{pushrod} \times \cos\theta = 7477 \times \cos 37° = 5971N$

수평 하중 W_{long} 에 대해서,

$$F_{top} = \frac{h_1}{h_2} \times W_{long} = \frac{150}{210} \times 6300 = 4500N$$

$$F_{bottom} = \frac{h_1 + h_2}{h_2} \times W_{long} = \frac{150 + 210}{210} \times 6300 = 10800N$$

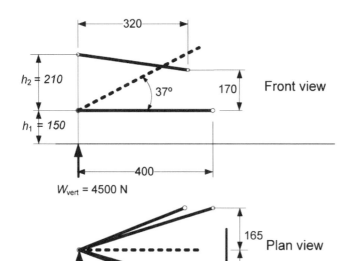

그림 3.18
최대 제동에 대한 위시본 치수와
휠에 작용하는 힘

힘의 벡터 다이어그램은 **그림 3.19** 와 같다.

양으로 표시된 힘은 인장이고 음으로 표시된 힘은 압축이다. 위시본 부재가 인장 또는 압축 하중을 받는지 여부를 확인하는 것은 일반적으로 어렵지 않지만 만약 확실하지 않다면 아래 절차를 적용할 수 있다.

1. 적용되는 하중과 동일한 방향으로 힘 벡터에 화살표를 추가한다.
2. 시계 방향 또는 반시계 방향으로 순환을 이루도록 힘의 삼각형을 따라서 화살표를 추가한다.
3. 하중이 작용하는 노드에 인접한 부재로 화살표를 이동한다.
4. 부재의 반대편 끝단에서 반대 방향으로 화살표를 추가한다.
5. 만약 부재의 화살표가 서로 밀어낸다면 해당 부재는 압축을 받는다.

6. 만약 화살표가 서로 당긴다면 해당 부재는 압축을 받는다.

정답 푸시로드의 힘 = −7477N（압축）

프론트 어퍼의 힘 = −4934N（압축）

리어 어퍼의 힘 = +4934N（인장）

로어 위시본에 대해서 수직과 수평 하중 케이스를 조합하면,

프론트 로어의 힘 = 3230 + 14161 = +17381N（인장）

리어 로어의 힘 = 3220 − 14161 = −10931N（압축）

그림 3.19

최대 제동에 대한

위시본 힘

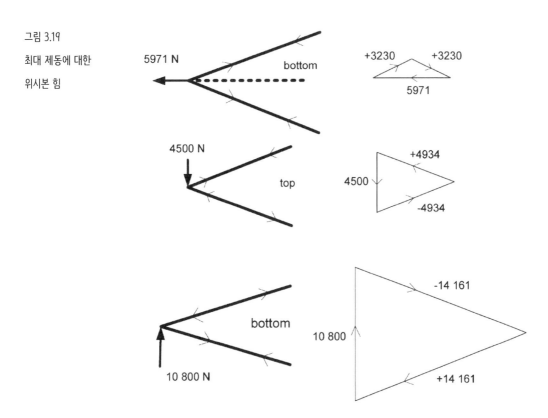

3.6.3 컴퓨터 해석

플레이트 5 는 예제 3.3 에 나오는 것과 동일한 문제를 참고 문헌 12 의 유한 요소 패키지 *LISA* 를 이용해서 해석한 결과를 보여주고 있다. 여기서 위시본은 핀으로 고정되는 부재로 가정되었고 휠과 업라이트에 대해서는 단단한 더미 부재를 추가하는 것으로 고려하였다. 결과를 보면 손으로 계산해서 구한 결과와 근접하게 비교되는 것을 볼 수 있다.

3.6.4 위시본 치수

최고 수준의 레이싱에서는 카본 복합재료로 제작되는 위시본을 사용하지만 대부분은 스틸 위시본을

사용한다. 서스펜션 위시본과 푸시로드는 상대적으로 높은 하중을 받는 부재이기 때문에 최소 항복 강도가 $350\,N\!/mm^2$ 이상인 양호한 품질의 이음매가 없는 튜빙을 사용하는 것이 바람직하다. 이는 2.7 장에서 설명된 것과 같이 일반적으로 원형 튜브 또는 유선형의 타원형 튜브의 형태를 갖는다. 유선형 압축 부재는 분명 약한 축에 대해서 좌굴이 먼저 발생할 가능성이 높기 때문에 2 차 면적 모멘트 I 의 최소값은 식 [2.2]와 같은 오일러 좌굴 공식에서 사용되어야만 한다. 몇 가지 일반적인 위시본 튜브의 특성이 부록 2 에 정리되어 있다.

예제 3.4

예제 3.3 에 나오는 최대 제동의 경우에 대해서 (a) 프론트 로어 위시본과, (b) 리어 로어 위시본에 대해서 적절한 유선형 타원형 스틸 튜브의 치수를 결정하시오. 스틸의 항복 강도는 $350\,N\!/mm^2$ 이고 탄성 계수는 $200000\,N\!/mm^2$ 으로 가정한다. 치수는 부록 2 에 나오는 것을 사용한다.

풀이 (a) 프론트 로어 위시본

        프론트 로어에 작용하는 하중 $= 17381N$ （인장）

      식 [2.1]로부터,

$$\text{최소 면적, } A = \frac{1.5 \times F_t}{\sigma_y} = \frac{1.5 \times 17381}{350} = 74.5\,mm^2$$

      부록 2 로부터,

        면적 $87.2\,mm^2$ 인 $28 \times 12 \times 1.5$ 타원형 튜브를 이용한다.

    (b) 리어 로어 위시본

        리어 로어에 작용하는 하중 $= -10931N$ （압축）

        로어 위시본 부재의 길이 $= \sqrt{400^2 + 165^2} = 432.7\,mm$

      부재가 바깥쪽 노드에서 프론트 부재에 용접이 되지만 압축 좌굴을 위한 유효 길이는 위와 같이 노드의 길이 $432.7\,mm$ 사이에 존재한다.

      식 [2.3]으로부터,

$$\text{오일러 좌굴 하중, } P_E = \frac{\pi^2 EI}{1.5L^2}$$

$$\therefore \text{ 필요한 } I = \frac{P_E \times 1.5L^2}{\pi^2 E} = \frac{10931 \times 1.5 \times 432.7^2}{\pi^2 \times 200000} = 1555.2\,mm^4$$

      부록 2 로부터,

      $I = 3163\,mm^2$ 인 $32 \times 15.7 \times 1.5$ 타원형 튜브를 사용한다.

3.7 서스펜션 사례 분석

다음 몇 가지 사례는 저자의 설계인 *Seward F*1010 을 제외하고는 모두 저자가 사진으로부터 *SusProg*

해석을 위해서 서스펜션 링크의 지오메트리를 예측한 것이다. 따라서 결과값은 대략적인 것이고 각 설계의 의도와 원리를 설명하기 위한 목적이다.

3.7.1 Formula One 자동차

그림 3.20 은 전형적인 최신 *Formula One* 자동차의 프론트 서스펜션을 보여주고 있다. 서스펜션 지오메트리는 하이 노즈와 그 아래를 통과하는 공기 흐름을 최대화하는데 필요한 공기역학 요구조건을 만족하는 것에 집중되어 있는 모습이다. 이전 차량에서는 하나 또는 두 개의 킬이 바디 아래쪽까지 연장되어 있었지만, 최근에는 제로킬(*Zero keel*)에 위시본이 위로 경사를 이루고 있는 이른바 하반각(*Anhedral*) 서스펜션이 추세를 이루고 있다. 이런 형태는 보통 상대적으로 높은 롤 센터를 만들기 때문에 상당한 가로 방향 스크럽, 타이어 마모 그리고 재킹을 초래한다.

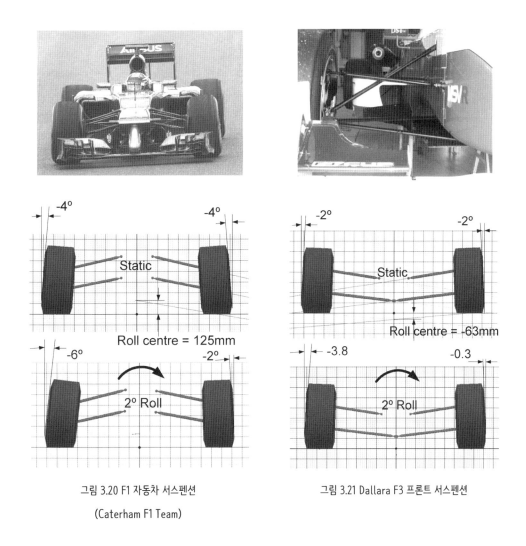

그림 3.20 F1 자동차 서스펜션

(Caterham F1 Team)

그림 3.21 Dallara F3 프론트 서스펜션

위시본은 거의 같은 길이에 서로 평행을 이루고 있으며 이로 인해서 롤 발생시 내외측 휠은 모두 롤과

79

거의 같은 크기로 부정적인 캠버 변화가 생긴다. 이는 약 −4도의 상당한 정적 캠버 세팅을 이용해서 바깥쪽 휠은 항상 음의 캠버를 유지하는 반면 하중이 감소되는 안쪽 휠은 코너링 그립에 대해서는 효과가 감소되도록 제어한다. 뿐만 아니라 매우 단단한 서스펜션과 안티롤 시스템을 이용해서 롤은 감소된다. 매우 단단한 서스펜션에 대한 필요성은 공기역학 때문이기도 하다. 첫 번째, 만약 서스펜션이 너무 부드럽다면 높은 다운포스에서 지면 간격의 문제가 발생할 수 있다. 두 번째, 만약 지면에 대해서 바디워크가 과도하게 움직인다면 윙과 다른 표면을 지나는 공기 흐름이 교란된다. 서스펜션의 롤 강성은 공기압 타이어의 롤 강성과 거의 비슷하다.

하반각 서스펜션에서 어퍼 위시본을 로어 위시본보다 더 아래로 기울인다면 낮은 롤 센터를 만드는 것도 가능하다. 이는 서스펜션과 동일한 측면의 휠 바깥쪽에 순간 중심을 만들 것이다. 가로 방향 스크럽과 재킹은 개선되겠지만 롤링에서는 캠버 회복의 반대인 부정적인 양의 캠버가 더 증가한다는 것을 의미한다. *Formula One* 설계자라면 이는 고려할 가치가 없다는 것을 분명히 느낄 것이다.

3.7.2 Dallara F3 자동차

그림 3.21 은 *Dallara F3* 자동차의 프론트 서스펜션을 보여주고 있다. 이 그림으로부터 상하 위시본은 거의 평행에 가깝지만 로어 위시본은 차체 아래 중심선 상의 한 지점에 연결된 것을 볼 수 있다. 상하 위시본의 길이가 서로 다르다는 사실은 15% 정도의 작은 캠버 회복(*Camber recovery*)이 발생함을 의미한다.

이런 차량은 앞부분에서 노면과의 간격이 겨우 15*mm* 밖에 되지 않기 때문에 아주 단단한 서스펜션 셋업이 필요하다. 이는 다시 말해서 *Formula One* 자동차에 비해서 정적 캠버는 작다 하더라도 바깥쪽 휠이 네거티브 캠버를 유지하도록 보장하기 위해서 롤의 크기를 제한하는 것이다.

3.7.3 FSAE/Formula Student 자동차

그림 3.22 는 전형적인 *FSAE/Formula Student* 자동차의 프론트 서스펜션을 보여주고 있다. 급선회가 많은 곡선 주로 위주의 써킷에서는 프론트와 리어 트랙이 작은 차동차가 유리하다. 이와 함께 넓은 차체에 대한 규정으로 인해서 위시본의 길이는 비교적 짧아지게 된다. 이러한 조건에 대응하기 위한 설계 방법은 서로 다른 길이로 급하게 수렴하는 위시본을 사용하는 것인데 이로 인해서 스윙암의 길이는 짧아지게 된다. 따라서 상당한 캠버 회복이 발생하기 때문에 하중이 크게 걸리는 바깥쪽 휠에 대해서는 2도의 롤에서 +0.7도의 캠버 변화만이 발생한다. 따라서 −1도의 정적 캠버만으로 휠 캠버를 네거티브로 유지하기에 충분하다. 이러한 설계는 낮은 롤 센터를 갖게 되어 양호한 자세 안정성(*Positional stability*)을 제공하게 된다.

3.7.4 Seward F1010

이는 저자의 설계로 랭카스터 링크(*Lancaster Link*)로 알려진 극단적인 위시본 배치를 가지고 있다. 그림 3.23 은 매우 짧은 스윙암 길이를 가지고 있음을 보여주고 있다. 기구학적으로 보기에 위시본은 스윙 액슬(*Swing axle*)이라고 알려진 전형적인 서스펜션의 형태를 가지고 있다. 정적 캠버가 제로인 상태에서 2 도의 롤은 선회 반경의 바깥쪽 휠에 대해서는 약간의 네거티브 캠버를 만들고 안쪽 휠에 대해서는 포지티브 캠버를 만드는데 이는 모두 바람직한 형태이다. 이와 같은 변화는 약 115%의 캠버 회복을 의미한다.

그러나 이를 위해서는 댓가를 치러야 하는데 평행한 위시본과는 달리 범프와 리바운드에서 상당한 양의 캠버 변화가 발생하는 것을 감수해야만 한다. 실제로 $25mm$ 의 범프는 2 도가 넘는 네거티브 캠버를 초래한다. 이에 대응하기 위해서 아주 상당한 안티다이브와 안티스쿼트 지오메트리가 적용되었다. 이는 급제동이나 가속시 캠버의 변화가 미미하다는 것을 의미한다. 또한 상대적으로 부드러운 스프링은 고속에서 공기역학 다운포스로 인해서 차체가 약 $12mm$ 정도 낮아질 수 있는데 이는 −1 도의 유용한 캠버 변화를 이용할 수 있음을 의미한다. 해석 결과에 따르면 하중이 줄어드는 안쪽 휠에서도 보다 향상된 캠버의 변화로 인해서 유용한 효과를 기대할 수 있다. 서스펜션 멤버와 차체 사이에 연결 지점이 줄어든다는 사실에도 불구하고 연결 부위에 발생하는 힘은 각 멤버의 힘이 서로 반대 방향이 되기 때문에 전형적인 위시본에 비해서 더 작아진다.

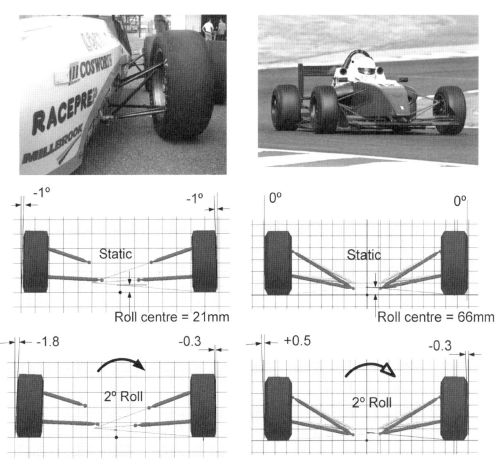

그림 3.22 FSAE/Formula Student 자동차 프론트 서스펜션 (Hertfordshire 대학교 2011 년 차량)

그림 3.23 Seward F1010 서스펜션

제 3 장 주요 사항 요약

1. 다양한 형태의 더블 위시본 서스펜션이 레이싱카 전반에 걸쳐 거의 표준으로 채용되고 있다.

2. 최대 그립을 위해서는 휠의 윗부분이 코너링의 회전 중심쪽으로 기울어져야 한다.

3. 평행한 위시본은 롤에서 모든 휠에 부정적인 캠버 변화를 발생시킨다. 수렴하는 위시본과 서로 다른 길이의 위시본은 약간의 캠버 회복을 통해서 이러한 문제를 해결할 수 있다. 또한 정적 캠버가 추가될 수도 있다. 이는 바깥쪽 휠의 성능은 향상시키지만 안쪽 휠의 성능은 감소한다.

4. 레이싱카 서스펜션의 조건을 요약하면
   - 롤이 발생하는 동안 양호한 캠버 조절을 유지할 수 있어야 한다.
   - 특히 수직 방향으로 안정적인 롤 센터 위치를 제공해야 한다.
   - 범프시 휠 스크럽을 최소화해야 한다.
   - 한쪽 휠과 양쪽 휠의 범프에서 모두 양호한 캠버 조절을 유지할 수 있어야 한다.

5. 위시본의 측면 지오메트리는 안티다이브, 안티리프트 그리고 안티스쿼트 효과에 영향을 미쳐서 가속과 감속을 하는 동안에 자동차의 피칭을 감소시키는 역할을 한다.

6. 위시본 멤버의 구조 하중을 계산하기 위해서는 최대 제동이나 코너링 같은 다양한 하중 조건에 대한 휠 하중을 찾는 것이 필요하다.

7. 위시본에 작용하는 하중은 간단한 계산이나 도면을 이용하거나 컴퓨터 프로그램을 이용해서 계산할 수 있다.

8. 위시본 멤버의 치수는 단순 스트럿 또는 타이 로드로 간주하고 설계함으로써 결정될 수 있다.

제 4 장 스프링, 댐퍼 및 안티롤

목표

■ 레이싱카에 사용되는 스프링/댐퍼 배열의 종류를 이해한다.

■ 서스펜션 스프링의 길이와 강성을 결정할 수 있다.

■ 레이싱 댐퍼의 기본적인 종류와 최적 특성을 정의하는 방법을 이해한다.

■ 적절한 안티롤 시스템을 설계할 수 있다.

4.1 개요

이전 장에서는 섀시에 대해서 휠이 움직이는 경로 또는 기구학(*Kinematics*)을 결정하는 서스펜션 지오메트리에 대해서 살펴보았다. 이번 장에서는 하중의 변화에 대해서 서스펜션이 대응함으로 발생하는 휠 운동의 속도와 진폭과 관련된 이른바 동역학(*Dynamics*)에 대해서 다룰 것이다. 일반 승용차에서 스프링/댐퍼 시스템의 주요 역할은 불규칙한 노면에서 탑승자에게 편안한 승차감을 제공하는 것이다. 레이싱카에서 스프링/댐퍼 시스템의 역할은 그립을 최대화하기 위해서 타이어와 노면 사이의 접촉을 최적화하는 것이다. 참고 문헌 29 의 *Paul Van Valkenburgh* 에 따르면,

> '*타이어를 노면에 최대한 단단히 밀착하고 최대한 오래 유지하는 것이 중요하다.*'

그림 4.1 은 전형적인 스프링/댐퍼 시스템의 주요 구성요소를 보여주고 있다. 수직 방향의 휠 하중은 푸시로드에 힘을 가하고 이는 벨크랭크를 통해서 90 도 회전해서 스프링에 의해 지지된다. 댐퍼는 스프링의 과도한 진동을 방지한다. 안티롤 시스템은 두 개의 벨크랭크를 서로 연결해서 롤링에 대해서만 서스펜션을 단단하게 만드는 역할을 한다. 설계자가 아래 항목에 대해서 정의할 수 있도록 이러한 각 요소에 대해서 자세히 살펴볼 것이다.

그림 4.1

스프링/댐퍼 구성 요소

(Mygale Formula Novis Car)

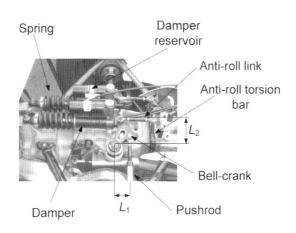

- 휠 운동의 최대 범프와 리바운드
- 스프링 길이와 강성
- 댐퍼의 스트로크와 세팅
- 벨크랭크 비율 (Bell-crank ratio) L_1/L_2 와 이에 따른 휠 강성(Wheel stiffness)과 스프링 강성(Spring stiffness) 사이의 모션비(Motion ratio)
- 안티롤 시스템의 치수

그림 4.2 는 휠에서 스프링까지 하중이 전달되는 세 가지 배열 방식을 보여주고 있다. 이러한 접근 방법은 차량의 프론트휠과 리어휠에 모두 적용될 수 있다.

푸시로드를 효과적으로 대체하는 외부에 노출된 형태의 스프링/댐퍼가 **그림 4.2a** 에 나와있다. 몇 년 전까지만 해도 거의 전반적으로 사용되었던 방식이었으나 지금은 공기 저항을 줄이기 위해서 스프링/댐퍼가 내부로 들어간 형태로 대체되었다.

풀로드(Pullrod) 서스펜션이 **그림 4.2b** 에 나와있는데, 어퍼 위시본과 함께 수직 방향의 휠 하중을 견디기 위해서 인장 부재(Tension member)를 사용하고 있다. 보통 인장 부재가 압축 부재(Compression member)에 비해서 크기가 작기 때문에 낮은 무게 중심과 함께 무게를 줄이는데 유용한 방법이다.

그림 4.2c 에 나오는 로커암(Rocker arm) 서스펜션은 푸시로드와 어퍼 위시본을 섀시의 내부 지점에 회전축이 고정되는 이중 캔틸레버 빔으로 대체한다. 모션비는 두 암의 길이에 의해서 결정된다. 굽힘을 받는 부재는 축 방향 힘을 받는 부재에 비해서 무겁고 강성은 약해지는 경향이 있다.

그림 4.2a 외부 스프링/댐퍼	그림 4.2b 풀로드 서스펜션	그림 4.2c 로커암 서스펜션
(Formula Jedi)	(Ray Formula Ford)	(Van Diemen RF82)

4.2 스프링

레이싱에서 스프링의 목적은 불규칙한 노면에서 휠 하중이 변화함에 따른 독립적인 휠의 움직임이 가능하도록 보장하는 것이다. 이의 목적은 자동차의 각 모서리에서 타이어 컨택 패치의 그립을 최적화하는 것이다. 이는 일반적으로 컴플라이언스(Compliance)라고 부르는 것의 일부이다. 또한 스프링의 움직임은 가속, 코너링 그리고 제동하는 동안 휠의 하중이 변동되는 결과로 나타나기도 한다. 설계자는 스프링의 강성(*Stiffness*)과 길이(*Length*)를 모두 정의할 필요가 있다. 강성의 단위는 N/mm 이고 따라서 이는 단위 하중에 대한 스프링의 변위가 얼마인가로 측정한다. 강성과 관련된 다음의 정의를 이해할 필요가 있다.

- 스프링 레이트(*Spring rate*) K_S 는 실제 스프링의 강성(N/mm)을 의미한다. 일반적으로 이는 상수이기 때문에 대부분의 스프링은 하중과 변위 사이에 선형인 관계를 갖는다. 선형 스프링(*Linear spring*)은 좀 더 부드러운 스프링과 직렬로 연결되어 이중 스프링 레이트를 갖도록 사용될 수도 있다. 부드러운 스프링이 완전히 단단해지기까지 먼저 변형된 후에 두 개의 조합은 더욱 단단해진다. 프로그레시브 레이트 스프링(*Progressive rate spring*)도 존재한다. 이는 서로 다른 간격의 코일을 가지고 있다. 스프링이 압축됨에 따라서 점진적으로 증가하는 수의 코일이 록업되면서 강성도 증가한다.

- 휠 센터 레이트(*Wheel centre rate*) K_W 는 섀시에 대한 휠 액슬의 강성을 의미한다. 이는 휠 어셈블리를 섀시에 연결된 스프링에 연결하는 장치에 의해서 제공되는 기어링 효과인 모션비를 통한 스프링 레이트와 관련되어 있다. 이에 대해서는 후에 자세히 살펴볼 것이다.

- 조합된 강성(*Combined stiffness*) 또는 보다 일반적으로 부르는 라이드 레이트(*Ride rate*) K_R 은 휠 센터 레이트와 타이어 강성이 조합된 것이다. 이는 노면에 대한 상대적인 섀시의 유효 강성을 나타낸다.

- 롤 레이트(*Roll rate*)는 1 도의 롤을 일으키는 롤커플의 기준인데, 흔히 단위 g 당 롤 각도의 수치로 표기되는 롤 기울기(*Roll gradient*)로 표현한다. 이는 적용되었을 가능성이 있는 안티롤 시스템을 포함한 라이드 레이트와 차량의 트랙에 따라서 달라진다.

4.2.1 서스펜션 강성

레이싱카는 승용차에 비해서 대부분 더 단단한 스프링을 갖는데, 이는 아래 이유로 인해서 설계자에게 강요되는 사항이다.

- 레이싱카는 낮은 지면간격을 갖기 때문에 서스펜션이 완전히 바닥에 닿기(*Bottoming out*) 전까지 움직임이 이를 허용할 수 있는 능력이 제한된다.

- 공기역학 다운포스는 레이싱카 차체를 눌러주어 낮게 달리도록 한다.

- 윙이나 차체바닥 같은 공기역학 장치는 상대적으로 평평한 바닥면에 대해서 양호하게 작동하기 때문에 바디 조절이 선호된다.

- 가속, 제동 그리고 코너링에서 발생하는 높은 g 는 휠 사이의 상당한 하중 이동을 초래한다. (그러나 레이싱카의 낮은 무게 중심은 상당한 도움이 된다.)

레이싱카에 단단한 스프링을 장착하는 것은 의심의 여지가 없이 용이한 작업이며, 이는 차체의 바닥이 닿는(*Bottoming out*) 문제를 해결할 뿐만 아니라 코너링에서 롤을 감소시키며 따라서 부정적인 휠 캠버의 문제 역시 감소시킨다. 그러나 역학적(*Mechanical*) 그립을 최대로 하기 위해서는 서스펜션이 가능한 부드러워야 한다는 것도 사실이다. 이는 대다수 제조사에서 승용차의 스포츠 버전을 출시할 때 소개하는 것과는 반대로 보이기 때문에 이의 합리화를 위한 약간의 설명이 필요하다.

그림 4.3

스프링 강성

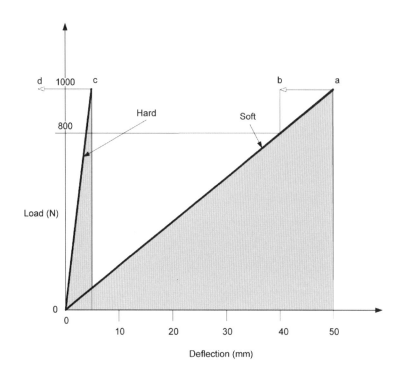

두 가지 극단적이지만 현실적인 하중과 변위에 대한 관계가 **그림 4.3**에 나와있다. 수치는 간단한 값을 사용하고 라이드 레이트는 스프링 레이트와 같다고 가정한다. 정적 상태에서 휠은 $100kg$의 현가상 질량(*Sprung mass*)를 지지한다고 가정하면 이는 스프링 내부에서는 $1000N$의 힘이 작용하는 것과 같다. 단단한 서스펜션의 경우에는 라이드 레이트를 $200N/mm$로 가정하면, 이는 $5mm$의 정적 변위를 만든다는 의미가 된다. 부드러운 서스펜션의 경우에는 라이드 레이트를 $20N/mm$로 가정하면 이때에는 스프링이 $50mm$만큼 변형된다는 것이다. 여기서 전자는 *Formula One* 자동차와 유사하고 후자는 약간의 다운포스를 발생시키는 주말용 스포츠카와 비슷하다. 이제 휠이 $10mm$ 리바운드의 노면을 지나간다고 가정하고 어떤 현상이 발생하는지 알아본다. 부드러운 서스펜션의 경우 그림에 표시된 a에서 b로 이동하는 것인데, 이는 스프링의 힘이 $800N$으로 내려간다는 것을 의미한다. 단단한 서스펜션의 경우에는 그림의 c에서 d로 이동한다고 할 수 있는데 이는 스프링 내의 하중이 0이 됨을 의미한다. 스프링 내부의 힘이 휠을 밀어내서 최대한 빨리 노면과 다시 접촉하도록 하는 것이 목적이다. 휠 어셈블리의 현가하 질량(*Unsprung mass*)을 $25kg$로 가정하면 부드러운 스프링은 평균적으로 $900N$의 힘으로 휠을 아래쪽으로 가속시킬 수 있다는 의미가 된다. 이를 가속도로 계산하면 $F/m = 900/25 = 36\,m/s^2 = 3.7g$가 된다. 이는 중력으로 인한 $1g$의 중력 가속도를 포함하는 것이다. 반면 단단한 스프링의 경우 $5mm$를 지나고 나면 더 이상 휠을 아래로 움직이려는 힘을 만들

수 없다. 기껏해야 중력의 영향으로 아래로 내려가거나 최악의 경우에는 노면과 만나기 전까지 휠이 공중이 뜬 상태를 유지할 수도 있다. 이런 현상을 살펴보는 다른 방법으로는 유용한 일로 변환될 수 있는 스프링 내부에 저장되는 에너지를 고려하는 것이다. 이는 그래프에서 면적을 계산하는 것으로 찾을 수 있다. 단단한 스프링은 $0.5 \times 1000 \times 5/10^3 = 2.5 Joules$ 인데 비해서 부드러운 스프링은 이보다 약 10 배 정도 큰 값을 갖는다. 부드러운 서스펜션은 범프나 커브를 지나는 것에도 유리한데 왜냐하면 섀시에 위 방향으로 작용하는 힘이 작기 때문에 섀시를 불안하게 하거나 다른 휠을 들어올릴 가능성이 낮아지기 때문이다.

4.2.2 휠 센터 레이트와 고유 진동수

휠 센터 레이트는 서스펜션의 이동량을 결정하는것 이외에 섀시와 휠이 진동을 일으키게 되는 고유 진동수에도 역시 영향을 미친다. **그림 4.4** 는 자동차의 하나의 휠에 대한 시스템 모델을 보여주고 있다. 현가상 질량(*Sprung mass*)은 섀시, 바디, 엔진, 운전자 등으로 이루어진다. 현가하 질량(*Unsprung mass*)은 타이어, 휠, 액슬, 브레이크 등을 포함하는 휠 어셈블리를 의미한다. 서스펜션 링크, 드라이브 샤프트과 같이 둘 사이에 있는 부품의 질량은 현가상하 질량의 비율로 나누어 계산하는 것이 보통이다.

시스템은 다음과 같은 두 가지 중요한 진동 모드를 갖는다.

Mode 1 은 지면에 대한 현가상 질량의 진동에 대한 것이다. 이 경우 K_W 와 K_T 는 두 개의 스프링이 직렬로 연결된 것으로 간주할 수 있는데, 이때 전체 강성 또는 라이드 레이트 K_R 은 아래처럼 구할 수 있다.

$$\frac{1}{K_R} = \frac{1}{K_W} + \frac{1}{K_T} \qquad [4.1]$$

단순 주기 운동이라고 가정하면, 현가상 섀시의 진동에 대한 고유 진동수 $f_s [Hz]$ 는 아래와 같다.

$$f_s = \frac{1}{2\pi}\sqrt{\frac{K_R}{m_s}} \qquad [4.2]$$

Mode 2 는 섀시에 대한 휠의 진동에 대한 것이다. 이때 K_W 와 K_T 는 두 개의 스프링이 병렬로 연결되어 전체 강성은 $K_W + K_T$ 가 된다. 대체로 현가상 질량 W_s 가 현가하 질량 W_u 에 비해서 크기 때문에 일반적으로 현가상 질량은 정적이라고 가정할 수 있다. 섀시에 대한 현가하 휠의 진동에 대한 고유 진동수 $f_u [Hz]$ 는 아래처럼 계산할 수 있다.

$$f_u = \frac{1}{2\pi}\sqrt{\frac{K_W + K_T}{m_u}} \qquad [4.3]$$

일부 설계자는 특정한 현가상 질량의 고유 진동수를 목표로 하기도 하지만 특히 공기역학 다운포스를 갖는 경우 지면과의 간격 문제로 인해서 이를 만족하는 것은 거의 불가능하다. 진동수는 댐퍼를 설계하기 위해서 필요한데 이는 뒤에서 다시 다룰 것이다.

m_s = 현가상 코너 질량 (kg)

m_u = 현가하 코너 질량 (kg)

K_W = 휠 센터 레이트 (N/mm)

K_T = 타이어 강성 (N/mm)

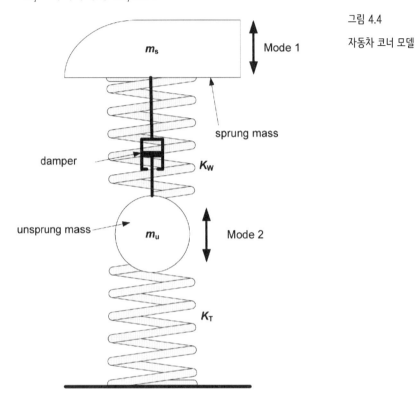

Mode 1

그림 4.4

자동차 코너 모델

예제 4.1

코너 현가상 질량 $110kg$ 과 현가하 질량 $20kg$ 인 두 대의 레이싱카가 있다. 타이어의 수직 강성은 $200\,N/mm$ 이다. 4.2.1 에 설명된 것과 같이 한 대의 차량은 휠 센터 레이트가 $20\,N/mm$ 인 부드러운 서스펜션이고 다른 한 대의 차량은 휠 센터 레이트가 $200\,N/mm$ 인 단단한 서스펜션을 가지고 있다. 각 자동차에 대한 현가상 및 현가하 고유 진동수를 계산하시오.

풀이　부드러운 서스펜션 차량

$$\frac{1}{K_R} = \frac{1}{K_W} + \frac{1}{K_T} = \frac{1}{20} + \frac{1}{200} = 0.055$$

라이드 레이트, $K_R = 18.2\,N/mm = 18.2 \times 10^3\,N/m$

$$f_s = \frac{1}{2\pi}\sqrt{\frac{K_R}{m_s}} = \frac{1}{2\pi}\sqrt{\frac{18.2 \times 10^3}{110}} = 2.05Hz$$

$$f_u = \frac{1}{2\pi}\sqrt{\frac{K_W + K_T}{m_u}} = \frac{1}{2\pi}\sqrt{\frac{(20+200)\times 10^3}{20}} = 16.7Hz$$

단단한 서스펜션 차량

$$\frac{1}{K_R} = \frac{1}{K_W} + \frac{1}{K_T} = \frac{1}{200} + \frac{1}{200} = 0.01$$

라이드 레이트, $K_R = 100\,N/mm = 100\times 10^3\,N/m$

$$f_s = \frac{1}{2\pi}\sqrt{\frac{K_R}{m_s}} = \frac{1}{2\pi}\sqrt{\frac{100\times 10^3}{110}} = 4.8Hz$$

$$f_u = \frac{1}{2\pi}\sqrt{\frac{K_W + K_T}{m_u}} = \frac{1}{2\pi}\sqrt{\frac{(200+200)\times 10^3}{20}} = 22.5Hz$$

4.2.3 휠 센터 레이트와 롤 레이트의 결정

이미 설명된 것과 같이 서스펜션은 양호한 차체의 컨트롤과 서스펜션이 완전히 바닥에 닿는 것을 방지할 수 있을 정도로 단단해야만 한다. 일반적으로 설계자는 관련 규정에서 허용하고 있는 최소한의 값(보통 $40mm$)으로 정적인 라이드 높이를 설정하기를 원한다. 이러한 최저 높이를 적용하려는 주요 이유는 다음과 같다.

1. 노면의 불규칙한 굴곡과 구배의 변화로 인한 섀시의 동적인 움직임.
2. 가속, 제동 그리고 코너링으로 인한 하중의 이동.

    보통 바닥과 측면 스커트(*Side skirt*)가 넓은 경우에는 코너링이 위주가 되지만 길고 낮은 전면부를 갖는 경우에는 제동이 위주가 된다.
3. 만약 존재한다면 공기역학 다운포스.

일반적으로 서스펜션의 움직임은 일단 변형된 이후 과도한 오버슈트가 없이 정적인 위치로 돌아가려고 하거나 또는 정적인 위치를 중심으로 진동하는 경우 적절히 댐핑되었다고 가정할 수 있다. 또한 스프링/댐퍼는 고무 범프 스토퍼(*Rubber bump stopper*)가 장착되어야 한다. 이는 정상적인 코너링에서는 사용되지 않지만 극단적인 범프에서는 사용된다고 가정할 수 있다. 이러한 스토퍼는 댐퍼의 마지막 몇 mm의 움직임 동안에는 스프링을 유효하게 매우 단단하게 만드는 역할을 한다.

휠 센터 레이트를 결정할 때 추가로 다음 세 가지를 더 고려해야 한다.

1. 만약 현가상 질량의 고유 진동수 f_s 가 자동차의 프론트와 리어에서 서로 동일하거나 상당히 유사하다면 자동차는 특정한 노면 조건에 대해서 피칭 진동(*Pitching oscillation*)을 겪을 가능성이 높다. 만약 프론트와 리어의 진동수가 최소한 10% 이상 다르다면 이러한 진동을 피할 수 있는 것으로 알려져 있다.
2. 자동차의 전후 휠 센터 레이트는 각 롤 레이트에 영향을 미치고 이는 자동차의 프론트와 리어에서 가로 방향 하중 이동의 크기를 결정한다. 타이어 민감도를 설명할 때 이는 자동차의 언더스티어/오버스티어 밸런스에 영향을 미친다는 것을 살펴보았다. 제 5 장에서 이러한 효과를

계산하는 방법을 알아보겠지만, 일반적으로 양호한 밸런스를 위해서는 구동휠의 반대쪽에서 더 높은 롤 레이트를 갖는 것이 필요하다. 구동휠에서 낮은 롤 강성을 갖는 것은 또한 코너에서 탈출 가속시 구동 트랙션에도 도움이 된다.

3. 롤 레이트는 적절한 안티롤 시스템을 추가함으로써 수직 방향의 휠 센터 레이트 다시 말해서 고유 진동수에 영향을 주지 않으면서 증가될 수 있다.

직렬 연결 스프링의 강성에 대한 관계식 [4.1]로부터

$$\frac{1}{K_R} = \frac{1}{K_W} + \frac{1}{K_T}$$

라이드 레이트와 타이어 강성으로부터 필요한 휠 센터 레이트를 계산하는 것은 어렵지 않다.

$$K_W = \frac{K_R K_T}{\left(K_T - K_R\right)} \qquad [4.4]$$

라이드 레이트 K_R 과 트랙 T 인 자동차에 대해서 롤 레이트 K_ϕ 는 다음과 같다.

롤 커플 = C (계산 방법은 페이지 125 제 5 장 참조)

가로 방향 하중 이동, $F_\phi = C/T$

휠의 수직 방향 변위, $\delta_\phi = F_\phi/K_R = C/\left(TK_R\right)$

롤 각도, $\theta_\phi - \delta_\phi/(T/2) = 2C/\left(T^2 K_R\right)$ $[rad]$

$$롤\ 레이트,\ K_\phi = C/\theta_\phi = \frac{T^2 K_R}{114.6}\ \left[Nm/deg\right] \qquad [4.5]$$

예제 4.2

(a) 상대적으로 낮은 출력에 다운포스가 없는 차량과, (b) 높은 다운포스 차량에 대해서 각각 필요한 휠 센터 레이트를 예측하시오. 그리고 현상상 고유 진동수와 롤 기울기를 계산하시오. 두 자동차는 모두 넓은 플로어팬을 가지고 있고 따라서 코너링 롤을 하는 동안 지면에 닿을 위험이 있다고 가정한다. 높은 다운포스 자동차에 대해서 다운포스는 현가상 질량과 동일한 비율로 분포된다고 가정한다. 안티롤 시스템의 영향은 무시한다.

	다운포스 없는 자동차	높은 다운포스 자동차
전체 차량 현가상 질량, m_S	459kg	
질량 중심에서 롤 축까지 수직 거리, h_a	220mm	
지면 간격	40mm	
현가상 질량 프론트/리어 비율	40:60	
롤 커플 프론트/리어 비율	51:49	
프론트 및 리어 트랙, T	1.5m	
타이어 강성, K_T	250N/mm	
다운포스	0	6000N
가로 방향 g, G	1.5g	3.0g

풀이 (a) 다운포스 없는 자동차

지면 간격의 할당

섀시의 동적 움직임	$15mm$
코너링에서 하중 이동	$25mm$
합계	$40mm$

롤 커플, $C = Gm_s h_a = 1.5 \times 9.81 \times 459 \times 0.22 = 1485 Nm$

프론트 해석

프론트에서 저항되는 롤 커플, $C_f = 1485 \times 0.51 = 757 Nm$

결과적인 하중 이동 $= C_f / T = 757 / 1.5 = 505 N$

필요한 프론트 라이드 레이트, $K_R = 505 / 25 = 20.2 \, N/mm$

(여기서 25 는 코너링에 할당된 지면 간격)

필요한 프론트휠 센터 레이트, $K_W = \dfrac{K_R K_T}{(K_T - K_R)} = \dfrac{20.2 \times 250}{(250 - 20.2)} = 22.0 \, N/mm$

프론트 현가상 질량/휠 $= 459 \times 0.4 / 2 = 91.8 kg$

프론트 현가상 고유 진동수, $f_s = \dfrac{1}{2\pi}\sqrt{\dfrac{K_R}{m_s}} = \dfrac{1}{2\pi}\sqrt{\dfrac{20.2 \times 10^3}{91.8}} = 2.36 Hz$

리어 해석

리어에서 저항되는 롤 커플, $C_r = 1485 \times 0.49 = 728 Nm$

결과적인 하중 이동 $= C_r / T = 728 / 1.5 = 485 N$

필요한 리어 라이드 레이트, $K_R = 485 / 25 = 19.4 \, N/mm$

필요한 리어휠 센터 레이트, $K_W = \dfrac{K_R K_T}{(K_T - K_R)} = \dfrac{19.4 \times 250}{(250 - 19.4)} = 21.0 \, N/mm$

리어 현가상 질량/휠 $= 459 \times 0.6 / 2 = 137.7 kg$

리어 현가상 고유 진동수, $f_s = \dfrac{1}{2\pi}\sqrt{\dfrac{K_R}{m_s}} = \dfrac{1}{2\pi}\sqrt{\dfrac{19.4 \times 10^3}{137.7}} = 1.89 Hz$

바디 롤 $= tan^{-1}(25/750) = 1.9°$

롤 기울기 $= 1.9 / 1.5 = 1.27 \, deg/g$

(b) 높은 다운포스 자동차

지면 간격의 할당

섀시의 동적 움직임	$10mm$
코너링에서 하중 이동	$30mm$
합계	$40mm$

롤 커플, $C = Gm_s h_a = 3 \times 9.81 \times 459 \times 0.22 = 2970 Nm$

프론트 해석

프론트에서 저항되는 롤 커플, $C_f = 2970 \times 0.51 = 1515 Nm$

결과적인 하중 이동 $= C_f / T = 1515 / 1.5 = 1010 N$

다운포스로 인한 하중 증가 $= 6000 \times 0.4 / 2 = 1200 N$

총 하중 증가량 $= 1010 + 1200 = 2210 N$

필요한 프론트 라이드 레이트, $K_R = 2210 / 30 = 73.7 \, N/mm$

(여기서 30은 코너링에 할당된 지면 간격)

필요한 프론트휠 센터 레이트, $K_W = \dfrac{K_R K_T}{\left(K_T - K_R\right)} = \dfrac{73.7 \times 250}{\left(250 - 73.7\right)} = 104.5 \, N/mm$

프론트 현가상 질량/휠 $= 459 \times 0.4 / 2 = 91.8 kg$

프론트 현가상 고유 진동수, $f_s = \dfrac{1}{2\pi} \sqrt{\dfrac{K_R}{m_s}} = \dfrac{1}{2\pi} \sqrt{\dfrac{73.7 \times 10^3}{91.8}} = 4.51 Hz$

리어 해석

리어에서 저항되는 롤 커플, $C_r = 2970 \times 0.49 = 1455 Nm$

결과적인 하중 이동 $= C_r / T = 1455 / 1.5 = 970 N$

다운포스로 인한 하중 증가 $= 6000 \times 0.6 / 2 = 1800 N$

총 하중 증가량 $= 970 + 1800 = 2770 N$

필요한 리어 라이드 레이트, $K_R = 2770 / 30 = 92.3 \, N/mm$

필요한 리어휠 센터 레이트, $K_W = \dfrac{K_R K_T}{\left(K_T - K_R\right)} = \dfrac{92.3 \times 250}{\left(250 - 92.3\right)} = 146.3 \, N/mm$

리어 현가상 질량/휠 $= 459 \times 0.6 / 2 = 137.7 kg$

리어 현가상 고유 진동수, $f_s = \dfrac{1}{2\pi} \sqrt{\dfrac{K_R}{m_s}} = \dfrac{1}{2\pi} \sqrt{\dfrac{92.3 \times 10^3}{137.7}} = 4.12 Hz$

롤링으로 인한 수직 변위 $= 970 / 92.3 = 10.5 mm$

바디 롤 $= tan^{-1}\left(10.5 / 750\right) = 0.802°$

롤 기울기 $= 0.802 / 3.0 = 0.27 \, deg/g$

식 [4.5] 롤 레이트를 이용해서 검증

롤 레이트, $K = \dfrac{T^2 K_R}{114.6} = \dfrac{1.5^2 \times 92.3 \times 10^3}{114.6} = 1812 \, Nm/deg$

위로부터 롤 레이트 $= 1455 / 0.802 = 1814 \, Nm/deg$

4.2.4 스프링의 설정

스프링 레이트

필요한 휠 센터 레이트에 대한 초기 예측값을 결정했다면 이제 스프링 레이트를 계산하는 것이 필요하다. 기하학적으로 가장 간단한 서스펜션의 형태는 로커암(**그림 4.2c**)이고 이를 서스펜션의 작동 원리를 이해하기 위해서 사용할 것이다. **그림 4.5** 는 로커암을 도해 형태로 보여주고 있다.

그림 4.5

로커암 서스펜션

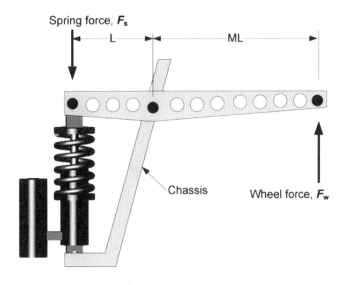

그림에 나오듯 한 개의 로커암은 길이가 L 이고 다른 하나는 길이가 $R_m L$ 인데 여기서 R_m 은 모션비(*Motion ratio*)이다. 그림의 간단한 비율에서 알 수 있듯이 스프링이 d 만큼 움직이면 휠은 $R_m d$ 만큼 움직인다. 만약 휠의 움직임이 스프링의 움직임보다 크다면 모션비는 1 보다 크게 나온다. 다른 용어로는 일반적으로 모션비의 역수인 장착비(*Installation ratio*)를 사용하기도 한다.

피봇 포인트를 중심으로 하는 모멘트를 계산하면

$$F_S \times L = F_W \times R_m L$$
$$F_S = F_W \times R_m$$
$$F_W = F_S / R_m$$

강성 또는 비율은 단위 변위당 작용하는 힘으로 정의되므로

$$\text{휠 센터 레이트, } K_W = F_W / R_m d$$
$$\text{스프링 레이트, } K_S = R_m F_W / d$$

K_S 를 K_W 로 나누면, 강성비(*Ratio of stiffness*) $= R_m^2$

다시 정리하면,

$$K_S = R_m^2 K_W \qquad [4.6]$$

위의 관계는 모든 형태의 더블 위시본에 대해서 적용될 수 있다. 하지만 푸시로드 또는 풀로드 서스펜션에 대한 모션비를 결정하는 것은 좀 더 까다롭고 보통 정밀한 축소 도면이나 실물 모형 또는 *SusProg* 와 같은 서스펜션 해석용 프로그램을 필요로 한다. 축소 도면의 경우 $5mm$ 단위의 휠 움직임에 대한 스프링 길이의 변화를 그래프로 출력하는 방법으로 찾을 수 있다.

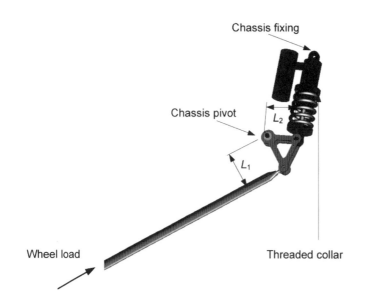

Chassis fixing

Chassis pivot

L_2

L_1

Wheel load

Threaded collar

그림 4.6
푸시로드-벨크랭크 배열

푸시로드 또는 풀로드의 장점은 스프링/댐퍼가 공기역학 성능을 위해서 차체 내부에 들어갈 수 있다는 것이다. 휠에서 전달되는 힘을 스프링/댐퍼의 패키징에 적합한 각도로 회전시키기 위해서 벨크랭크가 사용된다. 그림 4.6을 참고해서 다음 몇 가지 사항에 주의해야 한다.

1. 휨을 방지하기 위해서 푸시로드, 벨크랭크 그리고 스프링/댐퍼는 동일한 평면 위에 있어야 한다. 보통 이는 정적인 하중에 해당하지만 푸시로드 하중이 최대인 완전 범프에서도 동일한 평면상에서 움직여야 한다고 주장할 수 있다.
2. 모션비 R_m 을 조절하기 위해서는 벨크랭크의 비율 L_1/L_2 를 변경하는 것이 용이하다.
3. 벨크랭크의 크기는 충분한 스프링 변위를 만들어낼 수 있을 정도로 적절해야 한다.
4. 보통 벨크랭크 평면과 푸시로드 그리고 스프링/댐퍼는 직각을 이루도록 해야한다. 이렇게 하는 것이 휠의 움직임과 스프링의 압축 사이에 선형에 가까운, 즉 모션비 R_m 이 일정한 상수값에 가까운 관계가 나타날 수 있다. 때로는 비선형 관계가 선호되기도 한다. 그림 4.1에 나온 사례를 보면 벨크랭크가 회전함에 따라서 L_1 은 줄어들고 L_2 는 늘어나게 되어 결국 모션비 R_m 은 더욱 줄어들게 되는데, 이는 범프에 따라서 강성이 증가하는 서스펜션이 된다는 의미이다. 이를 레이트가 증가하는 서스펜션(Rising rate suspension)이라고 부른다.

스프링 길이

이전 장에서 범프의 최대값은 일반적으로 지면과의 간격과 같다는 것을 이미 살펴보았다. 범프에 추가해서 스프링이 제로 하중에서 정적 현가상 코너 하중까지 초기에 압축되는 길이를 포함시킬 필요가 있다. 이는 아래와 같이 표현할 수 있다.

초기 압축 = 현가상 코너 하중 / 휠 센터 레이트

그러면, 전체 휠의 움직임 = 범프 + 초기 압축

전체 스프링 움직임 = 전체 휠 움직임 / 모션비, R_m

스프링이 완전이 압축되는 것을 방지하기 위해서 필요한 전체 비압축 스프링 길이는 스프링 움직임의 약 두 배 정도가 필요하다.

예제 4.3

모션비 R_m 은 1.3 으로 가정하고 예제 4.2 의 다운포스가 없는 자동차의 프론트 서스펜션에 대해서 스프링 레이트와 스프링 길이를 결정하시오.

풀이   예제 4.2 로부터 해당하는 수치를 계산하면

휠 센터 레이트, $K_W = 22.0\,N/mm$

스프링 레이트, $K_S = R_m{}^2 K_W = 1.3^2 \times 22.0 = 37.2\,N/mm$

최대 범프 $= 40mm$

초기 압축=현가하 코너 중량/휠 센터 레이트 $= \dfrac{91.8 \times 9.81}{22.0} = 41mm$

전체 휠 움직임 $= 40 + 41 = 81mm$

전체 스프링 움직임 $= \dfrac{Wheel\ Motion}{R_m} = \dfrac{81}{1.3} = 62.3mm$

최소 스프링 길이 $= 623 \times 2 = 125mm$

스프링 프리로드(*Pre-load*)

그림 4.6 과 같은 일반적인 스프링/댐퍼 배열에서 스프링은 댐퍼 몸체의 상하로 조절될 수 있도록 나사산이 만들어진 칼라(*Callar*)에 올려진다. 기본 위치는 댐퍼가 완전히 연장된 상태에서도 스프링이 자리를 유지할 수 있을 때까지 손으로 칼라를 느슨하게 조여주는 것이다. 자동차가 휠에 의해서 지지되면 스프링의 하중은 정적 현가상 코너 중량이 되고, 댐퍼 로드는 스프링의 압축과 동일한 크기만큼 댐퍼의 몸체 내부로 수축되어 들어갈 것이다.

만약 나사산이 있는 칼라를 다시 풀어주면 스프링 내부의 하중은 동일하지만 댐퍼 로드는 실린더 안으로 더 수축되고 자동차의 지면 간격은 감소될 것이다. 이는 라이드 높이를 조절할 수 있는 방법이지만 범프시 유용한 댐퍼의 여유 변형분을 소모하게 된다. 푸시로드/풀로드의 길이를 변경하는 것으로 라이드 높이를 조절하는 방법이 더 나을 것이다.

반대로 만약 나사산이 있는 칼라를 조인다면 스프링의 하중은 여전히 동일하지만 댐퍼 로드는 실린더로부터 더 튀어나오게 되어 자동차의 지면 간격은 증가할 것이다. 이는 리바운드시 사용 가능한 댐퍼의 움직임을 감소시키지만 단점이 되지 않을 수도 있다. 자동차가 최대 롤링을 하는 동안 안쪽 휠의 컨택 패치에는 바람직하게도 항상 최소한의 양의 하중이 작용할 것이다. 다시 말해서, 안쪽 휠은 절대로 지면에서 들리지 않을 것이고 스프링의 하중은 0 으로 감소하지 않을 것이다. 따라서 매우 낮은 스프링 하중에서 리바운드 움직임은 절대로 나타나지 않는다. 따라서 나사산이 있는 칼라는 최소

스프링 하중을 스프링 강성으로 나눈 것과 동일한 길이만큼 조여질 수 있다. 이는 보다 여유로운 범프 움직임을 허용함으로써 댐퍼 스트로크를 보다 효과적으로 사용할 수 있도록 한다.

코너링에서 롤링이 일어나는 동안 전체 서스펜션의 움직임은 댐퍼가 어느 방향으로든 스트로크 한계에 도달하는 것으로 인해서 방해를 받지 않는 것이 중요한데, 이는 자동차의 밸런스에 갑작스런 불안정을 초래할 수 있는 강성의 심각한 변화를 일으키기 때문이다.

4.3 댐퍼

댐퍼는 보통 쇽 업소버(*Schock absorber*) 또는 간단히 쇽(*Schock*)이라고 부르기도 한다. 댐퍼의 주요 목적은 현가상 질량과 현가하 질량의 동적 진동을 방지하는 것이다. 댐퍼의 미세 조율이 레이싱카의 일시적인 거동을 미세하게 조절하는 역할을 하지만, 언더스티어 또는 오버스티어 밸런스의 정상 상태 조절을 위한 수단으로는 사용되지 않아야 한다. 댐핑의 효과는 시간에 따라서 달라지기 때문에 시간 영역에 따라서 다른 움직임을 보일 수 있기 때문이다.

그림 4.7

스프링/질량 시스템의

감쇠 진동

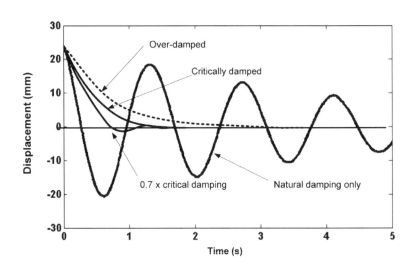

현가상 질량과 현가하 질량은 서로 다른 고유 진동수를 갖기 때문에 다른 댐핑이 필요하다는 것을 살펴보았다. 뿐만 아니라 현가상 질량은 수직 방향, 피치 방향 또는 롤 방향으로 진동할 수도 있다. 이상적으로는 이러한 모든 조건은 개별적인 댐핑 시스템을 필요로 하지만 대부분의 자동차는 네 개의 각 휠에서 하나의 댐퍼만으로 이를 모두 해결해야만 한다. 따라서 일부 타협이 필요하다.

만약 스프링으로 지지되는 질량이 정적 평형 상태에서 변위가 되었다가 다시 놓는다면 이때 진동이 발생한다. 만약 댐핑이 없다면 이론적으로 이 진동은 일정한 진폭과 진동수로 무한히 계속될 것이다. 그러나 실제로는 내부 마찰과 외부 공기 저항으로 인한 고유 댐핑으로 인해서 진동은 **그림 4.7**과 같이 시간이 지남에 따라서 서서히 줄어들게 된다.

이러한 거동을 수정하기 위해서 스프링을 병렬로 연결한 댐퍼를 사용한다. 점성 댐퍼(*Viscous*

damper)는 스프링의 움직임에 제한을 가하는 힘을 발생시키기 위해서 오리피스를 통해 유체를 강제로 밀어낸다. 이러한 힘은 운동하는 속도에 비례한다. 댐핑 계수 또는 감쇠 계수 C 는 $1 m/s$ 의 속도에서 댐핑힘을 측정하는 값으로, 단위는 $N/m/s$ 또는 Ns/m 이다. 임계 댐핑(Critical damping)은 **그림 4.7** 과 같이 어떠한 오버슈트(Overshoot)도 없이 질량이 원래의 정상 상태 위치로 되돌아 가도록 하는 값으로 정의한다. 현가상 질량의 임계 댐핑에 대한 임계 감쇠 계수는,

$$C_{crit} = 4\pi m_s f_s \qquad\qquad [4.7]$$

여기서 $\qquad\qquad m_s$ = 현가상 질량 $[kg]$

$\qquad\qquad\qquad f_s$ = 고유 진동수 $[Hz]$

위의 관계식은 댐퍼가 현가상 질량과 현가하 질량 사이에서 직접 작동한다고 가정한다. 만약 일반적인 경우와 같이 댐퍼가 스프링 마운트 사이에서 작동한다면 모션비 R_m 이 고려되어야만 한다.

$$C_{crit} = 4\pi m_s f_s R_m{}^2 \qquad\qquad [4.8]$$

만약 댐핑 계수가 임계값보다 크다면 시스템은 오버댐핑(Over-damped)되었다고 하고 정상 상태로 돌아가는데 걸리는 시간은 길어질 것이다. 만약 댐핑 계수가 임계값보다 작다면 시스템은 언더댐핑(Under-damped)이라고 하고 정상 상태 위치를 중심으로 약간의 진동이 발생할 것이다. 적용된 댐핑 계수 C 와 임계 댐핑 계수 C_{crit} 의 비율을 감쇠비 또는 댐핑비(Damping ratio), ζ (zeta)라고 한다.

$$\zeta = \frac{C}{C_{crit}} \qquad\qquad [4.9]$$

일반적인 자동차의 경우 약 0.25 의 댐핑비가 승차감(Ride comfort)과 운동성능(Handling performance) 사이에서 최고의 타협점을 제공한다. 승차감이 중요하지 않은 레이싱카의 경우 평균 댐핑비는 약 0.65-0.7 사이가 잘 작동하는 것으로 나타났다. **그림 4.7** 에 나온 것과 같이 이는 아주 작은 양의 오버슈트만을 발생시키며 임계 댐핑보다 더 빨리 중립 위치로 돌아가도록 한다.

예제 4.4

(a) 예제 4.1 의 자동차 $110 kg$ 의 현가상 코너 질량 m_s, 현가상 고유 진동수 $2.05 Hz$ 를 가지고 있다. 모션비 R_m 을 1.3 으로 가정하고 댐핑비 $\zeta = 0.7$ 을 갖도록 하는 댐핑 계수 C 의 값을 계산하시오.

(b) 동일한 자동차의 현가하 질량이 $20 kg$ 이고 고유 진동수는 $16.7 Hz$ 이다. 만약 위의 (a)로부터 계산된 댐핑 계수 C 를 적용했을 때 현가하 댐핑비를 계산하시오.

풀이 $\quad$ (a) $\qquad \zeta = \dfrac{C}{C_{crit}} = 0.7$

$\qquad\qquad$ 댐핑 계수, $C = 0.7 C_{crit} = 0.7 \times 4\pi m_s f_s R_m{}^2 = 0.7 \times 4\pi \times 110 \times 2.05 \times 1.3^2 = 3352 \, N/m/s$

$\qquad$ (b) $\qquad C_{crit} = 4\pi m_u f_u R_m{}^2 = 4\pi \times 20 \times 16.7 \times 1.3^2 = 7093 \, N/m/s$

$$현가하 댐핑비, \ \zeta = \frac{C}{C_{crit}} = \frac{3352}{7093} = 0.47$$

댐퍼의 특성은 일반적으로 속도에 대한 힘의 그래프로 표현하고 댐핑 곡선이라고 부르는데, 여기서 댐핑 계수는 곡선의 기울기에 해당한다. 예제 4.4 로부터 계산된 수치가 **그림 4.9a** 에 나와있다. 그러나 최적 성능을 위해서는 댐핑 곡선의 기울기를 보다 수정할 필요가 있다. 이와 같은 수정에 대한 이해를 위해서는 범프와 리바운드 동안 휠의 대략적인 상대 속도를 고려할 필요가 있다. **그림 4.8** 은 $28\,m/s$ 또는 $100\,km/h$ 로 움직이는 자동차의 휠이 낮은 커브와 같은 $10\,mm$ 높이의 장애물을 만나는 모습을 보여주고 있다. $75\,mm$ 거리에 걸쳐서 휠이 $10\,mm$ 만큼 올라가는 것을 볼 수 있다.

$$수직 \ 방향 \ 범프 \ 속도 = 28 \times \frac{10}{75} = 3.7\,m/s$$

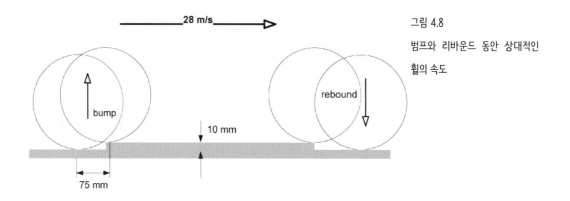

그림 4.8

범프와 리바운드 동안 상대적인 휠의 속도

이제 구조물의 반대편을 고려한다. 휠의 수직 아래 방향 가속도는 중력과 스프링 내의 힘에 따라서 달라진다. 스프링 내의 평균 코너 하중을 $1000N$, 현가하 휠의 질량을 $20kg$ 으로 가정하면

$$스프링으로부터 \ 수직 \ 아래 \ 방향 \ 가속도 = \frac{Force}{Mass} = \frac{1000}{20} = 50\,m/s^2$$

$$전체 \ 아래 \ 방향 \ 가속도, \ a = 50 + 9.81 = 60\,m/s^2$$

$$Newton \ 법칙으로부터 \ 속도의 \ 제곱 = 2 \times a \times distance = 2 \times 60 \times 0.01$$

$$수직 \ 아래 \ 방향 \ 리바운드 \ 속도 \ = 1.2\,m/s$$

위의 결과로부터 범프 속도는 리바운드 속도에 비해서 두 배 이상이라는 것을 알 수 있다. 따라서 범프 속도가 증가하면 더 높은 댐핑이 필요하다고 할 수 있지만 실제로는 그 반대가 된다. 높은 속도는 높은 댐핑힘을 발생시키고 따라서 가속도 역시 높아지기 때문에 위 방향으로 작용한다면 현가상 섀시를 불안하게 만들고 휠 사이에 높은 하중 이동을 초래한다. 또한 리바운드 댐핑의 주요 역할이 코너링 롤에서 현가상 섀시의 움직임을 제어하는 것에 비해서 범프 댐핑의 주요 역할은 범프를 지날 때 현가하 휠의 진동을 제어하는 것이다. 따라서 만약 범프 댐핑이 너무 낮다면 휠 호핑(*Wheel hop*)이

나타날 것이고, 만약 너무 높다면 섀시를 불안하게 만든다고 결론을 내릴 수 있다. 만약 리바운드 댐핑이 너무 낮다면 섀시는 코너에서 진동을 일으킬 것이고 만약 너무 높다면 높은 리바운드 댐핑은 추가적인 범프 교란이 이를 다시 들어 올리기 전에 휠이 제자리로 되돌아오지 못하게 하기 때문에 재킹 다운(*Jacking down*)의 위험이 발생할 것이다. 따라서 이전에서와 마찬가지로 일반적인 접근 방법은 현가상 질량에 근거해서 $0.7C_{crit}$ 의 댐핑 계수를 계산하지만, 범프 댐핑 계수는 이 값의 2/3 로 줄이고 리바운드 댐핑 계수는 3/2 로 늘이는 것이다. 수정된 댐핑 곡선이 **그림 4.9b** 에 나와있다. 따라서 전체 싸이클에 대한 평균 댐핑은 대략 $0.7C_{crit}$ 이다.

그림 4.9a
초기 댐핑 곡선

그림 4.9b
수정된 댐핑 곡선

그림 4.9c
최종 댐핑 곡선

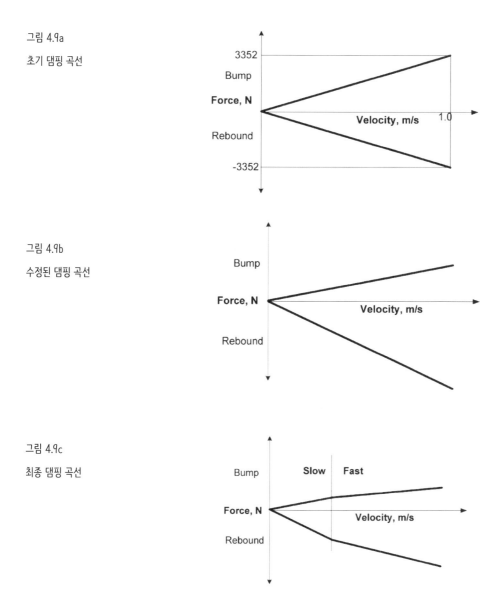

최종적인 수정은 댐핑 곡선상에 느린 영역과 빠른 영역을 추가하는 것이다. 이는 역시 현가상 질량에 작용하는 큰 댐핑힘의 영향을 줄이려는 시도이다. **그림 4.9c**와 같이 전환점 위의 모든 속도에 대해서 댐핑 계수의 값을 절반으로 줄이는 것이 일반적인 방법이다. 느린 영역과 빠른 영역의 전환이 나타나는 지점의 속도는 보통 $0.05\,m/s$ 까지 낮아진다. 이 속도는 **그림 4.7**에 나오는 곡선의 기울기로 주어진다. 단순 조화 운동에 대해서 최대 속도는 질량이 중립점을 지나는 지점에서 발생하고 $v_{max} = 2\pi f A$ 로 구할 수 있고, 여기서 A 는 진폭 또는 범프의 크기이다. $f = 2\,Hz$ 인 부드러운 자동차에 대해서 $0.05\,m/s$ 의 속도는 단지 약 $4\,mm$ 의 전환 진폭을 의미한다. **그림 4.7**로부터 $0.7 \times$ 임계 댐핑 속도를 약 2배만큼 감소시키고 이는 $8\,mm$ 의 진폭을 나타낸다는 것을 알 수 있다. 이보다 큰 모든 범프에 대해서 시스템은 보다 언더댐핑을 보일것이다. 또한 단단한 스프링이 장착된 높은 다운포스 자동차에 대해서 진동수가 증가하면 전환 진폭은 감소할 것이다.

여기서 사용된 댐핑 계수의 수치는 댐퍼의 초기 규격을 정하는 것으로는 충분하지만 최종적인 세팅은 제 11 장에 서술된 것과 같이 경험있는 드라이버와 함께 트랙 테스트를 통해서 주의깊게 결정되어야 한다.

예제 4.5

예제 4.4 에 이어서 댐핑 계수의 최종값을 계산하시오.

풀이   초기 댐핑 계수, $C = 0.7 C_{crit} = 3352\,N/m/s$

> 낮은 진동수
>
>> 범프(압축) 기울기 $= 2/3 \times 3352 = 2235\,N/m/s$
>>
>> 리바운드(인장) 기울기 $= 3/2 \times 3352 = 5028\,N/m/s$
>
> 높은 진동수
>
>> 범프(압축) 기울기 $= 1/2 \times 2235 = 1118\,N/m/s$
>>
>> 리바운드(인장) 기울기 $= 1/2 \times 5028 = 2514\,N/m/s$
>
> 위의 댐핑 계수를 이용해서 **그림 4.9c**의 직선 기울기를 그릴 수 있다.

4.3.1 댐퍼의 선정

현재 사용되는 댐퍼의 대부분은 **그림 4.1**과 **4.2**와 같이 코일오버(*Coilover*)로 알려져 있는데 그 형태는 댐퍼를 중심으로 코일 스프링이 감겨있는 모습니다. 아래와 같은 두 가지 형식의 코일오버 댐퍼가 있다.

1. 트윈튜브 댐퍼(*Twin tube damper*)

   트윈튜브 댐퍼는 피스톤과 이동하는 댐퍼오일의 저장소 역할을 위한 외부 튜브로 구성되어 있다. 과도한 사용시에도 오일에 공기가 차는 것을 방지하기 위해서 댐퍼의 오일은 보통 질소 가스와 같이 가압된 상태로 저장된다. 이는 일반적으로 스틸 튜브로 제작되지만 무게를 줄이기 위해서 알루미늄 합금이 사용되기도 한다.

트윈튜브 댐퍼는 상대적으로 저렴하기 때문에 일반적으로 승용차에 표준으로 장착된다. 댐핑값을 변경할 수 있도록 조절 밸브가 장착된 애프터마켓 제품도 사용 가능하다. 일관된 댐핑을 위해서는 적절한 양의 오일이 댐퍼 오리피스를 통해서 통과할 필요가 있는데, 트윈튜브 설계에서는 피스톤의 직경이 상대적으로 작아진다. 따라서 이러한 종류는 단스트로크 또는 소형에 적용하기에는 이상적이지 않다. 또한 댐퍼는 오일에 열을 가함으로써 에너지를 발산하는데, 트윈튜브 설계에서는 오일의 냉각이 효율적이지 않다. 오일의 온도가 상승하면 점성이 감소하고 따라서 댐핑의 효과도 저하된다.

2. 모노튜브 댐퍼(Mono tube damper)

가장 단순한 형태의 모노튜브 댐퍼는 단일 튜브만으로 구성되며 오일/가스의 저장은 피스톤과 같이 직렬로 위치한다. 이러한 이유로 인해서 주어진 동일한 스트로크에 대해서 모노튜브가 트윈튜브에 비해서 길이가 더 길다. 이와 같은 문제를 해결하기 위해서 **그림 4.5**에 나오는 것과 같이 등에 업힌 형태(piggyback)로 튜브의 측면에 단단히 장착되거나 또는 호스를 통해서 떨어진 위치에 별도의 저장소를 갖는 트윈튜브 댐퍼를 사용할 수도 있다. 이러한 형태는 일반적으로 알루미늄 합금으로 만들어진다.

모노튜브 댐퍼는 트윈튜브에 비해서 가격이 훨씬 더 비싸다. 이는 일반적으로 설계자의 사양에 따른 고정된 밸브를 갖거나 또는 one-, two-, three 또는 four-way 방식으로 조절이 가능한 밸브를 갖기도 한다. four-way 조절은 **그림 4.9c**에 나온 것과 같이 네 개의 서로 다른 댐핑 계수 기울기에 대한 개별적인 조절을 제공한다. 소형에 대한 적용으로는 별도의 저장소를 갖는 모노튜브가 우수하며 레이싱 전반에 걸쳐서 보다 일관적인 성능을 위해서 양호한 유체의 냉각을 제공한다.

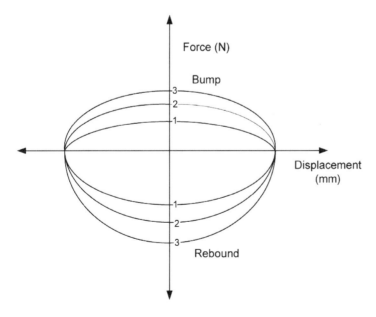

그림 4.10

전형적인 테스트 리그를 통한

댐퍼의 힘/변형 곡선

댐퍼의 특성은 전문 테스트 리그 상에서 물리적인 테스트를 통해서 검증되어야 한다. 이를 위한 전통적인 방법은 크랭크를 통해서 회전하는 플라이휠에 댐퍼를 연결하는 것이다. 크랭크는 특정한 진폭 A 로 댐퍼를 움직이도록 설정되며 회전 진동수 f 가 지정된다. 결과적인 주기 운동에 대해서 최대 속도는 다음과 같다.

$$v_{max} = 2\pi f A$$

여기서 v_{max} 는 변위가 없을 때 나타난다. 테스트는 다양한 영역의 진동수에 대해서 반복되며 **그림 4.10** 에 이러한 테스트에 대한 전형적인 결과가 나와있다. 중요한 지점으로는 변위가 0 일 때의 힘으로, **그림 4.10** 에서는 1, 2 그리고 3 으로 표시되어 있다. 이는 위의 공식으로부터 댐핑 곡선상에 포인트를 찾기 위해서 계산된 해당하는 속도에 대해서 그림 $4.9c$ 와 같은 형태의 그래프로 그릴 수 있다. 여러가지 세팅에서 조절 가능한 댐퍼로 테스트를 추가로 반복한다. 최신 테스트 리그는 댐퍼 곡선의 그래프를 직접 출력할 수도 있다.

4.4 안티롤 시스템

안티롤 시스템은 두 가지 역할을 한다.

1. 코너링에서 롤을 줄여준다. 롤은 그 자체만으로 무게 중심이 낮은 자동차에 부정적인 영향을 주는 것은 아니다. 하지만 이로 인한 대부분의 서스펜션 지오메트리 변화는 휠에 부정적인 방향인 포지티브 캠버를 발생시켜 그립은 감소하게 된다. 롤이 감소한다고 해서 가로 방향 하중 이동이 감소하는 것은 아니다. 부드러운 스프링의 자동차에는 프론트와 리어액슬 모두에 안티롤 시스템이 필요할 수도 있다. 단단한 스프링과 큰 다운포스를 갖는 자동차는 안티롤 시스템을 통한 롤 강성을 높이는 것이 필요하지 않을 가능성이 높다.

2. 프론트와 리어 한쪽에 대해서 반대 쪽의 롤 강성을 높이는 방식으로 조절 가능한 튜닝의 수단으로 사용할 수 있다. 이미 설명된 바와 같이 이는 핸들링 밸런스에 영향을 미침으로써 과도한 언더스티어 또는 오버스티어를 감소시키기 위해서 타이어 민감도(*Tyre sensitivity*) 현상을 이용하는 것이다. 후륜 구동 자동차는 일반적으로 프론트에 안티롤 시스템이 필요하고, 전륜 구동의 경우에는 그 반대가 된다.

안티롤 시스템을 이용해서 롤 강성을 과도하게 높이는 것에는 분명한 단점도 존재한다. 지나치게 단단한 시스템의 경우 서스펜션이 진정한 독립현가로써의 역할을 할 수 없기 때문이다. 하나의 액슬에 휠이 유효하게 서로 연결되는 것이라서 휠 하나의 범프에서도 리지드 액슬과 같은 움직임을 보일 수도 있다. 급코너에서는 휠이 들려질 가능성이 높아진다. 서스펜션의 강성은 양쪽 휠 범프와 리바운드에서는 영향을 받지 않지만, 한쪽 휠만 움직이는 경우 서스펜션은 보다 단단해지기 때문에 효과가 감소한다. 이러한 이유로 인해서 안티롤 시스템은 자동차의 프론트와 리어 롤 강성에서 50% 이상 차지하지 않는 것이 추천된다. 안티롤 시스템은 완전한 범프와 리바운드 영역 전체에 걸쳐서 서스펜션의 자유로운 움직임을 방해하지 않아야만 한다.

4.4.1 안티롤 시스템

승용차에서 안티롤 시스템은 보통 U 자 형상으로 차동차의 프론트휠 또는 리어휠 캐리어 사이에 가로질러 연결되는 토션바(*Torsion bar*) 형태를 갖는다. 이를 보통 안티롤바(*Anto-roll bar*) 또는 *ARB* 라고 부른다. 인보드 서스펜션(*Inboard suspension*)을 갖는 레이싱카에서는 토션바의 암을 벨크랭크에 연결하는 링크를 사용함으로써 시스템을 작고 가볍게 만들 수 있다. 플레이트 4 와 그림 4.1 에 이를 적용한 사례가 나와 있다. 링크는 자동차의 전후 방향축에 거의 평행하게 움직일 수 있도록 하는 벨크랭크의 한 지점에 연결된다. 링크를 암의 위아래로 움직이면 안티롤바의 강성을 변화시키고 따라서 강력한 튜닝의 수단이 될 수 있다.

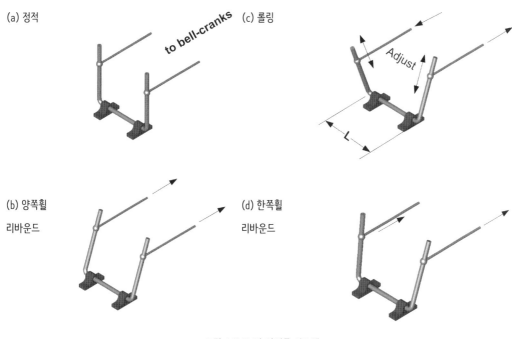

그림 4.11 U-바 안티롤 시스템

그림 4.11a 는 하중이 걸리지 않은 정적 상태에서 U 바 형태의 안티롤 시스템을 보여주고 있다. 바는 섀시와 연결된 아래쪽 피봇을 중심으로 자유롭게 회전할 수 이다. 가로 방향 링크는 벨크랭크와 연결된다.

그림 4.11b 는 양쪽 휠 리바운드 또는 범프의 효과를 보여준다. 바는 단순히 전방 또는 후방으로 피봇으로 지지되며 응력을 받지 않는다. 따라서 바는 서스펜션 강성에 영향을 미치지 않는다.

롤링에서 벨크랭크 힘은 그림 4.11c 와 같이 U 바의 암에 서로 반대되는 힘을 가해서 암에 굽힘을 일으키고 바의 베이스에는 비틀림이 발생한다. 여기서 안티롤 시스템은 비틀림 스프링이 되고 이 강성은 서스펜션 스프링의 강성에 추가되어야만 한다. 이 사례의 경우 벨크랭크 링크는 토크를 변경함으로써 시스템의 강성을 조절하기 위해서 U 바 암의 위아래로 이동될 수 있다. 이는 자동차의 핸들링 밸런스를 위한 강력한 튜닝의 수단이다.

한쪽 휠이 리바운드를 하면 U 바는 내려가는 휠을 단단하게 만들고 아래로 향하는 움직임의 일부를 반대편 휠로 전달한다. **그림 4.11d** 와 같이 U 바의 두 개의 암은 동일한 방향으로 움직이지만 바의 상대적인 강성에 따라서 서로 다른 정도만큼 움직일 것이다. 따라서 안티롤바는 각 휠의 움직임을 보다 덜 독립적으로 만들게 된다.

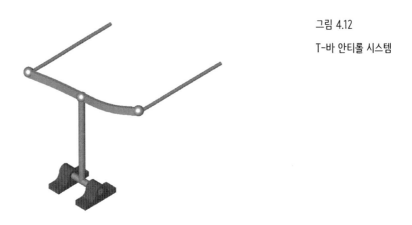

그림 4.12

T-바 안티롤 시스템

그림 4.12 는 T 바로 부르는 또 다른 형태의 안티롤 시스템의 형태를 보여주고 있다. 작동 원리는 U 바와 비슷하다. 롤링에서 수직 비틀림바에는 비틀림 변형이 발생하고 암에는 굽힘이 일어난다. 조절을 위한 일반적인 방법은 마치 리프 스프링과 같은 블레이드의 개수를 변경하거나 또는 유효한 2 차 면적모멘트 따라서 굽힘 강성을 변경하기 위해서 암을 회전하는 것이다.

그림 4.13

U-바 안티롤 강성 계산

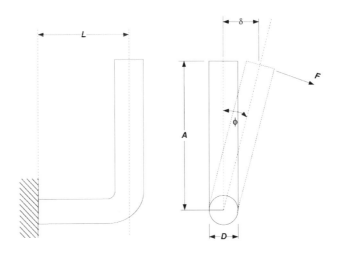

4.4.2 안티롤 시스템의 계산

롤 강성을 필요한 만큼 증가시키기 위해서는 안티롤바의 치수를 적절히 결정할 수 있어야 한다. 우선 **그림 4.11c** 의 롤 상황을 고려한다. 암은 서로 반대 방향으로 움직이기 때문에 기하학적 대칭으로부터 토션바 가운데 지점에서는 회전이 발생하지 않음을 알 수 있다. 따라서 이 지점은 **그림 4.13** 과 같이 고정된 것이라고 가정할 수 있고 따라서 토션바 길이의 절반을 L 로 고려할 수 있다. 길이가 A 인 암 끝부분에서의 강성(N/mm)을 찾는 것이 목적이다.

$$강성 = \frac{F}{\delta} = \frac{F}{A\phi}$$

여기서 ϕ = 회전 각도 $\left[rad \right]$

또한 중실 원형축의 비틀림 회전은 아래로 표현할 수 있다.

$$\phi = \frac{32LFA}{\pi GD^4}$$

여기서 G = 전단 계수(*Shear modulus*) 또는 강성 계수(*Modulus of rigidity*)로 일반적인 스프링강에 대해서는 $79300\,N/mm^2$ 의 값을 갖는다.

이를 대입하면,

$$강성, \ K_{bar} = \frac{\pi GD^4}{32LA^2} \tag{4.10}$$

위에 계산 이외에도 비록 강성에 미치는 영향이 크지는 않지만 암은 굽힘도 받게 된다. 집중 하중을 받는 외팔보(*Cantilever*)의 변형은 다음과 같다.

$$\delta = \frac{FA^3}{3EI} \tag{4.11}$$

여기서 E 는 탄성 계수(*Modulus of elasticity*)로 전형적인 스프링강에 대해서는 $207000\,N/mm^2$ 의 값을 갖는다.

I 는 2차 면적 모멘트로 중실 원형바에 대해서는 $= \dfrac{\pi D^4}{64}$

$$강성, \ K_{arm} = \frac{F}{\delta} = \frac{3EI}{A^3} = \frac{3E\pi D^4}{64 A^3} \tag{4.12}$$

토션바와 암은 직렬로 연결되며 전체 강성 K_{arb} 는 아래와 같다.

$$\frac{1}{K_{arb}} = \frac{1}{K_{bar}} + \frac{1}{K_{arm}} \tag{4.13}$$

유의 사항

1. 안티롤 시스템은 서스펜션의 완전한 범프와 리바운드를 허용할 수 있을 정도로 적당한 크기를 가져야 한다.

2. 만약 중실 타입이 아닌 중공 튜브(Hollow tube)가 대신 사용된다면 위의 계산식에서 D^4 의 값은 ($D^4 - d^4$)로 대체되어야 한다. 여기서 D 는 외측 지름이고 d 는 내측 지름이 된다.

3. 휠 강성에 대한 ARB 의 영향을 평가하기 위해서 K_{arb} 는 해당하는 모션비의 제곱인 $R_m{}^2$ 을 곱해서 사용해야 한다. 이는 벨크랭크상에 연결되는 부위의 반경에 따라서 달라지는 스프링 모션비와는 다른 값을 가질 것이다. 이와 같은 경우 모션비는 수직 방향 휠의 움직임을 링크가 암에 연결되는 부위에서 ARB 의 움직임으로 나눈 값으로 정의된다.

4. 자동차에 ARB 를 추가한다는 것은 범프와 리바운드와 비교해서 롤 발생시 휠 센터 레이트와 라이드 레이트가 더욱 증가함을 의미한다.

5. ARB 는 그림 4.11d 에 나온 것과 같이 하나의 휠의 움직임에 대해서 부정적인 추가 강성을 제공하게 되지만 그 효과는 롤 강성의 증가에 비해서는 작다. 첫 번째로는, 바의 양 끝단이 동일한 방향으로 움직이기 때문에 ARB 의 강성은 롤에서의 값에 비해서 50%로 감소하기 때문이다. 두 번째로는, ARB 는 자동차의 반대편 스프링에 병렬(parallel)로 연결되기 때문이다.

6. 안티롤바는 항복강도가 약 $1500\,N/mm^2$ 정도인 양질의 스프링강으로 제작되어야 한다. 이는 고탄소강으로 용접 특성이 매우 좋지 않으며 또한 굽힘 전후에 열처리를 해야할 필요가 있다.

7. 자동차는 롤 발생시 ARB 에 과도한 부하가 걸리지 않도록 주의해야만 한다. 위에서 언급된 수준의 강도를 갖는 스프링강이라고 가정하면 임계 응력은 토션바의 전단 응력일 가능성이 높으며 이 값이 $0.6 \times 1500 = 900\,N/mm^2$ 을 넘지 않도록 해야한다. 비틀림 모멘트 T 에 대한 중공 바의 최대 전단응력 τ 는 아래와 같이 계산할 수 있다.

$$\tau = \frac{16T}{\pi D^3}$$

그림 4.12 와 같은 경우 비틀림 모멘트 T 의 값은 아래와 같다.

$$T = K_{arb} \times \delta \times A$$

$$\text{따라서, } \tau = \frac{16K_{arb}\delta A}{\pi D^3} \tag{4.14}$$

벽의 두께가 t 인 얇은 중공 튜브에 대한 전단응력은

$$\tau = \frac{2K_{arb}\delta A}{\pi D^2 t} \tag{4.15}$$

8. T 형태의 바 시스템에 대한 계산은 비슷하지만 롤 발생시 양쪽 암이 모두 수직 방향으로 토션바를 같은 방향으로 비틀기 때문에 U 형태의 바에 비해서 강성이 낮아진다. 따라서 식 [4.10]에 나오는

L 값은 실제 길이의 절반이 아닌 두 배가 된다.

예제 4.6

휠 센터 레이트가 $30\,N/mm$ 인 자동차가 있다. 롤을 줄이기 위해서는 U 형상의 안티롤바를 장착해서 이를 50% 증가시키는 것이 필요하다. 범프와 리바운드시 휠의 움직임은 $20mm$ 이고 ARB 의 유효 모션비는 1.4 로 가정한다.

(a) 중실 원형인 토션바의 절반 길이를 $125mm$ 로 가정했을 때 적절한 치수를 결정하시오.

(b) 바의 최대 전단 응력이 제한 값인 $900\,N/mm^2$ 을 초과하지 않음을 검증하시오.

풀이　　(a) ARB 로부터 휠 센터 레이트 $= 30 \times 50\% = 15\,N/mm$

$$K_{arb} = 15 \times R_m^{\,2} = 15 \times 1.4^2 = 29.4\,N/mm$$

초기에는 암의 굽힘을 무시하고 $12mm$ 직경의 바를 시도하면

식 [4.10]으로부터

$$강성, \; K_{bar} = \frac{\pi G D^4}{32 L A^2} = \frac{79300 \times \pi \times 12^4}{32 \times 125 \times A^2} = 29.4$$

따라서, $A \approx 209mm$

암의 굽힘은 강성을 감소시키기 때문에 $180mm$ 의 암 길이를 시도하면

$$K_{bar} = \frac{79300 \times \pi \times 12^4}{32 \times 125 \times 180^2} = 39.9\,N/mm$$

식 [4.12]로부터

$$K_{arm} = \frac{3 \times 207000 \times \pi \times 12^4}{64 \times 180^3} = 108.4\,N/mm$$

$$\frac{1}{K_{arb}} = \frac{1}{K_{bar}} + \frac{1}{K_{arm}} = \frac{1}{39.9} + \frac{1}{108.4}$$

$$K_{arb} = 29.2\,N/mm$$

(b)　　ARB 의 변위, $\delta = \dfrac{20}{R_m} = \dfrac{20}{1.4} = 14.3mm$

바의 전단응력, $\tau = \dfrac{16 K_{arb} \delta A}{\pi D^3} = \dfrac{16 \times 29.2 \times 14.3 \times 180}{\pi \times 12^3} = 222\,N/mm^2 < 900\,N/mm^2$

결론　　전체 길이 $250mm$, 직경 $12mm$, 암의 길이 $180mm$ 인 중실형 원형 안티롤바는 전단 응력에 대해서 적절하다.

그림 4.14 는 위의 계산을 처리할 수 있는 단순화된 스프레드시트를 이용해서 출력한 것이다. 다양한 암의 길이에 따른 ARB 의 강성이 다음에 나오는 표에 정리되어 있다. 이 스프레드시트는 *www.palgrave.com/companion/Seward-Race-Car-Design* 으로부터 다운로드할 수 있다.

탄성 계수, E	207000N/mm^2	
강성 계수, G	79300N/mm^2	그림 4.14
토션바의 길이, 2L	250mm	안티롤바 계산
바의 직경, D	12mm	
ARB 의 변위, δ	14.4mm	

암의 길이 A mm	강성 N/mm	강성 lb/in	변위, δ 에서 로드의 응력 N/mm^2
50	468.71	2676.81	994.63
60	319.57	1825.07	813.78
70	230.59	1316.90	685.05
80	173.44	990.54	588.90
90	134.68	769.14	514.43
100	107.24	612.44	455.13
110	87.15	497.70	406.85
120	72.03	411.35	366.83
130	60.38	344.84	333.15
140	51.24	292.61	304.43
150	43.93	250.91	279.70
160	38.02	217.13	258.18
170	33.17	189.42	239.31
180	29.14	166.43	222.63
190	25.77	147.18	207.81
200	22.92	130.90	194.56
210	20.49	117.03	182.64
220	18.41	105.13	171.88
230	16.61	94.85	162.13
240	15.04	85.92	153.24
250	13.68	78.11	145.12

제 4 장 주요 사항 요약

1. 대부분의 최신 레이싱카는 공기역학 성능을 향상시키기 위해서 스프링/댐퍼를 차체 내부에 장착하고 있다. 이를 위해서 벨크랭크를 사용해서 스프링/댐퍼와 외부 푸시로드 또는 풀로드를 연결한다. 또는 로커암을 대신 사용하기도 한다.

2. 부드러운 서스펜션은 역학적 그립(Mechanical grip)을 향상시키지만 레이싱카는 허용되는 최소한의 지면 간격으로 운용되기 때문에 서스펜션이 완전히 바닥에 닿을 수도 있다는(bottoming out) 문제점을 가지고 있다. 공기역학 다운포스로 인해서 단단한 스프링의 사용이 필요하다.

3. 모션비 R_m은 휠의 움직임과 스프링의 움직임 사이의 관계로 정의된다. 스프링 강성 K_S는 휠 레이트 $K_W \times R_m^2$의 값과 같다.

4. 휠 레이트를 알면 설계자는 차체(현가상 질량)와 휠(현가하 질량)이 진동하는 고유 진동수를 계산할 수 있다. 다운포스의 크기에 따라서 달라지지만 레이싱카는 보통 2Hz–5Hz 사이의 현가상 질량 고유 진동수 값을 갖는다.

5. 스프링에 대한 약간의 프리로드는 범프시 댐퍼의 움직임을 최적화할 수 있도록 한다.

6. 댐퍼 또는 쇽은 현가상 차체와 현가하 휠 어셈블리의 중립 위치로부터의 과도한 진동을 방지하는 역할을 한다. 임계 댐핑은 오버슈트가 없이 중립 위치로 돌아오는 것을 의미한다. 레이싱카의 경우 낮은 진동수 영역에 대해서 평균적으로 약 0.7×임계 댐핑을 목표로 한다. 높은 댐핑값이 자동차를 불안하게 만드는 것을 방지하기 위해서 높은 진동수 영역에 대해서는 댐핑이 감소하도록 한다.

7. 모노튜브 댐퍼는 트윈튜브에 비해서 상대적으로 가격이 많이 비싼 편이지만 짧은 스트로크에 걸쳐 더 많은 오일을 움직일 수 있는 상대적으로 더 큰 피스톤을 가지고 있기 때문에 간소한 해결 방법을 위해서는 더 나은 선택이다.

8. 안티롤 시스템은 과도한 롤을 줄이는 목적으로 사용되고 또한 튜닝 목적으로 한 쪽에 대한 다른 쪽의 상대적인 강성을 변화시키는 수단을 제공하기도 한다. 흔히 강성을 쉽게 계산할 수 있는 U 형태의 토션바를 사용한다.

제 5 장 타이어와 밸런스

목표

■ 레이싱 타이어의 기본적인 종류에 대해서 이해한다.

■ 타이어 슬립각의 중요한 개념과 코너링에서 언더스티어와 오버스티어에 어떤 영향을 미치는지 이해한다.

■ 타이어 저항과 캠버 추력의 중요성을 이해한다.

■ 가속과 감속에서 슬립율을 이해한다.

■ 표준 차이어 테스트의 결과를 해석할 수 있다.

■ 타이어의 거동을 수학적인 모델의 형태로 표현하는 방법을 파악한다.

■ 코너링에서 가로 방향 하중 이동을 계산할 수 있고, 프론트와 리어 서스펜션의 롤 강성에 따라서 어떻게 변화하는지 이해한다.

■ 언더스티어/오버스티어 밸런스에 기여하는 요소를 이해하고 원하는 운동성능 곡선을 만들기 위해서 필요한 계산을 처리할 수 있다.

■ 코너링에서 발생하는 재킹의 실제 크기를 예측할 수 있다.

5.1 개요

레이싱의 기본적인 세 가지 요소인 가속, 제동 그리고 코너링은 모두 타이어의 컨택 패치를 통해서 노면으로부터 힘이 자동차로 전달되어야 한다. 참고 문헌 4 의 *Bastow* 에 따르면,

> *'타이어는 자동차와 지면이 맞닿는 유일한 부분이다. 따라서, 휠과 타이어의 특성을 이해하는 것은 자동차의 움직임과 서스펜션의 설계에 있어서 가장 기본이라고 할 수 있다.'*

따라서 레이스를 목적으로 하는 경주용 자동차에 있어서 타이어의 중요성을 간과할 수는 없다. 이번 장에서는 자동차의 타이어가 코너링에서 가로 방향의 힘과 가속 및 제동에서 전후 방향의 힘에 대해서 어떻게 대응하는지 살펴볼 것이다. 또한 이번 장에서는 적절한 타이어의 선택과 프론트와 리어 서스펜션의 강성 조절을 통해서 의도된 언더스티어/오버스티어 밸런스의 자동차를 만들어낼 수 있도록 하는 방법에 대해서 자세히 알아볼 것이다.

5.2 타이어

대부분의 레이싱카는 일반 도로에서는 법적으로 사용할 수 없는 특별한 타이어를 사용한다. 많은 레이싱 규정이 규격화된 타이어(*Control tyre*)를 채용하고 있는데, 이는 경주에 참가하는 모든 차량은

동일한 제조사의 동일한 종류를 사용해야 한다는 것이다. 기본적인 드라이웨터 타이어는 노면과 접촉하는 부분의 고무의 면적을 극대화하기 위해서 트레드가 없는 슬릭(*Slick*)이다. 웻 타이어(*Wet tyre*)는 수막현상을 피하기 위해서 타이어가 빗물을 쉽게 배출할 수 있도록 홈(*groove*)를 가지고 있다. 타이어의 두 가지 기본적인 요소는 카카스(*carcase*)와 마모층(*wearing course*) 또는 트레드(*tread*)이다. 카카스는 타이어의 기본 구조를 형성하는 것으로 부드러운 고무 매트릭스에 코드(*cord*)를 섞은 것으로 만들어진다. 코드는 층 또는 플라이(*ply*)로 적층되고 나일론, 스틸 또는 케블러와 같은 재료로 만들어진다. 래디얼 타입 타이어에서 주요 코드는 타이어의 구름 방향에 90 도로 이루어지지만 이는 트레트 영역 아래에 추가되는 강화 벨트로 보강된다. 바이어스-플라이(*Bias-ply*) 또는 크로스-플라이(*Cross-ply*) 타이어의 경우 코드는 구름 방향에 대해서 45 도를 이룬다. 이와 같은 두 가지 카카스 제조 형태가 여전히 레이싱에 사용되지만 최고 포퓰러에서는 래디얼을 사용하는 추세이다. 두 가지 종류의 타이어는 서로 다른 드라이빙 특성을 보이는데, 래디얼은 보다 극한의 그립을 제공하지만 최대값을 지나면 급격히 감소한다. 이러한 이유로 인해서 래디얼 자동차의 경우 밸런스를 맞추기가 더 어려워진다. 바이어스-플라이 타이어는 그립의 최대값 영역이 덜 날카롭고 따라서 보다 관용성을 보인다.

또 다른 타이어의 구성 요소인 트레드에는 내구 레이스를 위한 하드한 종류에서부터 단거리 힐 클라임과 스프린트를 위한 다양한 수퍼-소프트까지 다양한 고무 성분이 사용될 수 있다. 보다 부드러운 컴파운드는 증가된 그립을 제공하지만 수명이 짧아진다. 타이어 제조사는 사용하는 성분에 대한 세부 사항은 기밀로 유지하고 있다.

그림 1.3 에서 살펴본 바와 같이 타이어는 단순한 쿨롱 마찰을 따르지 않기 때문에 일정한 마찰 계수를 갖지 않는다. 레이싱 타이어의 그립은 아래와 같은 세 가지 요소로 인해서 발생한다고 고려할 수 있다.

1. 마찰력(*Friction*) – 마찰 계수는 온도와 미끄럼 속도(*Sliding speed*)에 따라서 달라진다.
2. 인터로킹(*Interlocking*) – 고무가 노면상의 미세한 굴곡 주변에서 변형된다.
3. 점착(*Adhesion*) – 타이어 자체가 특히 작동 온도 범위(80-110°C)에서 실제로 노면에 달라붙는다.

위의 세 가지 중에서 2 와 3 은 타이어 폭에 따라서 그립도 증가한다.

1 과 2 는 자동차와 운전자의 무게로 인한 중력 하중과 관련되어 흔히 역학적 그립(*Mechanical grip*)이라고 부른다. 1 과 2 가 윙 등으로 인한 공기역학 하중과 관련되는 경우 이를 공기역학적 그립(*Aerodynamic grip*)이라고 부른다. 3 은 화학적 그립(*Chemical Grip*)이다.

5.2.1 코너링 - 언더스티어와 오버스티어

1930 년대 개발된 슬립각(*Slip angle*)에 대한 개념으로 인해서 코너링을 하는 동안 타이어가 어떤식으로 작동하는가에 대한 이해를 하는데 큰 진전을 이루었으며, 이는 자동차의 운동성능에 대한 상당한 발전으로 이어졌다. 이번 장에서는 슬립각의 개념을 이해하기 위해서 코너링을 다루고 있지만, 그 전에 프론트휠의 조향각으로 인한 복잡성을 없애기 위해서 우선 옆바람이 부는 조건에서 자동차가 직진하는 상황을 먼저 고려할 것이다.

그림 5.1

옆바람 하중으로

인한 슬립각

(a) 옆바람으로 인해서
코스 밖으로 밀려남

(b) 방향이 수정됨 –
뉴트럴 특성인 자동차

(c) 방향이 수정됨 –
언더스티어 자동차

(d)방향이 수정됨 –
오버스티어 자동차

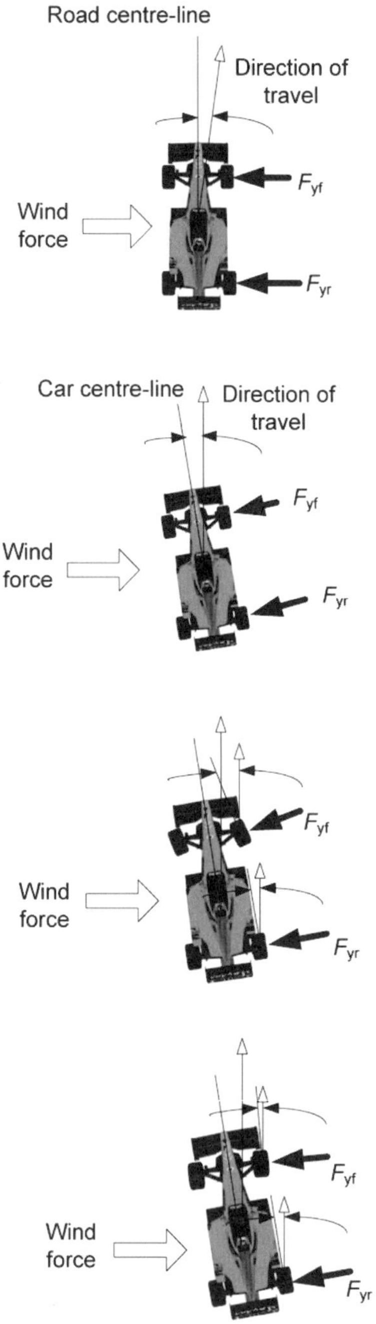

그림 5.1a 는 일정하게 불어오는 상당한 옆바람의 영향을 받기 전까지 도로의 가운데를 직선으로 주행하는 자동차를 보여주고 있다. 운전자는 차가 옆으로 밀려나는 것을 알아차릴 수 있을 것이고, 자동차는 원래 방향에 대해서 약간의 각도를 이루면서 계속 진행할 것이다. 가로 방향으로 부는 바람의 힘은 자동차 면적의 중심부에 작용한다고 가정할 수 있고 이는 프론트와 리어 그립으로 인한

힘인 F_{yf} 와 F_{yr} 에 의해서 지지된다. 이는 각도를 이루어 진행 방향에서 벗어나도록 하는 이유가 되는 타이어 컨택 패치에 변형을 일으킨다. 이때 타이어가 움직이는 방향과 타이어의 전후 방향 축 사이의 차이를 슬립각(Slip angle) α 라고 한다. 바람이 더 세게 불면 더 큰 그립힘이 필요하고 또한 슬립각도 증가하게 된다. 슬립각이라는 용어가 널리 사용되고 있지만 타이어가 노면상에서 미끄러진다는 인상을 주기도 한다. 하지만 실제로 그런 것은 아니다. 슬립각은 타이어가 그립을 잃었다는 의미가 아니고 컨택 패치에서 고무가 비틀어지고 변형되는 형태를 의미하는 것이므로 그립각(Grip angle)이라는 표현이 더 어울릴 수도 있다. 슬립각은 가로 방향 힘에 따라서 증가하는데 레이싱 타이어의 경우 최대 한도는 약 7-10 도 정도에 이른다. 이 지점에 도달하면 타이어는 그립을 잃고 노면상에서 미끄러지기 시작한다.

그림 5.1b 는 운전자가 약간의 일시적인 보상 조작을 한 후의 상황을 보여주고 있다. 일정한 바람이 부는 상태에서 자동차가 오른쪽 방향으로 진행하지만 전체 차량은 진행 방향에 대해서 슬립각 α 를 가지면서 정상 상태 상황에 이르렀다. 여기서 타이어에 측면힘이 작용하면 슬립각을 발생시키고, 이는 다시 말해서 슬립각을 적용하면 측면힘이 발생한다고 결론을 내릴 수 있다. 만약 보여진 것과 같이 이러한 정상 상태 평형이 스티어링 각도가 없이 이루어진다면 다시 말해서 프론트와 리어 타이어가 동일한 슬립각을 갖는다면 자동차는 뉴트럴 핸들링 특성을 갖는다고 할 수 있다. 이는 동일한 슬립각 상태에서 두 개의 프론트 타이어가 조합된 그립힘 F_{yf} 를 발생시키고 리어 타이어는 조합된 그립힘 F_{yr} 을 발생한다는 것을 의미한다.

정상 상태를 만들기 위해서 드라이버는 그림 5.1c 와 같이 프론트휠이 바람 방향을 가리키도록 만들 필요가 있다는 것을 알 수 있다. 프론트휠 슬립각 α_f 는 이제 리어휠 슬립각 α_r 보다 더 크고, 이때 자동차는 언더스티어 특성을 갖는다고 얘기한다. 이는 프론트와 리어 슬립각이 동일하다고 가정하면 프론트휠이 바람의 힘에 대해서 필요한 그립을 발생시킬 수 없음을 의미한다. 만약 드라이버가 프론트 슬립각을 증가시키기 위해서 스티어링 각도를 추가하지 않는다면 자동차는 원하는 방향으로부터 벗어날 것이다.

반대로 그림 5.1d 와 같이 드라이버는 프론트휠을 바람 방향으로부터 멀어지도록 할 수도 있다. 프론트휠 슬립각 α_f 는 이제 리어휠 슬립각 α_r 은 보다 작고, 이때 자동차는 오버스티어 특성을 갖는다고 한다. 따라서 정상 상태를 만들기 위해서 드라이버는 작은 양의 카운터 스티어링을 적용해야 한다. 언더스티어와 오버스티어에 대한 보다 공식적인 정의는 페이지 138 에 나와있다.

이제 코너링에 대해서 알아본다. 그림 5.2a 는 코너를 매우 느리게 주행해서 원심력과 이로 인한 슬립각을 무시할 수 있는 자동차를 보여준다. 이 경우 스티어링각은 휠을 회전원에 대해서 접선 방향으로 이동한다는 것을 알 수 있다. 이는 애커맨 스티어링(Ackerman steering)으로 알려져 있는데, 이에 대해서는 제 6 장에서 자세히 다룰 것이다. 만약 자동차의 속도가 증가한다면 원심력이 발생하고 그 결과는 질량 중심에 작용할 것이다. 이는 크기는 동일하지만 방향은 서로 반대인 그립힘, F_{yf} 와 F_{yr} 을 발생시키고 이는 다시 타이어의 슬립각을 발생시킨다. 이제 자동차가 앞머리를 회전의 중심인 안쪽으로 향하면서 코너 주위를 진행하는 정상 상태에 이르렀다는 것을 알 수 있다. 앞에서와 마찬가지로, 만약 프론트휠 슬립각이 리어휠 슬립각과 같다면 자동차는 뉴트럴(*Neutral*) 특성이라고 한다. 만약 자동차의 속도가 원심력이 타이어의 최대 그립과 같아지는 한계를 넘어 증가된다면 뉴트럴 특성의 차량은 제어된 측면 드리프트로 진입해야 한다. 그러나, 뒤에서 살펴볼 것과 같이, 모든 조건에서 일관된 뉴트럴 특성의 자동차를 설계하는 것은 일반적으로 쉽지 않다.

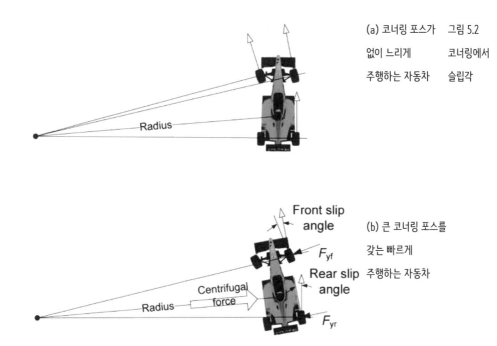

(a) 코너링 포스가 없이 느리게 주행하는 자동차

그림 5.2 코너링에서 슬립각

(b) 큰 코너링 포스를 갖는 빠르게 주행하는 자동차

만약 이러한 정상 상태에 이르기 위해서 드라이버가 프론트휠 스티어링 각도를 증가시키고 프론트 슬립각을 리어보다 더 크게 만들어야 한다면 이때 자동차는 언더스티어(*Understeer*) 특성이라고 한다. 만약 드라이버가 스티어링각을 더 크게 만들지 않고 속도를 증가시킨다면 자동차는 원하는 크기보다 더 큰 회전 반경의 경로로 진행할 것이다. 드라이버가 스티어링을 끝까지 돌렸음에도 불구하고 그립의 한계를 넘어선다면 자동차는 코너를 회전하지 못하고 트랙을 벗어나 곡선의 바깥쪽으로 직진해버릴 것이다. 그러나 드라이버가 자동차를 한계 넘어까지 가져갔더라도 단순히 쓰로틀에서 발을 떼고 속도를 줄인다면 상황은 종종 회복될 수 있다. 원심력이 줄어들기 때문에 프론트 타이어는 그립을 회복한다는 의미이다.

반대로 속도가 증가함에 따라서 드라이버가 정상 상태에 이르기 위해서 스티어링 각도를 줄여야할 필요가 있다면 이때 자동차는 오버스티어(*Oversteer*) 특성을 갖는다고 한다. 이에 실패한다면 자동차는 원하는 것 보다 더 좁은 회전 반경을 따르게 된다. 만약 자동차가 그립의 한계를 넘어선다면 리어가 그립을 잃고 자동차는 스핀에 진입하게 되어 아마도 차량은 리어가 앞으로 회전하면서 써킷을 벗어날 것이다. 빠른 반응이 가능한 능숙한 드라이버라면 카운터 스티어링을 적용함으로써 상황에서 벗어날 수도 있겠지만, 오버스티어는 여전히 언더스티어에 비해서 안정성이 상당히 부족한 상황이다. 이와 같은 이유로 인해서 최신 양산 차량은 변함이 없이 모든 주행 조건에서 상당한 언더스티어 특성을 갖도록 설계된다. 레이싱 드라이버에 따라서 자신이 선호하는 운동성능 셋업에 차이가 있지만 일반적으로 뉴트럴에 가까운 특성을 원한다. 경험이 부족한 드라이버에게는 약간의 언더스티어가 적합하고 후륜 구동 차동차의 경우 드라이버가 코너에서 벗어나면서 가속을 함으로써 밸런스를 조절하는 것이 가능하다. 제 1 장에서 전체 트랙션은 트랙션 서클에 따라서 지배된다는 것을 살펴보았고 따라서 약간의 전방 가속을 추가함으로써 리어의 가로 방향 그립이 프론트 가로 방향 그립에 대응하도록 감소될 수 있다.

5.2.2 타이어 코너링 포스

그림 5.3 은 그림 5.2b 에 나오는 자동차의 구동하지 않는 우측 프론트 타이어에 작용하는 힘을 보여주고 있다. 액슬로부터 나오는 원심력은 휠 베어링을 통과하고 따라서 휠의 중심을 지나며 타이어 중심선과 직각을 이루게 된다. 이 힘은 노면과의 컨택 패치에서 발생하는 그립힘인 F_y 에 의해 지지되는데, 이것 역시 타이어의 중심선에 수직이 된다.

그림 5.3

코너링에서 타이어에

작용하는 힘

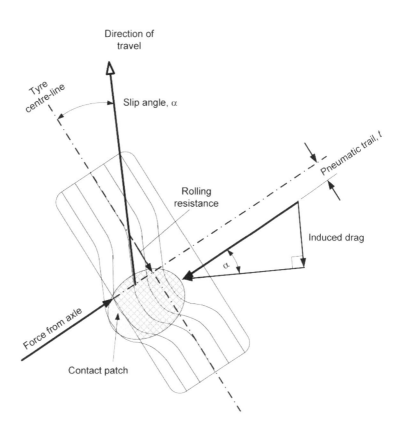

하지만 타이어 컨택 패치의 변형으로 인해서 F_y 는 휠 중심선보다 약간 뒷편에 발생한다. 이와 같은 옵셋을 뉴매틱 트레일(*Pneumatic trail*) t 라고 한다. t 의 값은 최대 슬립각의 절반 정도에서 최대가 되고 이후 타이어가 최대 그립에 도달하기까지 줄어든다. 뉴매틱 트레일은 스티어링축을 중심으로 휠을 똑바로 하려는 방향의 모멘트를 발생시키고 이로 인해서 자동차를 회전에서 벗어나는 방향으로 당긴다. 이러한 모멘트를 자동 정렬 토크(*Self aligning torque*)라고 부르고 아래처럼 계산할 수 있다.

$$자동 \ 정렬 \ 토크 = F_y \times t \qquad [5.1]$$

자동 정렬 토크는 스티어링 메커니즘을 통해서 전달되고 드라이버는 스티어링 휠을 통해서 이를 감지한다. 이러한 토크의 증가와 이후 감소를 감지함으로써 드라이버는 최대 그립의 시작을 예측할 수 있다. 이를 양호한 스티어링 감각(*Steering feel*)이라고 하는데, 승용차에서는 과도한 파워스티어링의 개입으로 인해서 감각이 둔화될 수 있다.

그림 5.3에 나온 것과 같이 그립힘 F_y 는 자동차의 진행 방향에 수직인 성분과 수평인 성분으로 분해할 수 있다. 수직 성분 $F_y cos\alpha$ 는 구심력이며, 현실적인 범위의 슬립각 α 에 대해서 일반적으로 F_y 로 사용할 수 있다. 수평 성분 $F_y sin\alpha$ 는 진행 방향에 반대가 되며 유도 타이어 저항(*Induced tyre drag*)이라고 한다. 이로 인해서 드라이버가 긴 곡선 주로를 통과하면서 일정한 속도를 유지하기 위해서는 약간의 쓰로틀을 사용해야 한다. 제 1 장에서 설명된 것과 같이 타이어는 슬립각이 0 에서 발생하는 구름 저항(*Rolling resistance*) 또한 받는다. 구름 저항은 자유롭게 회전하는 휠에서 발생하는데 이는 고무가 컨택 패치에 들어가면서 타이어의 압축과 변형으로 인해서 사용되는 에너지 때문이다. 제 1 장에서는 고속 레이싱 타이어에 대해서 구름 저항을 수직 하중의 약 2%로 예측하였다. 자동차의 전체 저항은 각 휠의 유도 저항과 구름 저항의 합이다.

예제 5.1

예제 1.7 에서는 *Formula One* 자동차는 다운포스를 포함해서 총 중량 15450N 을 갖고 속도 49.7m/s 로 반경 100m 코너에서 18540N 의 코너링 포스를 발생시키는 것을 살펴보았다.

(*a*) 만약 모든 타이어가 슬립각 8 도로 작동한다고 가정했을 때 자동차에 작용하는 전체 타이어 항력을 예측하시오.

(*b*) 타이어 항력을 극복하고 이와 같은 속도를 일정하게 유지하기 위해서 필요한 엔진 출력을 계산하시오.

풀이　　(*a*)　　유도 저항 $= F_{total} \times sin\,\alpha = 18540 \times sin8° = 2580N$

　　　　　　　　구름 저항 $= W_{total} \times 2\% = 15450 \times 0.02 = 309N$

　　　　　　　　전체 저항 $= 2580 + 309 = 2889N$

　　　　(*b*)　　엔진 출력 = 힘 $\times$ 속도 $= 2889 \times 49.7 / 10^3 \, kW = 143.6 kW \, (193hp)$

비고

이는 분명히 상당한 출력 요구조건이고 공기 저항을 극복하기 위해서 더 큰 수치가 추가되어야 할 것이다.

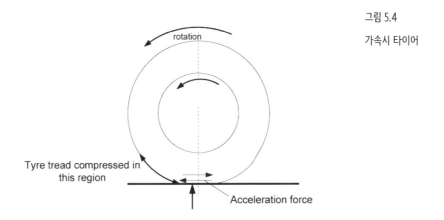

그림 5.4

가속시 타이어

5.2.3 가속과 제동

위의 **그림 5.4** 는 가속 토크를 받고 있는 구동휠을 보여주고 있다. 노면에서 나오는 힘은 자동차를 앞으로 밀어내서 그림과 같이 컨택 패치에 전후 방향 전단을 일으키게 된다. 이는 압축을 일으키고 따라서 컨택 패치 전방의 타이어 트레드는 수축된다. 이러한 수축은 컨택 패치로 전달되어 타이어의 유효 직경 따라서 원주의 길이가 줄어들게 된다. 따라서 주어진 차량의 속도에 대해서 구동휠은 비구동휠보다 반드시 빨리 회전해야만 한다. 컨택 패치 뒷부분에서 트레드는 노면 위를 미끄러짐으로써 다시 회복하고 정상의 상태로 늘어나게 된다. 구동휠의 회전 속도와 휠의 자유 회전 속도 사이의 차이를 퍼센티지 트랙션 슬립율(*Traction slip ratio*)의 형태로 나타낼 수 있다.

$$\text{트랙션 슬립율} = \left(\frac{V_{driven-wheel}}{V_{free-rolling\ wheel}} - 1 \right) \times 100\% \qquad [5.2]$$

제동하는 동안에는 반대 현상이 나타난다. 아래 **그림 5.5** 는 제동 토크가 컨택 패치 전방의 타이어 트레드를 팽창시키는 것을 보여주고 있다. 이는 컨택 패치에서 타이어의 유효 원주의 길이를 증가시키는 역할을 한다. 따라서 제동휠은 자유 회전휠보다 더 느리게 회전하게 된다.

그림 5.5

제동시 타이어

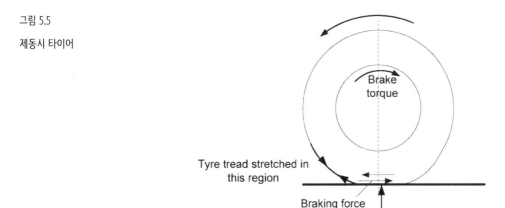

$$제동\ 슬립율 = \left(\frac{V_{braked-wheel}}{V_{free-rolling\ wheel}} - 1 \right) \times 100\% \qquad\qquad [5.3]$$

만약 **그림 5.6**과 같이 전후 방향 그립힘 F_x를 수직 방향의 휠 하중 F_z로 나눈 값을 슬립율에 대해서 그래프로 그린다면, 그립의 최대값은 약 10-15%의 슬립율에서 발생함을 알 수 있다. 이 수치가 바로 자동 론치 컨트롤 시스템(*Launch control system*)을 설정할 때 사용된다. 이와 같은 최대값 이후에는 휠이 스핀 또는 잠김에 가까워지면서 그립의 수준은 점차 감소한다. 이 경우 F_x/F_z의 최대값은 마찰 계수로는 약 1.5 정도에 해당하는 것을 알 수 있다. **그림 5.6**은 또한 트랙션 컨트롤(*Traction control*)과 안티록 브레이크 시스템(*Anti-lock brake system*)의 작동 영역을 보여주기도 한다. 그러나 많은 레이싱 규정에서는 이와 같은 주행 보조 시스템의 사용을 허용하지 않고 있다. 휠이 스핀이나 잠김쪽으로 이동함에 따라서 일반 주행에서보다 가속에서 훨씬 큰 변화가 생긴다. 휠스피드 센서를 이용해서 이러한 큰 가속을 감지하며 최대 그립을 회복하기 위해서 제동힘 또는 엔진의 출력을 조절한다.

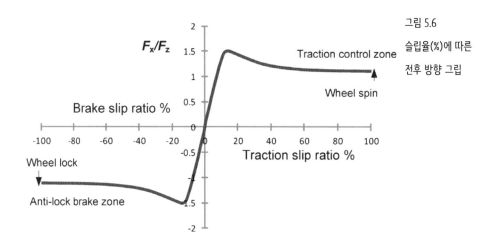

그림 5.6
슬립율(%)에 따른
전후 방향 그립

5.2.4 캠버

그립 수준에 대한 휠 캠버의 중요성은 **그림 3.3**에 나와있고 따라서 설계자는 서스펜션이 움직이는 동안 세심하게 캠버를 제어할 수 있어야만 한다고 설명되었다. **그림 5.7**은 과장된 네거티브 캠버 $-\gamma$을 갖는 휠을 보여주고 있다. 휠 하나만 단독으로 살펴본다면 이는 휠의 중심축이 지면과 만나는 지점인 X를 중심으로 회전할 것이다. 만약 캠버를 갖는 휠을 강제로 전방의 직선으로 움직이도록 한다면 타이어 트레드는 변형될 것이고 캠버 추력(*Camber thrust*)라고 부르는 가로 방향의 힘이 발생할 것이다. 바이어스 플라이 타이어에 대해서는,

$$캠버\ 추력 \approx F_z \times \gamma\ (rad) \qquad\qquad [5.4]$$

래디얼 타이어에 대해서 캠버 추력은 위의 식에서 구한 수치보다 약 40% 정도로 낮아진다.

만약 같은 액슬상의 두 휠이 동일한 네거티브 캠버를 갖는다면 직선으로 주행하는 동안 마주보는

방향으로 작용하는 같은 크기의 캠버 추력으로 서로 밀어낼 것이다. 또한 이런 경우 타이어는 저항을 일으킬 것으로 예상하지만 그 크기는 대체로 작다고 받아들이고 있다.

그림 5.7

캠버와 캠버 추력

코너링 동안 가로 방향의 하중 이동(*Lateral load transfer*)으로 인해서 바깥쪽 휠의 F_z는 증가하고 안쪽 휠의 F_z는 감소한다. 따라서 바깥쪽 휠의 캠버 추력이 지배적이 되고 슬립각에 의해서 발생되는 가로 방향 그립힘과 합해져서 원심력에 대응할 수 있게된다. 그러나 컨택 패치의 트레드 변형은 슬립각이 커짐에 따라서 캠버 추력을 감소하도록 만든다. 또한 섀시의 롤링으로 인한 서스펜션의 움직임은 바깥쪽 휠의 네거티브 캠버를 줄어들게 만들수도 있다. 결과적으로 캠버 추력이 한계 상황에서 전체 가로 방향 그립에 미치는 영향은 상대적으로 작다고 할 수 있다.

5.2.5 타이어 테스트

타이어 데이타에 대한 자세한 분석은 레이싱카의 설계와 운용에 매우 중요해서 주요 레이싱팀은 전문 테스트 기관에 상당한 금액을 지불하는 것에 투자를 아끼지 않는다. 일단 비용이 지불되면 이러한 데이타는 높은 기밀사항으로 취급된다. *FSAE/Formula Student* 팀은 타이어 테스트 컨소시움에 참여할 수 있어서 적당한 비용으로 흔히 사용되는 타이어의 자료를 사용할 수 있다.

타이어 테스트 장치는 노면을 시뮬레이션하기 위해서 사포(*Grit paper*)를 씌운 롤러로 구성되어 있다. 이 위에서 모든 항목이 측정될 수 있고 움직일 수 있는 축에 휠과 타이어가 장착되어 테스트가 이루어진다. 타이어와 롤러 사이의 컨택 패치에 작용하는 힘은 장치 내에서 조절이 가능하다. 대표적인 속도와 타이어 공기압에 대해서 그리고 몇 가지 서로 다른 컨택 패치 힘에 대해서 휠 캠버와 슬립각을 변경한다. 이때 발생되는 힘과 모멘트는 전자 장비를 통해서 기록된다.

테스트 데이타를 공개하는 몇몇 타이어 회사 중 하나로 참고 문헌 3 의 *Avon* 이 있는데 **그림 5.8a** 와 **그림 5.8b** 는 이러한 자료를 나타내는 대표적인 형태이다. 두 그래프는 슬립각에 따른 가로 방향 그립인 코너링 포스와 자동 정렬 토크의 변화를 각각 보여주고 있다. 개별 곡선은 서로 다른 수직 방향 타이어 하중을 나타낸다. 이 그래프는 *British F*3 챔피언쉽에 대한 리어 2001 규격 타이어와 관련된 것이다. 캠버각의 변화에 따라서 그래프가 달라지지만 위 그림에서는 캠버각 0 에 대한 것만 나와있다.

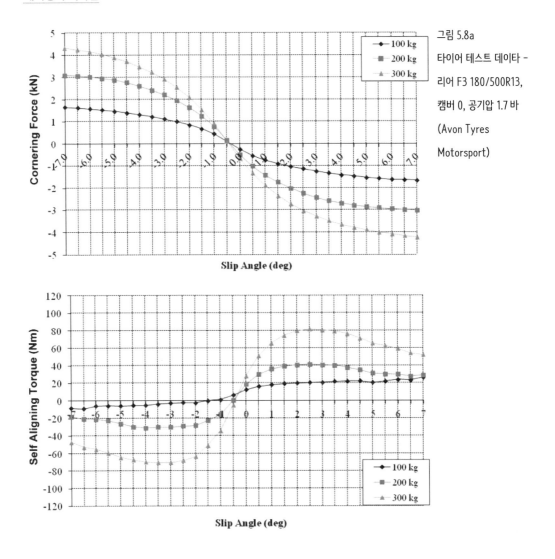

그림 5.8a
타이어 테스트 데이타 –
리어 F3 180/500R13,
캠버 0, 공기압 1.7 바
(Avon Tyres
Motorsport)

몇 가지 주목할 사항으로는,

■ 타이어에 작용하는 수직 하중이 동일한 차이로 증가하고 있지만, 하중이 증가함에 따른 코너링 포스 곡선은 점차 서로 가까워지고 있음을 알 수 있다. 이는 제 1 장에서 설명되었던 타이어의 민감도로 인한 결과이다.

■ 테스트는 슬립각 ±7 도까지 연장되지만 아쉽게도 곡선은 이런 타이어의 최대 그립이 일어나는 지점인 대략 10 도에서 11 도 근처까지 연장되지는 않는다. 이는 자동차의 밸런스를 계산할 때 더 확신감을 줄 수 있을 것이다.

이번 장의 뒷부분에서 자동차의 운동성능 밸런스를 결정하는데 이러한 그래프를 어떤식으로 사용하는지 살펴볼 것이다.

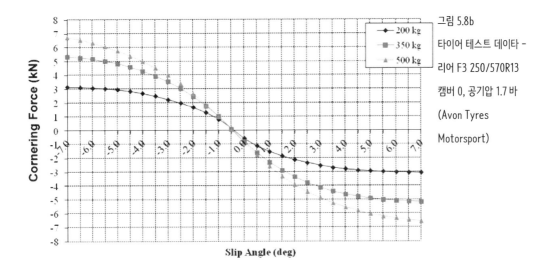

그림 5.8b
타이어 테스트 데이타 –
리어 F3 250/570R13
캠버 0, 공기압 1.7 바
(Avon Tyres
Motorsport)

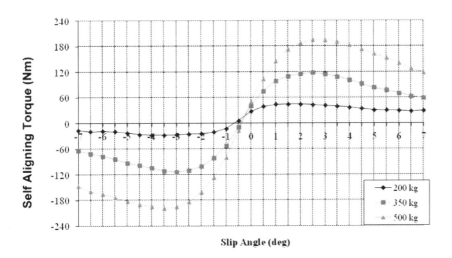

5.2.6 타이어 모델링

타이어 테스트 데이타를 표현하는 다른 방법으로는 공식 또는 수식 형태인 수학적 모델의 형태를 사용하는 것이다. 이미 살펴본 그래프 형태와 비교했을 때 수학적 방법의 주요 장점으로는 컴퓨터 프로그램을 통해서 자동화된 계산을 쉽게 할 수 있다는 것이다. 몇 가지 타이어 모델이 존재하지만 여기에서는 종종 참고 문헌 17과 같이 매직 포뮬러(Magic formula)라고 부르며 가장 널리 사용되는 Pacejka 96 모델을 고려할 것이다. 매직이라는 표현은 근본적으로 동일한 공식을 가지고 가로 방향과 전후 방향의 그립뿐 아니라 자동 정렬 토크 그리고 가로 방향과 전후 방향의 복합된 그립을 예측하는 데에도 사용할 수 있다는 사실 때문이다. 이는 또한 반경험식(Semi-empirical formula)으로 알려져 있기도 한데, 그 이유는 부분적으로는 이론적인 고려를 포함하지만 대부분은 실제 테스트로부터 도출되는 계수를 사용하기 때문이다. 이 방법은 공칭 휠 하중(Nominal wheel load)이라고 하는 수직 하중 F_{Z0} 의 특정 값에서 관련된 곡선의 형태를 정의하는 식에 기반한다. 그리고 서로 다른 휠 하중과 캠버값에 대해서 곡선의 형태를 변경하기 위해서 다양한 변수가 사용된다. 부록 1 에서 *Pacejka* 타이어 계수를 더 자세히 다룰 것이다. 여기에서는 가로 방향 그립힘 F_y 를 찾을 수 있는 기본적인 형태를 이용해서 순수한 가로 방향 그립에 관련된 적용에 대해서만 고려할 것이다.

$$F_y = D_y \, sin\left[C_y \, tan^{-1}\{B_y\alpha_y - E_y(B_y\alpha_y - tan^{-1}(B_y\alpha_y))\} \right] + S_{Vy} \qquad [5.5]$$

위에서 D_y 는 최대값이고 마찰 계수와 관련된다.

$$D_y = F_Z(p_{DY1} + p_{DY2}df_Z)(1 - p_{DY3}\gamma_y{}^2)\lambda_{\mu y} \qquad [5.6]$$

여기서 F_Z = 실제 수직 휠 하중 (*N* 단위로 입력)

$p_{CY1} \cdots p_{VY4}$ = 타이어 테스트 데이타에서 구한 *Pacejka* 계수 (**표 5.1**)

df_Z = 정규화된 수직 하중의 변화량 $= \dfrac{F_Z - F_{Z0}}{F_{Z0}}$ $[5.7]$

γ_y = 실제 휠 캠버 (*radian* 단위로 입력)

$\lambda_{\mu y}$ = 마찰 계수에 대한 사용자 스케일링 계수

테스트 조건과는 다른 트랙 상태에 따라서 사용자가 λ 와 같은 스케일링 계수를 이용해서 공식을 조절할 수 있다. 일반적으로 수치는 1 로 맞춰지지만 만약 트랙 표면이 테스트의 회전 노면상에 사용된 사포면과는 달리 그립이 좋지 않다면 위에 나온 $\lambda_{\mu y}$ 계수가 특히 유용하다. 이는 일반적으로 마찰 계수를 높이 예측하는 *Formaula SAE* 타이어 컨소시움 데이타와 관련된다. 약 0.6-0.7 의 $\lambda_{\mu y}$ 값이 보다 현실적인 결과를 제공하는 것으로 보인다.

C_y 는 형상 계수(*Shape factor*)로 이는 곡률 계수(*Curvature factor*) E_y 와 함께 피크 영역에서의 곡선 형태를 결정한다. (형상 계수에서 형상의 의미는 타이어가 아닌 곡선의 형상을 의미한다.

$$C_y = p_{CY1}\lambda_{Cy} \qquad [5.8]$$

B_y 는 강성 계수(*Stiff factor*)이고 C_y, D_y 와 함께 원점 부근에서 곡선의 경사를 결정한다.

$$B_y = \dfrac{p_{Ky1}F_{Z0} \, sin\left[2 \, tan^{-1}\left\{ \dfrac{F_Z}{p_{Ky2}F_{Z0}\lambda_{Z0}} \right\} \right](1 - p_{Ky3}|\gamma|)\lambda_{FZ0}\lambda_{Kya}}{C_yD_y} \qquad [5.9]$$

그리고,

$$\alpha_y = \alpha + S_{Hy} \qquad [5.10]$$

여기서 α = 실제 슬립각 (라디안 단위로 입력)

S_{Hy} 는 원점에서 곡선의 수평 방향 이동을 정량화하는 항목이다.

$$S_{Hy} = (p_{HY1} + p_{HY2}df_Z + p_{HY3}\gamma_y)\lambda_{Hy} \qquad [5.11]$$

	프론트	리어	설명
F_{Z0}	2444	3850	공칭 하중 (N)
p_{CY1}	0.324013	0.558238	형상 계수
p_{DY1}	- 3.674945	- 2.23053	가로 방향 마찰 계수, μ_y
p_{DY2}	0.285134	0.090785	하중에 따른 마찰력의 변화
p_{DY3}	- 2.494252	- 5.71836	캠버 제곱에 따른 마찰력의 변화
p_{EY1}	- 0.078785	- 0.40009	F_{Z0}에서 가로 방향 곡률
p_{EY2}	0.245086	0.569694	하중에 따른 곡률의 변화
p_{EY3}	- 0.382274	- 0.26276	곡률의 무차원 캠버의존도
p_{EY4}	- 6.25570332	- 29.3487	캠버에 따른 곡률의 변화
p_{KY1}	- 41.7228113	- 28.2448	강성 K_y/F_{Z0}의 최대값
p_{KY2}	2.11293838	1.331304	K_y가 최대값일 때 정규화된 하중
p_{KY3}	0.150080764	0.255683	캠버에 따른 K_y/F_{Z0}의 변화
p_{HY1}	0.00711	0.00847	F_{Z0}에서의 S_{Hy}의 수평 방향 이동
p_{HY2}	- 0.000509	0.000594	하중에 따른 S_{Hy}의 변화
p_{HY3}	0.049069131	0.042	캠버에 따른 S_{Hy}의 변화
p_{VY1}	- 0.00734	0.0262	F_{Z0}에서 S_{Vy}의 수직 이동
p_{VY2}	- 0.0778	- 0.0791	하중에 따른 S_{Vy}의 변화
p_{VY3}	- 0.0641	- 0.08552	캠버에 따른 S_{Vy}의 변화
p_{VY4}	- 0.6978041	- 0.44481	캠버와 하중에 따른 S_{Vy}의 변화

표 5.1 Pacejka 계수 – Avon British F3 타이어 (Avon Tyres Motorsport)

E_y는 곡률 계수(*Curvature factor*)로,

$$E_y = \left(p_{EY1} + p_{EY2}df_Z\right)\left\{1 - \left(p_{EY3} + p_{EY4}\gamma_y\right)sgn\left(\alpha_y\right)\right\}\lambda_{Ey} \qquad [5.12]$$

여기서 $sgn\left(\alpha_y\right)$는 α_y가 양이면 1 의 값을 가지며, 음이면 −1 을 갖는다.

S_{Vy}는 원점에서 곡선의 수직이동을 나타내는 항이다.

$$S_{Vy} = F_Z\left\{p_{VY1} + p_{VY2}df_Z + \left(p_{VY3} + p_{VY4}df_Z\right)\gamma_y\right\}\lambda_{Vy}\lambda_{Kya} \qquad [5.13]$$

이 복잡한 식을 손으로 반복해서 계산하는 것은 쉽지 않겠지만 컴퓨터 프로그램으로는 바로 적용할 수 있다. 위의 식을 적용한 간단한 스프레드시트를 *www.palgrave.com/companion/Seward-Race-Car-Design*에서 다운로드할 수 있다.

표 5.1 은 그림 5.8a 와 b 에 그래프의 형태로 나오는 프론트와 리어 *Avon F3* 타이어에 대한 공칭 하중과 18 개의 *Pacejka* 상수를 보여주고 있다. 상세한 정확도의 상수값으로부터 근원 시험 데이타를 이용한 전문 컴퓨터 프로그램으로부터 구한 것임을 알 수 있다. 이러한 데이타를 자세히 살펴보면 수치값과 표현된 특정한 상수값 사이에 사이에 별 차이가 없다는 것을 알 수 있지만 보통은 여전히 만족하게

작동한다. *Pacejka* 공식을 적용한 사례는 예제 5.3 에 나와있다.

5.3 레이싱카의 밸런스

5.3.1 가로 방향 하중 이동으로 인한 개별 휠의 하중

제 1 장에서 코너링시 무게 중심에 작용하는 원심력이 안쪽 휠에서 바깥쪽 휠로 하중을 이동시키는지 알아보았다. 그리고 이때 이동하는 총 하중을 어떻게 계산하는지도 알아보았다. 타이어 민감도로 인해서 각 액슬에 작용하는 하중 이동은 각 액슬의 가로 방향 그립을 감소시킨다는 것도 살펴보았다. 결과적으로 자동차의 전후에 각각 이동하는 하중의 비율을 변경할 수 있다는 것은 언더스티어/오버스티어 밸런스를 튜닝하는 중요한 수단이 될 수 있다. 이제 코너링시 개별적인 휠 하중을 계산할 필요가 있다.

우선 자동차의 질량을 세 가지 항목인 드라이버를 포함하는 현가상 질량과 전후 현가하 질량으로 구분하는 것이 필요하다. 그림 5.9 에 필요한 기하학적 정보가 나와있다. 그림에 나오듯 현가하 질량 중심의 위치는 보통 자동차의 중심선 위에서 양쪽 휠 사이의 중심에 위치한다고 간주한다. 롤 축($Roll$ $axis$)은 지면에서부터 높이가 각각 h_{rcf} 와 h_{rcr} 인 자동차 전후 액슬의 롤 센터를 이은 연장선이다. 현가상 질량의 중심 m_s 로부터 롤 축까지의 거리인 h_a 는 롤 커플($Roll$ $couple$)을 결정하는데 중요하다. 이것은 롤 축에 직각인 거리로 잡아야 하지만 일반적으로 롤 축의 경사는 작기 때문에 지면에 대한 수직 거리로 계산하게 된다.

그림 5.9

가로 방향 하중 이동

지오메트리

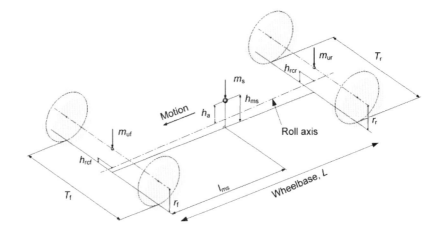

제 1 단계 – 정적 휠 하중

정적 휠 하중은 예제 1.2 에서와 같이 차량의 조합된 무게와 무게 중심의 위치를 이용해서 계산하거나 또는 다음과 같이 현가상과 현가하 질량의 성분을 통해서 계산할 수 있다.

$$\text{프론트액슬을 중심으로} \sum H = 0 \,, \; W_r \times L = 0.5g\big(m_{ur}L + m_s l_{ms}\big)$$

$$\text{리어휠 하중, } W_r = 0.5g\left(m_{ur} + m_s l_{ms}/L\right) \qquad [5.14]$$

$$\sum V = 0 \text{ 로부터 프론트휠 하중, } W_f = 0.5g\left(m_{uf} + m_{ur} + m_s\right) - W_r \qquad [5.15]$$

공기역학 다운포스를 갖는 자동차에 대해서 수직 하중은 증가하지만 다운포스의 크기는 차량 속도의 제곱에 따라서 증가한다. 또한 프론트와 리어액슬 사이의 분포는 프론트/리어 하중 이동을 초래하는 공기역학 수직힘이 작용하는 중심과 결과적인 공기역학 항력이 작용하는 높이에 따라서 달라진다. 결과적인 분포는 일반적으로 자량의 질량 중심 근처에서 일어나는 것에 근접해야 속도에 따라서 자동차의 밸런스가 크게 달라지지 않는다. 느린 헤어핀과 같이 다운포스가 없는 경우와 빠른 코너의 속도에 대해서 모두 밸런스를 확인할 필요가 있다.

제 2 단계 – 현가하 질량 가로 방향 힘

가로 방향 하중 이동의 계산은 일반적으로 가로 방향 가속도 g 의 증분에 따라서 계산된다. 예를 들어서 $1.5g$ 의 가로 방향 가속도에서 차량의 모든 질량은 가로 방향 가속도 A_y 와 곱해져서 1.5×9.81 의 가로 방향 힘을 발생시킨다.

프론트휠에 대해서 **그림 5.10** 으로부터,

안쪽 휠의 컨택 패치를 중심으로 모멘트를 취하면 다음과 같다.

$$A_y m_{uf} r_f = \Delta W_{uf} T_f$$

$$\text{프론트 하중 이동, } \Delta W_{uf} = \frac{A_y m_{uf} r_f}{T_f} \qquad [5.16]$$

리어액슬에 대해서 비슷한 방법으로,

$$\text{리어 하중 이동, } \Delta W_{ur} = \frac{A_r m_{ur} r_r}{T_r} \qquad [5.17]$$

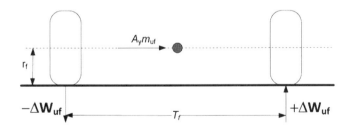

그림 5.10

프론트 현가하 질량으로부터

가로 방향 하중 이동

제 3 단계 – 서스펜션 링크를 통한 현가상 질량 가로 방향 힘

그림 5.11 의 왼쪽은 롤 축에서 위로 거리 h_a 에 위치한 도심을 통해서 작용하는 현가상 질량으로 인한 가로 방향 힘 $A_y m_s$ 를 보여준다. 이는 **그림 5.11** 의 오른쪽 그림과 같이 동일한 힘이 롤 축에 작용하는 것과 롤 커플 $C = A_y m_s h_a$ 를 합한것과 직접적으로 동등하다. 힘은 롤 축에 작용하기 때문에 이는

스프링에서는 어떠한 롤 움직임도 일으키지 않는다. 이는 서스펜션 링크 내의 힘을 통해서 지면으로 전달된다. 이 부분이 제 3 단계의 핵심이다. 롤 커플에 대해서는 제 4 단계에서 다루어진다.

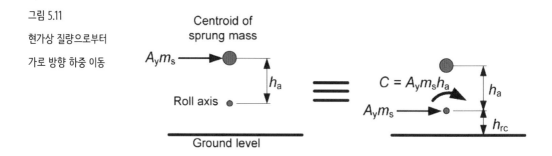

그림 5.11

현가상 질량으로부터

가로 방향 하중 이동

현가상 질량으로 인한 가로 방향 힘은 현가상 질량 도심 l_{ms} 에 따라서 프론트와 리어액슬 사이를 나눈 것이다.

$$\text{프론트액슬에서 저항되는 현가상 질량 힘} = A_y m_s \times (L - l_{ms})/L$$

$$\text{결과적인 하중 이동, } \Delta W_{sff} = \left(A_y m_s \times (L - l_{ms})/L\right) \times \left(h_{rcf}/T_f\right) \qquad [5.18]$$

리어액슬에 대해서도 유사한 방법으로,

$$\text{하중 이동, } \Delta W_{sfr} = \left(A_y m_s \times l_{ms}/L\right) \times \left(h_{rcr}/T_r\right) \qquad [5.19]$$

제 4 단계 – 스프링을 통한 현가상 질량 롤 커플

$$\text{현가상 질량 도심에서 롤 축까지의 높이} = h_{rcf} + l_{ms}\left(h_{rcr} - h_{rcf}\right)/L$$

$$\therefore h_a = h_{ms} - h_{rcf} - l_{ms}\left(h_{rcr} - h_{rcf}\right)/L$$

$$\text{롤 커플, } C = A_y m_s h_a$$

프론트와 리어 사이의 롤 커플은 각 액슬의 롤 레이트 비율에 따라서 분포된다. 식 [4.5]로부터,

$$\text{롤 레이트, } K_\phi = \frac{T^2 K_R}{114.6 \times 10^3} \, Nm/deg$$

여기서 T 는 관련된 휠 트랙 치수(mm)이고 K_R 은 해당하는 휠의 라이드 레이트(Nmm)이다. 휠의 라이드 레이트는 서스펜션 스프링, 안티롤바 그리고 타이어의 강성을 고려한다. 앞으로 살펴볼 바와 같이 자동차의 운동성능 밸런스를 조율하는 것은 자동차의 프론트와 리어에서 휠의 라이드 레이트를 변경하는 것으로 이루어진다.

프론트액슬에서 저항되는 롤 커플, $= \dfrac{K_{\phi f}}{K_{\phi f} + K_{\phi r}} \times C$

결과적인 하중 이동, $\Delta W_{scf} = \left(\dfrac{K_{\phi f}}{K_{\phi f} + K_{\phi r}} \times C \right) \Big/ T_f$ [5.20]

리어액슬에 대해서도 유사한 방법으로,

하중 이동, $\Delta W_{scr} = \left(\dfrac{K_{\phi r}}{K_{\phi f} + K_{\phi r}} \times C \right) \Big/ T_r$ [5.21]

제 5 단계 – 총 가로 방향 하중 이동

제 1 단계에서 4 단계까지에서 구한 휠 하중으로 전체 가로 방향 하중 이동을 구하면,

프론트 하중 이동, $\Delta W_f = \Delta W_{uf} + \Delta W_{sff} + \Delta W_{scf}$

리어 하중 이동, $\Delta W_r = \Delta W_{ur} + \Delta W_{sfr} + \Delta W_{scr}$

프론트 안쪽 휠 하중, $W_{fi} = W_f - \Delta W_f$

프론트 바깥쪽 휠 하중, $W_{fo} = W_f + \Delta W_f$

리어 안쪽 휠 하중, $W_{ri} = W_r - \Delta W_r$

리어 바깥쪽 휠 하중, $W_{ro} = W_r + \Delta W_r$

개별적인 하중 이동 항은 모두 가로 방향 가속도 A_y 에 비례한다는 것을 알 수 있다. 따라서 서로 다른 가로 방향 가속도 g 의 증가에 따라서 전체 하중 이동 수치를 수정하는 것은 어렵지 않다.

예제 5.2

다음과 같은 데이타의 자동차에 대해서 1.25 의 가로 방향 가속도 g 로 코너링을 하는 상황에서 휠 하중을 계산하시오.

	프론트	리어
휠 반경, r(mm)	270	280
휠 트랙, T(mm)	1550	1500
롤 센터 높이, h_{rc}(mm)	66	77
라이드 레이트, K_R(N/mm)	34.6	33.5
현가하 질량, M_u(kg)	32.4	48.0
휠베이스, L(mm)		2290
현가상 질량, M_s(kg)		319.6
현가상 질량 높이, h_{ms}(mm)		301
프론트액슬에서 현가상 질량까지 거리, l_{ms}(mm)		1343

풀이   제 1 단계 정적 휠 하중

$$R_r = 0.5g(m_{ur} + m_s l_{ms}/L) = 0.5 \times 9.81(48.0 + 319.6 \times 1343/2290) = 1155N$$

$$R_f = 0.5g(m_{uf} + m_{ur} + m_s) - R_r = 0.5 \times 9.81(32.4 + 48.0 + 319.6) - 1155 = 807N$$

제 2 단계 현가하 질량 가로 방향 힘

$$\Delta W_{uf} = \frac{A_y m_{uf} r_f}{T_f} = \frac{1.25 \times 9.81 \times 32.4 \times 270}{1550} = 69N$$

$$\Delta W_{ur} = \frac{A_y m_{ur} r_r}{T_r} = \frac{1.25 \times 9.81 \times 48.0 \times 280}{1500} = 110N$$

제 3 단계 서스펜션 링크를 통한 현가상 질량 가로 방향 힘

$$\Delta W_{sff} = (A_y m_s \times (L - l_{ms})/L) \times (h_{rcf}/T_f)$$
$$= (1.25 \times 9.81 \times 319.6(2290 - 1343)/2290) \times (66/1550) = 69N$$

$$\Delta W_{sfr} = (A_y m_s \times l_{ms}/L) \times (h_{rcr}/T_r)$$
$$= (1.25 \times 9.81 \times 319.6 \times 1343/2290) \times (77/1500) = 118N$$

제 4 단계 스프링을 통한 현가상 질량 롤 커플

$$h_a = h_{ms} - h_{rcf} - l_{ms}(h_{rcr} - h_{rcf})/L = 301 - 66 - 1343(77 - 66)/2290 = 228.5mm$$

롤 커플, $C = A_y m_s h_a = 1.25 \times 9.81 \times 319.6 \times 228.5 = 895513 Nmm$

롤 레이트, $K_{\phi f} = \dfrac{T_f^2 K_{Rf}}{114.6 \times 10^3} = \dfrac{1550^2 \times 34.6}{114.6 \times 10^3} = 725\, Nm/deg$

롤 레이트, $K_{\phi r} = \dfrac{T_r^2 K_{Rr}}{114.6 \times 10^3} = \dfrac{1550^2 \times 33.5}{114.6 \times 10^3} = 658\, Nm/deg$

다시 말해서, 이 자동차는 $725/(725 + 658) \times 100 = 52.4\%$ 의 롤 커플이 프론트휠로 전달된다.

하중 이동, $\Delta W_{scf} = \left(\dfrac{K_{\phi f}}{K_{\phi f} + K_{\phi r}} \times C \right) \Big/ T_f = \left(\dfrac{725}{725 + 658} \times 895513 \right) \Big/ 1550 = 303N$

하중 이동, $\Delta W_{scr} = \left(\dfrac{K_{\phi r}}{K_{\phi f} + K_{\phi r}} \times C \right) \Big/ T_r = \left(\dfrac{658}{725 + 658} \times 895513 \right) \Big/ 1550 = 284N$

제 5 단계 전체 가로 방향 하중 이동

프론트 하중 이동, $\Delta W_f = \Delta W_{uf} + \Delta W_{sff} + \Delta W_{scf} = 69 + 69 + 303 = 441N$

리어 하중 이동, $\Delta W_r = \Delta W_{ur} + \Delta W_{sfr} + \Delta W_{scr} = 110 + 118 + 284 = 512N$

프론트 안쪽 휠 하중, $W_{fi} = W_f - \Delta W_f = 807 - 441 = 366N$

프론트 바깥쪽 휠 하중, $W_{fo} = W_f + \Delta W_f = 807 + 441 = 1248N$

리어 안쪽 휠 하중, $W_{ri} = W_r - \Delta W_r = 1155 - 512 = 643N$

리어 바깥쪽 휠 하중, $W_{ro} = W_r + \Delta W_r = 1155 + 512 = 1667N$

위의 계산을 할 수 있는 간단한 스프레드시트를 *www.palgrave.com/companion/Seward-Race-Car-Design* 에서 다운로드할 수 있다.

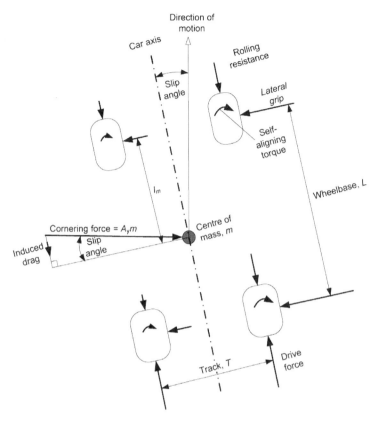

그림 5.12

언더스티어/오버스티어 밸런스에

미치는 요인 – 뉴트럴 성향인

자동차

5.3.2 자동차의 언더스티어/오버스티어 밸런스에 영향을 미치는 요인

코너링 중에 자동차에 작용하는 힘은 진행 방향을 기준으로 해서 수직으로(그림 5.3) 또는 자동차를 기준으로 하는 축을 기준으로 해석할 수 있다. 두 방법 모두 동일한 결과가 나오지만 그림 5.12 에 나오는 후자의 방법을 사용하는 것이 유도되는 자동차의 밸런스에 대한 타이어 저항의 영향을 이해하기 쉽다. 또한 명확한 설명을 위해서 자동차는 조향각을 무시할 수 있을 정도의 빠르고 큰 반경을 돌아나가는 상황을 보여주고 있다. 각 휠에는 가로 방향의 그립힘, 관련된 자동 정렬 토크 그리고 구름 저항이 작용한다. 여기에 구동휠에 대해서는 유도 저항과 구름 저항이 발생하는 상황에서 일정한 속도를 유지하는데 필요한 구동력도 가지게 된다. 언더스티어/오버스티어 밸런스를 평가하기 위해서는 다음과 같이 가로 방향 g 값을 조금씩 증가하면서 측정한다.

1. 코너링 포스에 저항하기 위한 프론트와 리어액슬에 필요한 기본적인 가로 방향 그립힘을 계산한다.
2. 밸런스에 영향을 미치는 다른 힘과 토크를 보상하기 위해서 이 값을 변경한다. 이 경우 무게 중심에서 시계 방향으로 회전하는 모멘트를 발생시키는 힘이나 토크는 자동차를 회전하는 바깥쪽 방향으로 밀어내리고 하기 때문에 언더스티어 영향을 증가시킨다. 오버스티어는 이와 반대이다.
3. 각 휠에 작용하는 하중을 알고 있다면 이전 장으로부터 타이어 테스트 데이타를 이용해서 전후 액슬에 작용하는 슬립각을 예산할 수 있다.

4. 전후 슬립각을 계산함으로써 언더스티어/오버스티어의 정도를 알아낼 수 있고 필요하다면 전후 롤 레이트를 조절할 수도 있다.

그림 5.12 에 나오는 힘에 대해서 보다 자세히 살펴본다.

코너링 포스

이는 무게 중심에 작용하는 원심력으로,

$$코너링 포스 = A_y m$$

이 힘은 뉴트럴 특성을 갖는 경우 자동차의 기준축에 대해서 슬립각 α 의 각도를 이루게 되는 자동차의 진행 방향에 대해서 수직으로 작용할 것이다. 평행한 성분인 $A_y m \sin\alpha$ 는 전체 유도 타이어 저항과 같다. 수직 성분인 $A_y m \cos\alpha$ 는 현실적인 범위의 α 값에 대해서 간단히 $A_y m$ 과 같다고 가정할 수 있다.

프론트액슬에 대한 모멘트의 합으로부터,

$$필요한 리어 가로 방향 그립, \ F_{yr} = A_y m l_m / L \qquad\qquad [5.22]$$

$$필요한 프론트 가로 방향 그립, \ F_{yf} = A_y m - F_{yr} \qquad\qquad [5.23]$$

구름 저항

앞의 5.2.2 로부터 구름 저항은 타이어 수직 하중의 2%라고 예측할 수 있다. 이는 하중이 많이 걸리는 바깥쪽 휠에는 더 큰 구름 저항이 생긴다는 것을 의미한다. 이는 무게 중심에 시계 방향의 모멘트를 발생시키고 따라서 언더스티어 영향을 미치게 된다. 양쪽 휠 사이에 구름 저항의 차이는 따라서 각 휠에 작용하는 하중 차이의 약 2% 정도와 같아진다. 이를 보상하기 위해서 프론트휠의 그립 F_f 는 증가하고 리어휠의 그립 F_r 은 감소할 것이다.

$$언더스티어링 모멘트, \ M_u = 0.02 \times \left[\left\{ \left(W_{fo} - W_{fi} \right) \times T_f \right\} + \left\{ \left(W_{ro} - W_{ri} \right) \times T_r \right\} \right] \qquad [5.24]$$

$$그립 변화량, \ \Delta F_f = -\Delta F_r = M_u / L \qquad\qquad [5.25]$$

자동 정렬 토크

그림 5.12 로부터 시계 방향으로 작용하는 모든 자동 정렬 토크는 언더스티어에 기여한다는 것을 알 수 있다. 이미 언급된 것과 같이 뉴매틱 트레일로 인해서 가로 방향 그립힘이 휠 중심의 뒷쪽에 작용하도록 하기 때문이다. 문제는 자동 정렬 토크의 크기는 슬립각에 비례한다는 것인데, 그림 5.8 과 같이 이는 아직 알려지지 않았다. 따라서 보통 자동 정렬 토크에 대한 초기값을 구하기 위해서 전후의 슬립각을 예측할 필요가 있다.

$$언더스티어링 모멘트, \quad M_u = \sum Self\ Aligning\ Torque$$

$$그립 변화량, \quad \Delta F_f = -\Delta F_r = M_u / L$$

그림 5.13

언더스티어/오버스티어 밸런스에

미치는 요인 - 언더스티어 차량

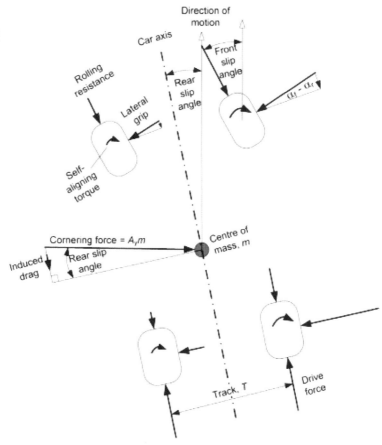

유도 타이어 저항

그림 5.12 로부터 뉴트럴 특성의 자동차에 대해서는 전체 유도 저항은 무게 중심에 작용한다고 생각할 수 있다. 따라서 언더스티어나 오버스티어에는 영향을 미치지 않는다. 그림 5.13 은 언더스티어인 자동차의 상태를 보여주고 있다. 자동차의 밸런스를 위해서 드라이버는 프론트휠의 슬립각이 리어휠의 슬립각보다 커지도록 스티어링 휠을 돌려야만 했다. 이제 만약 이전과 같이 힘을 자동차를 기준으로 수직과 평행한 방향으로 분해하면 프론트 타이어의 저항 성분은 하중이 많이 걸리는 바깥쪽 휠에 비해서 더 커지게 된다. 이는 자동차를 코너 바깥쪽으로 당기기 때문에 언더스티어를 더 증가시키는 역할을 한다. 프론트휠 가로 방향 그립힘과 자동차에 수직인 축 사이의 각도는 프론트와 리어 슬립각의 차이라는 것을 알 수 있다. 안쪽과 바깥쪽 프론트휠 가로 방향 그립힘의 차이는 프론트휠 하중의 차이에 가로 방향 가속도 g 를 곱한 값으로 근사될 수 있다.

$$언더스티어링\ 모멘트,\ M_u = (W_{fo} - W_{fi}) \times A_y/g \times sin(\alpha_f - \alpha_r)T_f \qquad [5.26]$$

$$그립\ 변화량,\ \Delta F_f = -\Delta F_r = M_u/L \qquad [5.27]$$

오버스티어 자동차에 대해서는 부호가 반대가 되며 또한 작용하는 힘은 오버스티어를 더욱 심하게 한다.

구동력

구동력(*Drive force*)은 두 가지 방법으로 밸런스에 영향을 미치게 된다. 첫 번째는 두 개의 구동휠로 인해서 노면에 전달되는 힘이 적용된 디퍼렌셜(*Differential*)에 따라서 달라질 수도 있기 때문이다. 일반적인 오픈 디퍼렌셜(*Open differential*)은 출력되는 양쪽 휠의 토크를 동일하게 만들고 따라서 자동차의 밸런스에 별로 중요한 역할을 하지 않는다. 리미티드 슬립(*Limited slip*)과 토크 바이어스(*Torque bias*) 디퍼렌셜 타입은 느리게 회전하는 안쪽 휠로 토크 바이어스를 주려는 경향을 가지고 있다. 이는 언더스티어에 기여를 하지만 휠 사이의 속도 차이가 거의 없는 빠른 코너에서는 그 효과를 무시할 수 있는 정도이다. 이러한 효과는 이번 해석에서는 무시한다.

구동력이 자동차의 밸런스에 미치는 두 번째 영향은 앞의 1.8 장에서 다루었던 트랙션 선도와 관련이 있다. 코너링시 가속이나 제동이 동반되면 최대 가로 방향 그립은 감소한다는 것을 살펴보았다. 이 경우 일정한 속도를 유지한다고 가정하고 있기는 하지만 타이어 저항을 이겨내기 위해서 여전히 약간의 구동력이 필요한데 이는 구동휠에서 코너링에 필요한 그립을 감소시키기에 충분하다. 이런 효과는 슬립각이 약 2 도를 넘어가면 더 심해진다. 구동력의 존재는 가로 방향의 힘만 있는 액슬과 비교했을 때 슬립각이 더 커지도록 만든다. 후륜 구동 차동차에 대해서 이러한 영향은 오버스티어에 기여한다. 이를 보상하기 위한 용이한 방법으로는 구동축에 필요한 전체 그립을 증가시키는 것이다. 그림 5.14 는 필요한 전체 그립이 삼각형의 대각선이 되는 트랙션 선도에 기반해서 이를 해결하는 방법을 보여주고 있다.

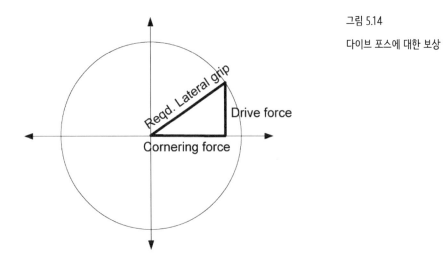

그림 5.14

다이브 포스에 대한 보상

그림 5.13에서 구동력은 유도 저항과 구름 저항의 합이므로,

$$구동력 = A_y m \sin \alpha_r + 2W_f \sin\left(\alpha_f - \alpha_r\right) + 0.02mg \qquad [5.28]$$

후륜 구동 자동차에 대해서는,

$$필요한\ 리어\ 가로\ 방향\ 그립 = \sqrt{\left(driveforce^2 + F_{yr}^2\right)} \qquad [5.29]$$

공기 저항 또는 공기역학 항력(*Aerodynamic drag*)을 극복하는데 필요한 구동력의 영향은 보다 복잡하다. 첫 번째, 공기 저항의 크기는 속도에 따라 달라진다. 두 번째, 일반적으로 항력은 리어윙의 결과로 인해서 높이 위치하기 때문에 프론트에서 리어로의 하중 이동은 리어그립을 증가시켜 언더스티어 성향을 만들지만 결과적으로 필요한 구동력은 리어그립을 약화시켜 오버스티어 성향을 만든다. 실제로 이러한 두 가지 효과가 서로 상쇄되도록 공기역학 하중의 밸런스를 맞추는 것이 바람직한 것으로 보인다.

이번 섹션에서 관심이 있는 정상 상태 코너링의 일부는 아니지만 또 다음과 같은 두 가지 구동력과 관련된 현상을 설명하는 것이 적절한 시점이다.

■ 첫 번째로는, 구동력의 적용은 오버스티어 효과를 일으키기 때문에 능숙한 드라이버는 코너를 통과하면서 리어 그립을 약화시키도록 가속하는 방법으로 고출력 후륜 구동 자동차를 언더스티어링 자동차를 뉴트럴 또는 오버스티어링 차량으로까지 변화시킬 수 있다. 이는 많은 적극적인 드라이버가 후륜 구동 자동차를 선호하는 이유 중 하나이다. 숙련되지 않은 드라이버라면 과도한 쓰로틀을 적용하고 스핀할 것이다.

■ 두 번째, 느린 헤어핀 코너에서 빠른 코너로 진입하면서 강한 가속을 하면 두 가지 상반된 효과가 나타난다. 이는 리어 하중 이동으로 인해서 증가된 트랙션 서클을 만들기 때문에 리어 그립을 강화시키는 반면 필요한 구동력은 리어그립은 저하시키는 것이다. 만약 트랙션 한계에서 드라이버가 코너 중간에서 갑자기 쓰로틀을 닫는다면 하중 이동의 손실로 인한 리어그립의 감소는 감소된 구동력으로 인한 그립의 이득보다 더 커질수 있다. 결과는 파워오프 오버스티어(*Power-off overster*)로 인한 스핀이다.

스티어링 지오메트리로 인한 리프트

제 6 장을 통해서 코너링 중에는 스티어링 휠이 회전함에 따라서 캐스터(*Castor*)와 킹핀 경사(*Kingpin inclination*)로 인해서 가볍게 하중이 걸리는 안쪽 휠이 아래로 내려가도록 한다는 것을 보여주었다. 이는 자동차의 해당 코너에서 리프트 효과를 일으키고 따라서 휠 하중의 분포를 변화시킨다. 가로 방향 하중 이동은 프론트에서 감소하고 리어에서 증가하기 때문에 오버스티어에 기여한다. 이러한 효과는 단단한 서스펜션과 급한 코너에서 더욱 심해지지만 약 2.5 도의 스티어링각을 필요로 하는 전형적인 $50m$ 반경 회전에서는 프론트와 리어의 재킹 차이는 약 $2mm$ 정도이다. $30\,N/mm$ 의 라이드 레이트에서 이는 자동차의 프론트와 리어에서 약 $15N$ 의 가로 방향 하중 이동을 발생시킨다. 계산된 휠 하중은 적절한 크기에 따라서 조절될 수 있다.

예제 5.3

예제 5.2 의 자동차가 1.25g 의 가로 방향 가속도로 코너링을 하는 동안 다음과 같은 N 단위인 휠 하중을 갖는다.

프론트 안쪽	366
프론트 바깥쪽	1248
리어 안쪽	643
리어 바깥쪽	1667

휠베이스 $=1990mm$, 프론트 트랙 $=1550mm$, 리어 트랙 $=1500mm$, 총 질량 $=400kg$

만약 **그림 5.8a** 와 b 에서 사용되었던 *Avon* F3 타이어를 사용한다고 가정했을 때 다음 방법으로 자동차의 언더스티어/오버스티어 밸런스를 확인하시오.

(a) **그림 5.8a** 와 b 에 나온 테스트 데이타 그래프를 이용

(b) **표 5.1** 에 나오는 *Pacejka* 모델 데이타와 사용 가능한 소프트웨어 프로그램을 사용

풀이 가로 방향 가속도 1.25g 에서 자동차의 프론트와 리어에서 필요한 기본적인 가로 방향 그립힘은 1.25× 전체 액슬 하중이다.

프론트 기본 가로 방향 그립힘 $= 1.25 \times (366 + 1248) = 2018N$

리어 기본 가로 방향 그립힘 $= 1.25 \times (643 + 1667) = 2888N$

구름 저항

언더스티어링 모멘트, $M_u = 0.02 \times \left[\left\{ \left(W_{fo} - W_{fi} \right) \times T_f \right\} + \left\{ \left(W_{ro} - W_{ri} \right) \times T_r \right\} \right]$

$$= 0.02 \times \left[\{ (1248 - 366) \times 1550 \} + \{ (1667 - 643) \times 1500 \} \right]$$

$$= 58060 Nmm$$

그립 변화량, $\Delta F_f = -\Delta F_r = M_u / L = \pm 58060/2990 = \pm 19.4N$

자동 정렬 토크

우선 프론트 슬립각 3 도와 리어 슬립각 2 도를 고려한다.

그림 5.8a 로부터, 프론트 안쪽 토크 $= 7Nm$

프론트 바깥쪽 토크 $= 25Nm$

그림 5.8b 로부터, 리어 안쪽 토크 $= 13Nm$

리어 바깥쪽 토크 $= 33Nm$

전체, $M_u = 78Nm = 78000Nmm$

그립 변화량, $\Delta F_f = -\Delta F_r = M_u / L = \pm 78000/2990 = \pm 26.1N$

유도 타이어 항력

언더스티어링 모멘트, $M_u = \left(W_{fo} - W_{fi} \right) \times A_y / g \times sin \left(\alpha_f - \alpha_r \right) T_f$

$$= (1248 - 366) \times 1.25 \times sin(3 - 2) \times 1550 = 29820 Nmm$$

그립 변화량, $\Delta F_f = -\Delta F_r = M_u / L = \pm 29820/2990 = \pm 10.0N$

구동력

$$구동력 = A_y m \sin \alpha_r + 2W_f \sin(\alpha_f - \alpha_r) + 0.02mg$$

$$= 1.25 \times 9.81 \times 400 \sin 2° + 2 \times 807 \sin(3-2) + 0.02 \times 400 \times 9.81 = 277N$$

$$필요한\ 리어\ 가로\ 방향\ 그립 = \sqrt{(driveforce^2 + F_{yr}^{\ 2})} = \sqrt{(277^2 + 2888^2)} = 2901N$$

요약

$$필요한\ 프론트\ 가로\ 방향\ 그립 = 2018 + 19.4 + 26.1 + 10.0 = 2073N$$

$$필요한\ 리어\ 가로\ 방향\ 그립 = 2901 - 19.4 - 26.1 - 10.0 = 2846N$$

스티어링 지오메트리로 인한 재킹

위에서 제시된 것과 같이 프론트 하중 이동을 15N 만큼 증가시키고 리어는 감소시킨다.

프론트 안쪽, $W_{fi} = 381$

프론트 바깥쪽, $W_{fo} = 1233$

리어 안쪽, $W_{ri} = 628$

리어 바깥쪽, $W_{ro} = 1682$

그림 5.15

타이어 테스트 데이타

(그림 5.8a 와 b 로부터)

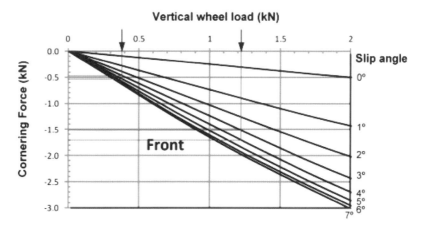

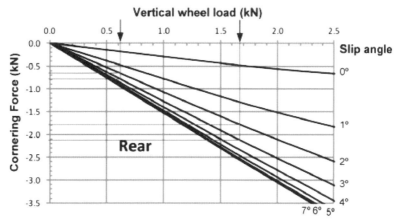

언더스티어/오버스티어 밸런스 확인

(*a*) 테스트 차트를 이용

그림 5.8a 와 b 에 주어진 본래 타이어 데이타 곡선을 사용해서 다음 확인을 할 수도 있지만 만약 참고 문헌 5 의 *Daniels* 가 주장한 것과 같이 서로 다른 축에 대해서 그래프가 그려진다면 보간법을 이용하는 것이 보다 용이할 것이다. 그림 5.15 는 이와 같이 테스트 데이타는 동일하지만 축 상에 수직 휠 하중과 코너링 포스를 가지고 있고 그래프의 범위가 관련된 섹터로 제한된 그래프를 보여주고 있다. 각 곡선은 슬립각을 나타낸다. 위의 휠 하중은 가로축 상의 화살표에 의해서 지시된다. 코너링 포스는 가정된 슬립각인 프론트 3 도와 리어 2 도에서 읽어낸다.

프론트 코너링 포스(3 도) $= 480 + 1510 = 1990 < 2073$

리어 코너링 포스(2 도) $= 670 + 1800 = 2470 < 2846$

두 가지 슬립각 모두 다소 낮은 것으로 보인다. 만약 슬립각에 1 도를 추가한다면,

프론트 코너링 포스(4 도) $= 520 + 1700 = 2220 > 2073$

리어 코너링 포스(3 도) $= 800 + 2120 = 2920 > 2846$

선형 보간법에 따라서,

프론트 슬립각 $= 3 + (2073 - 1990)/(2220 - 1990) = 3.4°$

리어 슬립각 $= 2 + (2846 - 2470)/(2920 - 2470) = 2.8°$

여기서 초기 슬립각 예측에 대한 오차를 고려해서 계산 과정의 처음으로 돌아가서 기본 가로 방향 그립힘에 대한 여러가지 조절을 수정하고 해석을 반복할 필요가 있는지 살펴봐야 한다. 이번 예제의 경우 이와 같은 반복 계산의 결과는 거의 차이가 없을 것이다. 뿐만 아니라 가로 방향 가속도 1.15*g* 에서 개별적인 휠 캠버를 평가하고 적절한 타이어 데이타 곡선을 사용했어야 했다.

결론 가로 방향 가속도 1.25*g* 에서 $3.4 - 2.8 = 0.6$ 도의 가벼운 언더스티어 경향

(*b*) *Pacejka* 타이어 모델을 이용

표 5.2 는 *Pacejka* 모델 스프레드시트를 보여준다. 데이타 칼럼은 각 휠에 대해서 상단의 표 5.1 로부터 적절한 변수를 추가해서 작성되었다. 사용자는 각 액슬의 코너링 포스의 합이 각각 목표수치인 프론트 2073*N* 과 리어 2846*N* 과 같아질 때까지 빗금친 영역의 슬립각 수치를 변경한다. 결과로 슬립각은 프론트에서는 3.4 도에서 2.85 도로, 리어에서는 2.8 도에서 2.25 도로 그래프에서 구한 수치와 비교했을 때 다소 낮다는 것을 알 수 있다. *Pacejka* 변수를 이용한 결과가 더 낮다는 것이 분명하다.

핸들링 곡선

자동차의 모든 영역의 가속도 g 값에 대해서 언더스티어/오버스티어 밸런스를 고려하는 것이 중요하다. 예제 5.3 에 설명된 과정은 따라서 가로 방향 g 값이 최대값에 이르기까지 단계적으로 반복될 필요가 있다.

가로 방향 힘	프론트 180/550	프론트 180/550	리어 250/570	리어 250/570
p_{CY1}	0.324013	0.324013	0.558238	0.558238
p_{DY1}	- 3.674945	- 3.674945	- 2.23053	- 2.23053
p_{DY2}	0.285134	0.285134	0.090785	0.090785
p_{DY3}	- 2.494252	- 2.494252	- 5.71836	- 5.71836
p_{EY1}	- 0.078785	- 0.078785	- 0.40009	- 0.40009
p_{EY2}	0.245086	0.245086	0.569694	0.569694
p_{EY3}	- 0.382274	- 0.382274	- 0.26276	- 0.26276
p_{EY4}	- 6.25570332	- 6.25570332	- 29.3487	- 29.3487
p_{KY1}	- 41.7228113	- 41.7228113	- 28.2448	- 28.2448
p_{KY2}	2.112938	2.112938	1.331304	1.331304
p_{KY3}	0.150081	0.150081	0.255683	0.255683
p_{HY1}	0.00711	0.00711	0.00847	0.00847
p_{HY2}	- 0.000509	- 0.000509	0.000594	0.000594
p_{HY3}	0.049069	0.049069	0.042	0.042
p_{VY1}	0.00734	0.00734	0.0262	0.0262
p_{VY2}	- 0.0778	- 0.0778	- 0.0791	- 0.0791
p_{VY3}	- 0.0641	- 0.0641	- 0.08552	- 0.08552
p_{VY4}	- 0.6978041	- 0.6978041	- 0.44481	- 0.44481
λ_{Fz0}	1	1	1	1
$\lambda_{\mu y}$	1	1	1	1
$\lambda_{Ky\alpha}$	1	1	1	1
λ_{Cy}	1	1	1	1
λ_{Ey}	1	1	1	1
λ_{Hy}	1	1	1	1
λ_{Vy}	1	1	1	1
$\lambda_{\gamma y}$	1	1	1	1
$\lambda_{Ky\gamma}$	1	1	1	1
Wheel load (N)	381.0	1233.0	628.0	1682.0
Downforce (N)	0	0	0	0
F_z – Normal Force (N)	381.0	1233.0	628.0	1682.0
D_{fz}	- 0.84408583	- 0.49542738	- 0.83687824	- 0.563103833
F_{z0} – Nominal load	2443.65224	2443.65224	3849.885	3849.885
α Slip angle (deg)	2.85	2.85	2.25	2.25
α Slip angle (rad)	0.049742884	0.049742884	0.039269908	0.039269908
γ Camber (deg)	0	0	0	0
γ Camber (rad)	0	0	0	0
S_{Hy}	0.00753964	0.007362173	0.007972894	0.008135516
S_{Vy}	27.81676346	56.57528065	58.02535942	118.9872252
α_y	0.057281523	0.057104056	0.047242802	0.047405424
γ_y	0	0	0	0
C_y	0.324013	0.324013	0.558238	0.558238
μ_y	- 3.91562257	- 3.81620819	- 2.30650599	- 2.281651381
D_y	- 1491.8522	- 4705.3847	- 1448.48576	- 3837.737624
E_y	- 0.39485848	- 0.27674137	- 1.10725681	- 0.91030711
$K_{y\alpha}$	- 14965.2297	- 46067.4414	- 26253.0203	- 64431.23134
B_y	30.95958658	30.21596863	32.46726068	30.07473126
F_{y0} (N)	- 500.91942	- 1569.84708	- 797.813558	- 2048.904262
Normalised F_y	- 1.31	- 1.27	- 1.27	- 1.22
Sum	- 2071		- 2847	

표 5.2 Pacejka 스프레드시트 (Avon Tyres Motorsport)

그림 5.16 과 같은 핸들링 곡선의 형태를 이용하는 것이 결과를 나타내는 좋은 방법이다. 세로축은 가로 방향 가속도 g 의 증분 그리고 가로축은 프론트와 리어 사이의 슬립각의 차이를 각각 나타낸다. 예제 5.3 의 데이타 포인트인 $1.25g$ 에 0.6 도가 표시되어 있고, 실선은 전형적인 완성된 드라이빙 곡선을 나타낸다. 이 경우 그래프의 언더스티어 방향이라고 얘기할 수 있다는 것을 볼 수 있다. 곡선은 자동차가 원하는 반경에 자동차를 유지시키기 위해서 드라이버가 스티어링에 어떠한 조작을 해야만 하는가를 효과적으로 알려준다. 이 경우 가로 방향 가속도 g 가 증가함에 따라서 최대값 부근에서 언더스티어 슬라이드를 방지하기 위해서 스티어링각이 확실히 증가되기까지 이를 점진적으로 증가시켜야 한다는 것을 보여준다. 최대 그립 부근에서는 급작스런 변화가 일반적이다. 곡선의 아랫부분은 프론트와 리어 타이어 테스트 곡선의 상대적인 경사인 코너링 강성(Conering stiffness)에 의해서 지배된다. 반면 최대 g 부근 영역은 최대값의 위치에 의해서 지배된다. 최대 그립 부근에서는 하중의 작은 변화만으로도 슬립각의 변동이 커지고 따라서 능숙한 드라이버는 스티어링 각도를 증가시키는 대신 리어휠에 추가적인 구동력을 적용함으로써 리어 그립을 감소시키는 방법을 선택할 수도 있다.

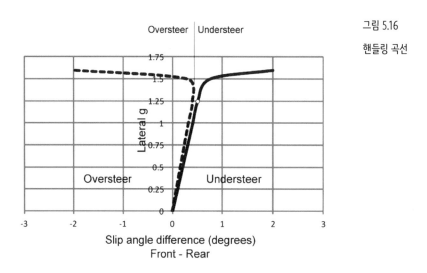

그림 5.16

핸들링 곡선

점선은 또한 프론트와 리어 롤 레이트가 리어쪽으로 약간 더 치우친 차량에 대한 해석으로부터 가능한 결과를 보여준다. 여기서 자동차는 대부분의 영역에 걸쳐서 언더스티어 특성을 나타내지만 한계에서는 오버스티어로 전환된다. 드라이버가 매우 빠르게 대응하고 카운터스티어를 적용하지 않는다면 오버스티어 스핀이 나타날 것이다. 이는 조금 더 정확한 언더스티어/오버스티어의 정의로 이어진다. 지금까지는 프론트 슬립각이 리어보다 더 크다면 자동차가 언더스티어 조건이라고 나타냈었다. 보다 공식적으로 이는 핸들링 곡선의 기울기와 관련된다. 따라서 그림 5.16 의 맨 위에 보여지는 직선은 오버스티어로부터 언더스티어를 구분하는 중립점을 나타낸다. 이는 드라이버가 스티어링 휠의 방향을 반대로 해야만 하는 지점에 해당한다.

만약 결과적인 핸들링 곡선이 설계자가 원하는 것과 다르다면 언더스티어/오버스티어 밸런스를 변경하는데 사용 가능한 다양한 방법이 존재하는데, **표 5.3** 에서 오버스티어를 줄이는 방법을 설명하고 있다. 언더스티어를 줄이기 위해서는 반대로 적용하면 된다. 일부 변경은 설계 단계에 적합하고 다른 것은 피트에서도 적용될 수 있다. 일부 방법은 강한쪽을 약화시키는 대신 약한쪽을 강화하는 효과를 갖기 때문에 이는 다른 방법에 비해서 더 선호된다.

방법	비고
리어에 광폭타이어 적용	규정에서 타이어 규격을 규정한다면 사용 불가
프론트액슬에 롤 강성 증가	스프링 강성의 증가, 벨크랭크 비율 또는 안티롤바 강성
질량 중심을 프론트로 이동	리어그립을 감소시키지만 리어 그립힘을 더 감소시킴 밸러스트가 사용되었다면 양호
프론트윙 다운포스 감소	속도에 따라 다르기 때문에 느린 코너에서는 효과가 감소
프론트 라이드 높이 증가 또는 리어 감소	언더바디 공기역학에 영향을 미침
프론트 타이어 공기압을 최적으로부터 증가 또는 감소	용이하고 극단적인 방법

표. 5.3 오버스티어를 줄이는 방법

최신 *Formula One* 자동차는 주로 과부하를 받는 리어 타이어로 인해서 오버스티어 밸런스의 문제를 겪는 것으로 알려져 있다. 이는 예외적으로 높은 강성을 갖는 프론트 서스펜션을 적용하고 밸러스트를 가능한 최전방에 배치해서 결과를 초래했다. 거의 강체에 가까운 프론트 서스펜션을 사용하는 결과로 인해서 **그림 5.17** 과 같이 일부 드라이버는 다운포스가 충분하지 않은 느린 코너에서는 휠을 들어 올리기도 했다.

그림 5.17

안쪽 휠 리프트

2013 German Gran Prix,

드라이버 Charles Pic

(Caterham F1 Team)

5.3.3 재킹(Jacking)

앞의 5.3.1 에서는 코너링에서 자동차에 작용하는 각 휠의 하중을 어떻게 계산하는지 살펴보았다. 세 번째 단계는 서스펜션 링크를 통해 전달되는 하중의 계산과 관련되어 있다. 이와 같은 경우에서와 같이 일반적으로 하중은 롤 센터에 작용한다고 가정하기 때문에 이는 스프링의 하중에는 영향을 주지 않는다. 그러나 만약 롤 센터가 지면보다 낮거나 높은 경우에는 이는 적용되지 않는다. 5.3.1 장에 나왔던 모든 계산은 가로 방향 그립의 분포에 대한 가정은 필요하지 않았다는 것에 주목해야 한다.

그림 5.18 은 5.3.1 장의 세 번째 단계에 따라서 계산된 코너링 포스 F_H 가 포함된 자동차의 양쪽 휠을 보여주고 있다.

$$하중 \; 이동, \; \Delta W = \pm F_H h_{rc}/T$$

$$\sum H = 0 \; 으로부터, \; F_H = F_{inner} + F_{outer}$$

만약 휠에서 가로 방향 그립힘이 안쪽 휠과 바깥쪽 휠에 동일하게 분포된다는 비현실적 가정으로 시작한다면,

$$F_{inner} = F_{outer} = F_H/2$$

바깥쪽 휠에 대해서 롤 센터를 중심으로 $\sum H$ 를 구하면(안쪽 휠에 대해서도 결과는 동일),

$$시계 \; 방향 \; 모멘트 = F_{outer} \times h_{rc} = F_H h_{rc}/2$$

$$반시계 \; 방향 \; 모멘트 = F_H h_{rc}/T \times T/2 = F_H h_{rc}/2$$

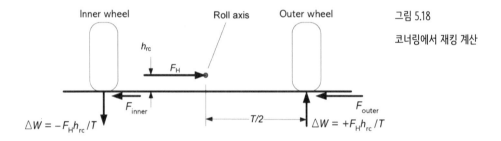

그림 5.18

코너링에서 재킹 계산

따라서 시계 방향과 반시계 방향 모멘트는 동일하고 휠은 모멘트 평형 상태이다. 그러나 만약 이제 가로 방향 그립에 대한 보다 현실적인 분포를 선택한다면 이 평형식은 복잡해질 것이다. 무거운 하중을 받는 바깥쪽 휠로부터의 그립 F_{outer} 는 가볍게 하중이 걸리는 안쪽 휠로부터의 그립 F_{inner} 보다 더 커질 것이다. 안쪽과 바깥쪽 그립힘이 동일하지 않다고 가정하면,

$$각 \; 휠에서의 \; 불균형 \; 모멘트 = \left(F_{outer} - F_{inner}\right)h_{rc}/2$$

이는 안쪽 휠의 반시계 방향과 바깥쪽 휠의 시계 방향이다. 스프링 내의 하중 변화에 의해서 평형이 복원되어야만 하므로,

$$휠에서의 \; 하중 \; 변화 = \left(F_{outer} - F_{inner}\right)h_{rc}/(2 \times T/2) = \left(F_{outer} - F_{inner}\right)h_{rc}/T$$

안쪽과 바깥쪽 휠에 대해서 스프링은 하중이 풀리면서 섀시가 휠에 대해서 상승한다. 만약 휠 센터 레이트를 K_W 라고 하면,

$$재킹 \; 변위 = \left(F_{outer} - F_{inner}\right)h_{rc}/TK_W \qquad [5.30]$$

그림 5.17 에 나온 것과 같이 한계상황에서는 모든 가로 방향 그립 F_H 가 바깥쪽 휠에 의해서 지지될 수

있고 이때 재킹 변위는,

$$재킹 \ 변위 = F_H \, h_{rc}/TK_W \qquad\qquad [5.31]$$

예제 5.4

예제 5.2 와 5.3 의 자동차에 대해서 휠 센터 레이트를 $41\,N/mm$ 로 가정하고 $1.25g$ 의 가로 방향 가속도 코너링을 하는 동안 리어액슬의 재킹 변위를 mm 단위로 계산하시오.

풀이   표 5.2 로부터 슬립각 2.25 도 기준 $Pacejka$ 에 따른 대략적인 리어휠 그립힘은

$$F_{outer} = 2073N$$

$$F_{inner} = 798N$$

또한 롤 센터 높이, $h_{rc} = 77mm$

트랙, $T_R = 1500mm$

식 [5.30]으로부터

$$재킹 \ 변위 = \left(F_{outer} - F_{inner}\right)h_{rc}/TK_W = (2073 - 798)\times 77/(1500\times 41) = 1.6mm\uparrow$$

제 5 장 주요 사항 요약

1. 바이어스 플라이 타이어는 래디얼 플라이 타이어에 비해서 최대 그립은 낮지만 래디얼 타이어는 최대 그립 이후 급격히 그립이 감소하기 때문에 관용성은 낮다.

2. 코너링에서 이동 방향과 타이어의 전후 방향 축 사이의 차이를 슬립각이라고 하고 이는 타이어 컨택 패치의 변형으로 인해서 발생한다. 슬립각은 코너링 포스가 증가함에 따라서 증가한다. 타이어에 슬립각이 발생하면 저항도 생긴다.

3. 만약 프론트 타이어의 슬립각이 리어와 같다면 이를 뉴트럴 스티어라고 한다. 만약 프론트 슬립각이 리어보다 크다면 이는 언더스티어라고 한다. 만약 리어의 슬립각이 프론트보다 크다면 이는 오버스티어이다.

4. 언더스티어는 스핀을 일으키기도 하는 오버스티어에 비해서 운전자가 조작하기에 용이하다. 하지만 운전자에 따라서 선호하는 밸런스 특성에는 차이가 있다.

5. 가속시 구동휠은 비구동휠보다 더 빨리 회전하는데 이를 표현한 것이 슬립율이다. 제동되는 휠은 더 느리게 회전한다.

6. 타이어 테스트는 슬립각 또는 슬립율과 그립 사이의 관계에 대한 중요한 데이타를 제공한다. 이를 통해서 설계 단계에서 자동차의 운동성능 밸런스를 예측하는데 사용할 수 있다.

7. 테스트 데이타는 Pacejka Magic Tyre Model 과 같은 수학적인 모델의 형태로 표현할 수 있는데, 이는 설계 과정을 전산화할 수 있음을 의미한다.

8. 언더스티어/오버스티어 밸런스는 모든 가로 방향 g 포스 영역에 대해서 핸들링 곡선의 형태로 표현될 수 있다.

제 6 장 프론트휠 어셈블리와 스티어링

목표

■ 프론트휠 어셈블리에 어떤 구성 부품이 포함되고 어떻게 조립되는지 이해한다.

■ 현가하 질량을 최소로 하는 것이 중요하다는 것을 이해한다.

■ 프론트휠 지오메트리의 다양한 측면을 정의할 수 있다.

■ 레이싱카 스티어링 시스템을 이해하고 범프 스티어와 같은 문제를 피하는 방법을 파악한다.

■ 요구조건을 만족하는 휠 베어링을 지정할 수 있다.

■ 효과적인 코너링과 제동을 가능하도록 하기 위한 업라이트에 작용하는 하중을 계산할 수 있다.

6.1 개요

이번 장에서는 휠 얼라인먼트(*Wheel alignment*), 베어링 그리고 스티어링을 포함한 프론트휠 어셈블리(*Front wheel assembly*)의 설계를 다룰것이다. 그림 6.1 은 프론트휠 어셈블리와 관련된 다양한 구성요소를 보여주고 있다. 업라이트(*Upright*)는 액슬 베어링(*Axle bearing*)을 지지하는 역할을 하는 주요 구조부품이다. 이는 브레이크 캘리퍼를 지지하고 또한 휠에서 올라오는 모든 힘을 서스펜션 부재로 전달하는 역할도 한다. 스티어링 타이로드는 스티어링 랙을 업라이트와 연결된 스티어링 암으로 연결한다. 코너링에서 전체 어셈블리는 상하 위시본 끝단의 구면 베어링(*Spherical bearing*)을 중심으로 회전한다.

현가하 질량(*Unsprung mass*)을 구성하는 휠 어셈블리 부품의 무게를 최소로 하는 것이 중요하다. 이는 현가상 섀시(*Sprung chassis*)의 불필요한 움직임이 없이 스프링/댐퍼 시스템으로 휠의 진동을 조절하기에 더 용이하기 때문이다. 비유를 하자면, 울퉁불퉁한 길에서 움직이는 픽업트럭 뒤에 올라서서 큰 해머를 수평으로 들고 있다고 상상하는 것이다. 해머의 헤드 질량이 증가할수록 해머를 그대로 들고 유지하는데 필요한 힘은 분명 점점 더 증가할 것이다.

휠 내부에 부품이 들어가도록 패키징 설계를 하는 것은 쉽지 않다. 만약 규격화된 휠을 사용한다면 전형적인 *Formula 3* 자동차의 휠을 보여주고 있는 그림 6.2 에 나오는 것과 같은 휠 형상의 단면으로부터 시작된다. 추가되어야 하는 첫 번째 부품은 휠 허브 플랜지(*Wheel hub flange*)이다. (그림 6.1 과는 달리 그림 6.2 는 센터록 휠을 보여주고 있는데, 휠은 한 개의 너트로 고정되어 있으며 제동 토크는 전단펙에 의해서 견뎌진다.) 다음으로는 브레이크 디스크와 캘리퍼가 추가된다. 디스크의 지름을 최대한으로 만들기 위해서 일반적으로 캘리퍼는 가능한 최대한 휠 안쪽으로 림에 가깝게 위치하도록 한다. 휠은 하중을 받으면 변형되기 때문에 림과 캘리퍼 사이의 간격으로 최소한 몇 *mm* 정도가 필요하다. 이제 업라이트가 추가되어야 한다. 아래쪽 구면 베어링 볼조인트는 최대한 낮게 휠쪽으로 위치되어야 한다. 상하 볼조인트의 수직 거리를 최대한으로 해야 위시본에 작용하는 힘을 줄일 수 있다. 모든 조향각과 서스펜션 움직임의 범위에서 휠의 림과 서스펜션 및 조향 부품 사이에 간섭이 없도록 적당한 간격을 주도록 세심히 해야한다. 이제 윗쪽 볼 조인트 위치도 결정될 수 있다. 이는 두 가지 중요한 프론트휠 지오메트리의 요소인 스티어링축 경사(*Steering axis inclination*)와 스크럽 반경(*Scrub rarius*)을 결정한다.

그림 6.1

프론트휠 어셈블리

Van Diemen RF99

Formula Ford

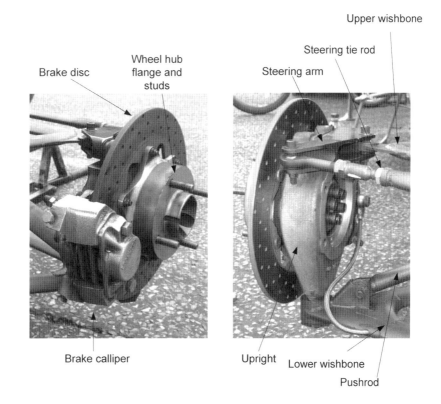

6.2 프론트휠 지오메트리

6.2.1 스티어링축 경사와 스크럽 반경

전통적으로 킹핀 경사(*King pin inclination*, *KPI*)로 알려져 있는 스티어링축 경사는 전방에서 본 휠의 중심선과 상하 볼조인트를 지나는 직선인 스티어링축(*Steering axis*)이 이루는 각도이다. 스크럽 반경(*Scrub radius*) 또는 킹핀 옵셋(*Kingpin offset*)은 노면에서 두 직선 사이의 가로 방향 길이를 의미한다. 과도한 스크럽 반경은 프론트휠에 작용하는 중심을 벗어난 힘으로 인한 모멘트를 발생시키고 이는 조향시스템으로 전달된다는 것을 의미한다. 따라서 만약 한쪽 휠만 장애물에 부딪치거나 노면 상태가 비대칭인 상태에서 제동을 한다면 운전자는 스티어링 휠에 작용하는 갑작스런 끌림을 느낄 것이다. 따라서 스크럽 반경은 예를 들어 *40mm* 이하의 값으로 유지하는 것이 바람직하다. 그림 6.2 의 사례에서 볼 수 있듯이 이는 상당한 킹핀 경사를 필요로 한다.

그러나 킹핀 경사의 값을 가능하면 최대한 낮추어야 하는데에는 여러가지 충분한 이유가 있다.

코너링에서 스티어링축을 중심으로 휠이 회전하면 *KPI* 는 다음과 같은 두 가지 효과를 만들기 때문이다.

1. 프론트휠의 캠버값이 변화한다. 하중을 더 받게되는 바깥쪽 휠은 조향각이 커짐에 따라서 반대편의 포지티브 캠버가 증가하게 된다. 하중이 줄어드는 안쪽 휠 역시 포지티브 캠버를 갖게 되지만 이는 바람직한 것이다. 스티어링 각 δ 에서 캠버각 θ_k 의 결과로 인한 캠버의 실제 변화량 $\Delta\gamma$ 는 아래처럼 구할 수 있다.

$$\Delta\gamma = \theta_k + cos^{-1}\left(sin\,\theta_k\,cos\,\delta\right) - 90^\circ \qquad\qquad [6.1]$$

2. 리프트(*Lift*) 또는 재킹(*Jacking*)으로 알려진 타이어 컨택 패치의 수직 방향 이동은 제 5 장에서 살펴본 바와 같이 코너링 동안 가로 방향 하중 이동을 변화시킨다.

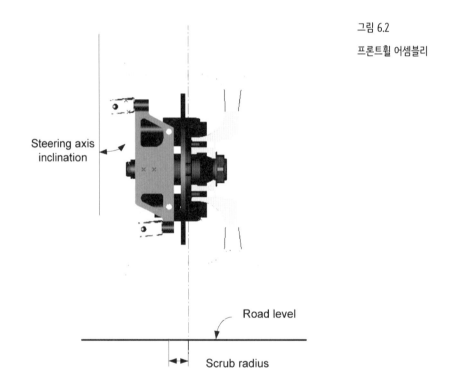

그림 6.2

프론트휠 어셈블리

6.2.2 캐스터각과 캐스터 트레일

두 가지 중요한 프론트휠 지오메트리 변수로는 캐스터각(*Castor angle*)과 메커니컬 트레일(*Mechanical trail*)이라고도 부르는 캐스터 트레일(*Castor trail*)이 있다. 캐스터각은 측면에서 본 휠의 중심선과 상하 볼조인트를 지나는 직선(스티어링축) 사이의 각도이다. 캐스터 트레일은 **그림 6.3** 과 같이 노면에서의 두 직선간 전후 방향 거리를 의미한다. 캐스터 트레일은 스티어링 휠의 자체 중심 정렬(*Self centring*) 효과를 제공하는 주요 원리이기도 하다. 캐스터 트레일의 요소는 직진 안정성을 위해서 필요하기도 하다. 레이싱카의 스티어링 시스템은 기어의 백래시(*Backlash*)와 마모로 인해서 유격(*Free play*)이 발생할 수도 있다. 부적절한 캐스터 트레일을 갖는 자동차는 직선 주로에서 드라이버가 반복적으로 백래시를 수정하는 것으로 인해서 바느질을 하듯이 좌우로 진동이 발생할 수도 있다. 이를 감안했을 때 약 15*mm* 정도가 최소 캐스터 트레일이 적절한 것으로 보인다. 이보다 훨씬 큰 캐스터 트레일은 피해야 하는데 그 이유는 드라이버에게 스티어링 감각을 제공하는 뉴매틱 트레일(*Pneumatic trail*, 5.2.2장 참조)보다 자체 중심 정렬 효과가 더 지배적이 되기 때문이다.

캐스터각을 적용하면 휠 캠버에 대한 *KPI*의 부정적인 영향에 대응할 수도 있다. 코너링에서 휠이 스티어링축을 중심으로 회전하면 캐스터각은 다음 효과를 발생시킨다.

1. 하중이 추가되는 바깥쪽 휠은 조향각이 증가함에 따라서 네거티브 캠버를 갖게 된다. 다시 말해서 *KPI*의 효과와는 반대가 되는 것이다. 하중이 줄어드는 안쪽 휠은 추가의 포지티브 캠버를 갖는다. 조향각 δ에서 캐스터각 θ_c로 인한 실제 캠버의 변화인 $\Delta\gamma$은 아래처럼 구할수 있다.

$$\Delta\gamma = cos^{-1}\left(sin\,\theta_c\,sin\,\delta\right) - 90°$$
[6.2]

식 [6.2]에 따르면 포지티브 δ값에 대해서 네거티브 $\Delta\gamma$을 갖게 된다. 원한다면 식 [6.1]과 [6.2]의 결과에 따른 코너링에서 바깥쪽 휠의 캠버 변화가 거의 없도록 하기위해서 최적의 캐스터각을 설정할 수도 있다.

그림 6.3

캐스터각과 캐스터 트레일

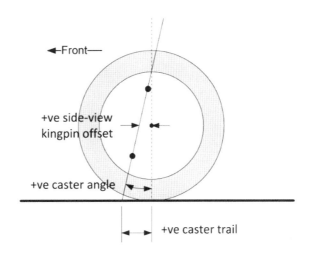

2. *KPI*와 조합된 캐스터각은 리프트 효과를 훨씬 증가시킨다. 하중이 줄어드는 안쪽 휠의 컨택 패치는 아래로 움직이고 바깥쪽 휠의 컨택 패치는 이보다 덜 움직인다. 이는 네 개의 휠 하중이 변화한다는 것을 의미한다. 프론트의 안쪽 휠과 리어의 바깥쪽 휠로 이루어진 대각선 하중은 증가하고 다른 대각선 방향으로는 감소할 것이다. 이는 프론트의 하중 이동을 감소시키고 리어의 하중 이동을 증가시키는데, 타이어 민감도 현상으로 인해서 결과적으로 프론트의 그립은 강화되고 리어의 그립은 약화될 것이다. 따라서 자동차의 밸런스는 스티어링 각도가 증가함에 따라서 오버스티어로 이동할 것이다. 리프트의 중요성은 어느 정도까지는 자동차의 휠 강성에 따라서

달라진다. 따라서 휠 강성이 $30\,N/mm$ 인 자동차에서 $2mm$ 의 상대적인 리프트는 휠 하중을 약 $\pm15N$ 만큼 변경시킬 것이다. 리프트는 또한 스티어링시 조향을 풀어주면 스티어링 휠이 직진 방향 위치로 회복되는 경향인 자체 중심 정렬에도 일부 영향을 미친다. 리어 디퍼렌셜이 없는 레이싱 카트는 코너링에서 회전할 수 있도록 큰 캐스터 각도를 적용함으로써 안쪽 리어휠을 리프트한다.

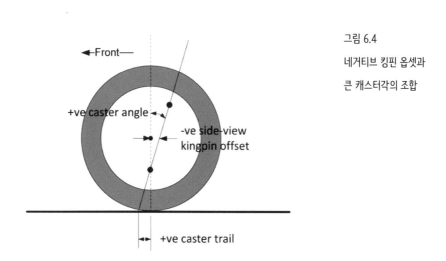

그림 6.4

네거티브 킹핀 옵셋과

큰 캐스터각의 조합

그림 6.3 으로부터 캐스터 트레일은 각각 캐스터 각도와 측면 킹핀 옵셋으로부터 발생하는 두 가지 성분으로 구성되는 것을 알 수 있다. 만약 킹핀축이 휠의 중심을 통과해서 지나간다면 측면 킹핀옵셋은 0이다. 네거티브 캠버 변화의 장점을 얻기 위해서는 큰 캐스터 각도를 적용해야 하지만, 전체 캐스터 트레일을 적절한 수준으로 유지하기 위해서는 이를 네거티브 측면 킹핀 옵셋과 조합하는 것이 설계자에게 널리 알려진 방식이다. 이를 위의 **그림 6.4** 에서 보여주고 있다.

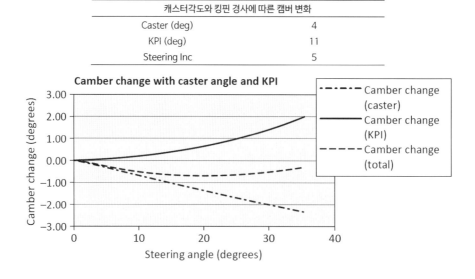

스티어링 각도	캠버 변화(캐스터)	캠버 변화(KPI)	캠버 변화 (전체)
0	0.00	0.00	0.00
5	-0.35	0.04	-0.31
10	-0.69	0.17	-0.53
15	-1.04	0.37	-0.66
20	-1.37	0.66	-0.70
25	-1.69	1.03	-0.66
30	-2.00	1.47	-0.53
35	-2.29	1.99	-0.30

표 6.1 캐스터각과 KPI 에 따른 바깥쪽 휠의 캠버 변화

KPI와 캐스터 각도의 조합으로 인한 효과를 나타내기 위해서 식 [6.1]과 [6.2]로부터 캠버값 변화를 간단한 스프레드시트를 이용해서 그래프로 그릴 수 있다. 이 결과가 위의 **표 6.1**과 그림에 나와 있는데, 이와 관련된 스프레드시트는 *www.palgrave.com/companion/Seward-Race-Car-Design* 에서 다운로드할 수 있다.

6.2.3 정적 토우

프론트휠 지오메트리의 마지막 요소는 정적 토우(*Static toe*)이다. 이는 토우-인(*Toe-in*) 또는 토우-아웃(*Toe-out*) 형태를 갖게 되는데 **그림 6.5**에 과장되어 표현되어 있다. 실제로는 아주 작은 토우값의 변경만으로 자동차의 느낌에 상당한 변화를 줄 수도 있다. 양쪽 휠의 중심선이 자동차의 프론트에서 수렴하는 토우-인은 직선 주로에서 안정성을 부여하는 반면 토우-아웃은 코너에서 운동성을 부여한다.

그림 6.5

프론트휠 토우-인과 토우-아웃

이와 같은 토우의 효과에 대한 가장 그럴듯한 설명은 타이어의 저항과 관련된다. **그림 6.6** 은 방금 왼쪽으로 회전을 시작한 동일한 두 차량을 보여주고 있다. 토우-인 자동차의 경우 드라이버는 왼쪽 휠이 직선 전방을 가리킬 정도로만 스티어링을 돌렸다. 가로 방향 하중 이동의 효과는 아직 나타나지 않았다. 오른쪽 휠은 왼쪽을 가리키고 있어서 휠의 평면에 수직인 가로 방향 힘을 발생시키기 시작했다. 이 힘은 자동차를 회전시키려는 수평 방향 성분과 자동차를 회전에서 벗어나도록 당기는 전후 방향 성분으로 분해할 수 있다. 이는 자동차를 오른쪽으로 당기는 고착된 브레이크와 유사하다. 토우-아웃 자동차에 대해서는, 왼쪽 휠이 회전하고 저항은 자동차를 회전하는 쪽으로 당기려는 회전힘에 추가된다. 이때 자동차는 양호한 턴-인(*turn-in*) 특성을 가졌다고 얘기할 수 있다.

토우는 각도로 측정되거나 또는 보다 흔하게는 토우 게이지를 이용해서 프론트휠과 리어휠에서 각각 림 사이의 거리를 측정한다. 두 측정거리 사이의 차이가 일반적으로 규정되는 토우의 두 배가 되는 전체 토우(*Total toe*)이고 각도로는 약 0.25 도 정도인 *3mm* 를 넘지 않는다.

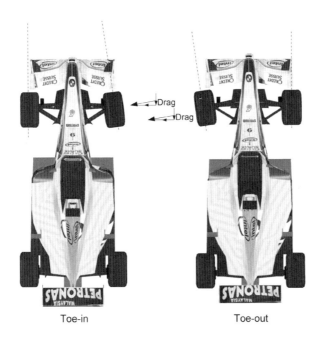

Toe-in   Toe-out

그림 6.6

토우-인과 토우-아웃시 초기

코너링

6.3 스티어링

레이싱카 스티어링 시스템은 대부분 랙과 피니언(*Rack and pinion*)을 사용해서 스티어링 휠의 회전 운동을 스티어링 타이로드의 직선 운동으로 변환시킨다. 일반적인 요구조건으로는 드라이버가 스티어링 휠을 각 방향으로 반회전 이하로 돌렸을 때 완전한 잠금 위치까지 도달할 수 있도록 기어비가 높은 재빠른 랙을 이용하는 것이다. 그러나 이는 스티어링 휠에서 높은 힘을 초래할 수 있다. 스티어링 암은 휠 업라이트에 단단히 연결되어 스티어링 축을 중심으로 휠이 회전하는 레버 역할을 한다. 스티어링 암의 길이와 랙과 피니언 사이의 기어비는 스티어링 휠의 회전과 휠의 회전 사이의 관계를 결정한다.

현재 *Formula One* 에서는 드라이버의 피로도를 감소시키고 매우 작은 스티어링 휠을 사용할 수 있도록 파워 스티어링을 허용하고 있다. 대부분의 소형 1 인승 레이싱카에서 완전한 수동 스티어링을 사용하는 이유 중의 하나는 레이스의 시간이 상대적으로 짧기 때문이다.

6.3.1 평행 또는 애커맨 스티어링

그림 6.7 은 양쪽 프론트휠이 거의 같은 각도로 움직이는 방식인 평행 스티어링을 제공하는 세 가지 스티어링 배열을 보여주고 있다. 이들의 공통점은 스티어링 타이로드가 모두 스티어링암에 수직이라는 것이다. 자동차가 코너링을 하면 바깥쪽 휠이 안쪽 휠에 비해서 더 큰 반경을 그린다는 것을 알고 있다. 따라서 평행 스티어링의 경우 특히 느린 속도로 움직일 때에는 양쪽 타이어가 서로 상충하면서 스크럽이 발생할 것이다. 이는 슬립각이 발생하고 하중 이동이 일어나는 고속에서는 별로 문제가 되지 않는다. 만약 자동차가 평행 스티어링을 가지고 있다면 안쪽 휠의 슬립각은 바깥쪽보다 작아질 것이다.

그림 6.7

평행 스티어링

시스템

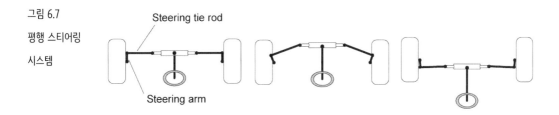

안쪽 휠이 더 작은 반경을 그리도록 더 큰 각도로 회전하는 스티어링 메커니즘을 배열하는 것은 어렵지 않은데, 이를 애커맨 스티어링(*Ackerman steering*)이라고 부른다. **그림 6.8** 은 대략적인 애커맨을 성취하기 위한 가능한 방법을 보여주고 있다. 스티어링암은 리어액슬에서 교차하는 것으로 나와 있다. 그러나 기하학적으로 보다 자세히 살펴보면 완전한 애커맨에 대해서는 대부분의 경우 교차점이 차량의 중심 부근에 위치할 수 있다. 만약 스티어링암이 완전한 애커맨에 필요한 것 보다 더 후방에서 교차한다면 부분적인 애커맨이 존재하게 된다. 만약 자동차가 완전한 애커맨을 가지고 있다면 양쪽 프론트휠의 슬립각은 코너링 동안 동일할 것이다. 스티어링 휠이 회전함에 따라서 프론트 스티어링 각이 달라지는 것은 동적 토우(*Dynamic toe*)로, 이는 이미 설명된 작은 정적 토우에 추가된다.

이제 한계 상황에서 코너링을 하는 경우 안쪽 휠이 어느 방향을 가리키는 것이 가장 적절한지 알아볼 필요가 있다. 대부분의 타이어는 높은 수직 하중일 때와 비교해서 낮은 수직 하중일 때 상대적으로 더 작은 슬립각에서 피크 그립이 발생하는데, 그 차이는 일반적으로 약 3 도 정도이다. 따라서 안쪽 휠은 완전한 애커맨에 따른 각도보다 약 3 도 정도 적게 회전해야 한다고 할 수 있다. 프론트휠 스티어링 각도뿐 아니라 자동차의 바깥쪽 선회 반경 사이의 차이를 계산하는 간단한 스프레드시트가 준비되어 있다. 이는 *www.palgrave.com/companion/Seward-Race-Car-Design* 에서 다운로드할 수 있다. 결과는 **표 6.2** 에 나와 있다.

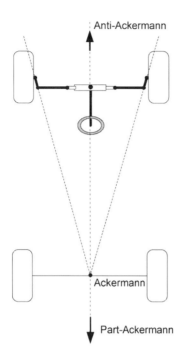

그림 6.8

애커맨 스티어링

애커맨 계산기					
프론트 트랙(mm)	1200				
휠베이스 (mm)	1600				
바깥쪽 휠 각도(deg)	0	5	10	15	20	25
안쪽 휠 각도(deg)	0	5.3	11.5	18.5	26.6	35.6
바깥쪽 선회 반경(m)		18.4	9.2	6.2	4.7	3.8

표 6.2 애커맨 각도와 회전 반경 계산

위의 스프레드시트로부터 다음과 같은 결론을 내릴 수 있다.

■ 스티어링 각도 5 도까지는 안쪽과 바깥쪽 휠 사이의 차이는 매우 작다.

■ 회전 반경은 휠베이스에 따라서 크게 달라진다. 표 6.2 에 나오는 자동차의 치수는 $4.5m$ 의 작은 외측 반경의 코너를 주행해야 하는 *Formula SAE/Student* 차량에 대한 전형적인 값을 보여주고 있다. 따라서 이러한 자동차는 바깥쪽 휠에 대해서 20 도를 약간 넘는 정도의 록이 필요하다. 휠베이스가 $2.5m$ 인 전형적인 레이싱카에서 이는 30 도까지 올라가는데 이런 수치를 얻는 것은 쉽지 않기 때문에 *Formula SAE/Student* 자동차는 길이가 짧아져야 할 필요가 있다.

전형적인 풀사이즈 써킷 레이싱카는 $10m$ 보다 작은 회전 반경에서 주행하는 일이 거의 없기 때문에 트랙에서는 약 10 도 정도의 최대 스티어링 각도만 필요하다. 그러나 피트에서 이동하기 위해서는 이보다 더 큰 각도가 필요할 수도 있다. 바깥쪽 휠이 10 도에서 완전한 애커맨이라면 안쪽 휠은 11.5 도가 된다는 것을 알 수 있다. 위의 설명으로부터 최대 그립을 위해서는 안쪽 휠에 3 도 차이를 갖는 다시 말해서 8.5 도를 기대할 수도 있다. 평행 스티어링은 10 도를 제공할 것이다. 따라서 일부 설계자는 안쪽 휠이 바깥쪽 휠과 비교해서 1.5 도 적게 회전하는 역-애커맨(Reverse 또는 Anti-Ackerman)을 주장하기도 한다. 이를 위해서는 스티어링 암에 대한 교점이 휠베이스 길이만큼 자동차의 프론트 방향에 위치해야 한다.

안티-애커맨 지오메트리는 피트에서 저속시 움직임을 어렵게 만들기 때문에 많은 설계자는 평행 스티어링을 선택한다. 또한 길고 평평한 피크값을 보이는 슬립각 곡선을 갖는 타이어에 대해서는 안티-애커맨의 장점은 무시할 정도이다.

6.3.2 범프 스티어

범프 스티어(Bump steer) 또는 라이드 스티어(Ride steer)는 서스펜션이 섀시에 대해서 올라가고 내려감에 따라서 프론트휠이 스티어링축을 중심으로 회전할 때 발생하는 현상이다. 일부 설계자는 드라이버가 코너에 들어가기 전에 제동시 범프 스티어로부터 발생하는 작은 양의 다이나믹 토우가 축적되는 것으로 인한 장점을 주장하기도 하지만 이는 일반적으로 좋지 않은 현상이기 때문에 최소화되어야 한다. 범프 스티어는 서스펜션의 상하 움직임에 따른 타이로드 조인트 사이의 거리에 대한 변화로 인해서 발생한다. 스티어링 타이로드의 연장선이 그림 6.9 와 같이 서스펜션 링크의 인스턴트 센터를 가리키는 직선상에 위치하는 경우 범프 스티어는 최소화 될 수 있다. 만약 서스펜션 링크가 안티다이브 지오메트리를 갖는다면 상황은 좀 더 복잡해질 수도 있다. 범프 스티어는 스티어링랙 높이의 작은 변화에도 민감하다. SusProg 와 같은 서스펜션 설계 소프트웨어는 범프 스티어를 정확하게 계산할 수 있기 때문에 소프트웨어에서 최소 범프스티어 효과를 보여주기까지 랙의 높이를 조절하는 것이 효과적인 설계 접근 방법이다.

그림 6.9

범프 스티어의 방지

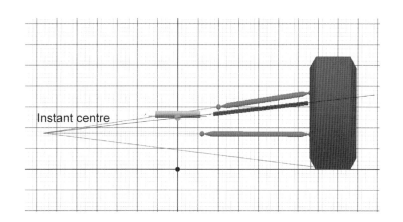

6.4 액슬 설계와 베어링

거의 모든 휠 어셈블리 부품의 설계는 그림 3.14 에 나오는 것과 같이 다양한 하중조건에서 타이어와 노면 사이에 작용하는 여러가지 하중 케이스를 평가하는 것으로부터 시작된다.

6.4.1 액슬

액슬 설계에서 지배적인 하중 조건은 공기역학 다운포스로 인한 추가 그립의 효과가 포함된 최대 코너링이다. W_{vert} 와 W_{lat} 는 그림 6.10 에 나온 것과 같다.

액슬에 작용하는 최대 굽힘 모멘트는 바깥쪽 베어링의 중심에서 발생한다.

$$M_{axle} = W_{lat}R_r - W_{ver}l_2$$

식 [2.3]으로부터,

$$탄성\ 계수,\ Z = \frac{1.5 \times M_{axle}}{\sigma_y}$$

여기서 1.5 는 재료의 안전 계수이고 원형 중실 샤프트에 대해서는,

$$Z = \frac{\pi r^3}{4}$$

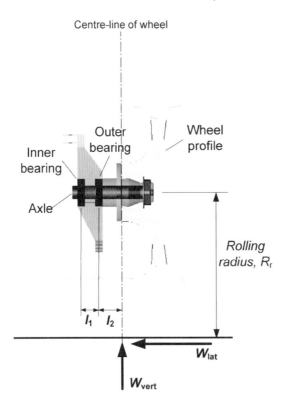

Centre-line of wheel

Wheel profile

Outer bearing

Inner bearing

Axle

Rolling radius, R_r

l_1 l_2

W_{lat}

W_{vert}

그림 6.10

프론트액슬과 휠 베어링

액슬, 베어링 그리고 업라이트의 크기와 무게를 줄이기 위해서는 양호한 고강도 합금강을 사용하는 것이 좋다. $BS\ EN\ 24T$ 또는 $817\ M40$ 은 $650\ N/mm^2$ 의 항복 강도를 가지며 가공성이 좋다.

예제 6.1

다음과 같은 데이타의 조건을 만족하는 *EN 24T* 합금강 액슬의 직경을 구하시오.

$W_{lat} = 4275N$, $W_{vert} = 2850N$, 베어링 간격 $l_1 = 44mm$, 거리 $l_2 = 53mm$, 구름 반경 $R_r = 270mm$

풀이

$$M_{axle} = W_{lat}R_r - W_{ver}l_2 = 4275 \times 270 - 2850 \times 53 = 1003200 Nmm$$

$$탄성\ 계수,\ Z = \frac{1.5 \times M_{axle}}{\sigma_y} = \frac{1.5 \times 1003200}{650} = 2315 mm^2$$

직경 $30mm$ 액슬을 시도해 보면,

$$Z = \frac{\pi r^3}{4} = \frac{\pi \times 15^3}{4} = 2651 mm^3 > 2315$$

결론 $30mm$ 직경인 *EN 24T* 액슬을 사용

6.4.2 프론트휠 베어링

프론트휠 베어링은 복합된 축 하중과 반경 하중을 견뎌야 하고 일반적으로 한 쌍의 테이퍼 롤러 베어링(*Tapered roller bearing*) 또는 각접촉을 하는 볼 베어링의 형태를 갖는다. 테이퍼 롤러 베어링은 높은 하중 능력을 갖는 경향이 있고 동등한 각접촉 볼 베어링(*Angular contact ball bearing*)보다 다소 저렴하며 무겁다. 각접촉 볼 베어링이 마찰도 적게 발생시킨다. 설계 절차는 두 종류에 대해서 매우 유사하다. 일반적으로 모두 로킹너트를 통해서 작은 크기의 프리로드(*Pre-load*)을 받으며 하우징 내에 적절히 자리를 잡아야 한다. **그림 6.11**에 한 쌍의 각접촉 볼 베어링이 나와 있고 추력 각도가 어떻게 베어링의 유효 간격을 증가시키는지 보여주고 있다. 이는 샤프트에서 굽힘에 견디는 것을 도와주지만 부가적인 축 방향 힘을 발생시킨다. 정적 하중과 동적 하중의 두 가지 주요 설계 케이스가 있다. 반경 하중과 축 하중이 복합적으로 작용하는 경우의 설계 절차는 상당히 복잡하지만, 축 하중은 일반적으로 무시할 수 있을 정도로 작기 때문에 여기서는 다음과 같은 단순한 접근 방법을 적용한다.

그림 6.11

프론트휠 베어링 설계

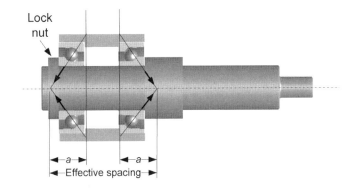

정적 하중에 대한 설계

이는 단순히 정적 하중에 관련된 것이 아니라 베어링에서 예상되는 절대적인 최대 하중이 어떤

영구적인 변형이나 베어링 레이스 또는 회전 부품의 항복을 일으키지 않는다는 것을 보장하기 위한 확인이다.

$$정적 \ 안전 \ 계수, \ s_0 = \frac{C_0}{P_0}$$ [6.3]

여기서 C_0 = 베어링 데이타 시트로부터 구한 정격 기본 정적 하중

                   P_0 = 여기서는 베어링의 최대 반경 하중

각접촉 볼 베어링에 대해서, 조용한 작동을 위해서는 $s_0 \geq 1.0$ 이고 약간의 소음은 감수될 수 있다면 $s_0 \geq 0.5$ 이다. 테이퍼 롤러 베어링에 대해서 해당하는 수치는 각각 1.5 와 1.0 이다.

동적 하중에 대한 설계

이는 베어링의 적절한 작동 수명을 보장하기 위한 피로의 확인이다. 이는 최대 베어링 하중이 아닌 베어링의 수명에 걸친 전형적인 하중 스펙트럼을 고려한 평균 등가 동하중(*Mean equivalent dynamic load*)에 기반한다. 절차는 P_1 , P_2 , P_3 ...등과 같이 정의된 코너링, 제동, 가속 등의 서로 다른 작동조건에서 베어링의 반경 하중을 평가하는 것으로 시작한다. 각 작동에 사용되는 시간의 비율은 T_1 , T_2 , T_3 ...등으로 예측된다.

$$평균 \ 등가 \ 동하중, \ P_m = \sqrt[3]{(P_1{}^3 T_1 + P_2{}^3 T_2 + P_3{}^3 T_3 ...)}$$ [6.4]

P_m 은 베어링 데이타 시트로부터 구한 기본 동정격 하중 C_r 과 비교될 수 있다. 기본 동하중은 피로가 일어나기 전에 백만 회전하는 것으로 가정한다.

$$예상 \ 피로수명 = \left(\frac{C_r}{P_m} \right)^3 \times 10^6 \ cycles$$ [6.5]

예제 6.2

아래와 같은 최대 프론트휠 하중을 갖는 자동차에 대해서 적절한 각접촉 볼 베어링을 정의하시오.

하중 케이스	수직 하중 (kN)	가로 방향 하중 (kN)	전후 방향 하중 (kN)
코너링	2.850	4.275	-
제동	2.033	-	3.050

액슬 직경 $= 30mm$, 베어링 간격 $l_1 = 44mm$, 거리 $l_2 = 53mm$ (**그림 6.10** 참조), 구름 반경 $R_r = 270mm$

제조사(*SKF*)의 데이타 시트를 참고해서 각접촉 볼 베어링 7206 *BEP* 를 시도해 본다.

         치수, $a = 27.3mm$ (**그림 6.11** 및 **6.12** 참조)

         폭, $B = 16mm$

         기본 정하중, $C_0 = 14.3kN$

         기본 동하중, $C_r = 22.5kN$

         유효 베어링 간격 $= 44 - 16 + (2 \times 27.3) = 82.6mm$

(**비고** – 휠, 타이어, 액슬 그리고 허브의 무게는 베어링을 통과하지 않고 지면으로 직접 전달되기 때문에 수직 방향 휠 하중은 이와 같은 무게만큼 감소될 수 있지만, 여기에서는 이를 무시한다.)

1. 코너링

내부 베어링에 작용하는 반경 하중에 대해서 Y를 중심으로 모멘트를 취하면,

$$-(2.850 \times 35.7) + (4.275 \times 270) = P_{1i} \times 82.6$$

$$P_{1i} = 12.7 kN$$

외부 베어링에 작용하는 반경 하중에 대해서 X를 중심으로 모멘트를 취하면,

$$-(2.850 \times 118.3) + (4.275 \times 270) = P_{1o} \times 82.6$$

$$P_{1o} = 9.9 kN$$

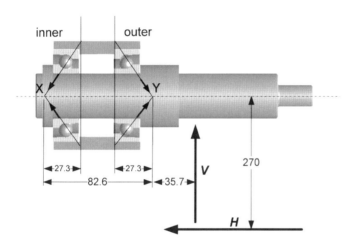

그림 6.12

프론트휠 베어링 치수

2. 제동

내부 베어링의 수직 하중 $= 2.033 \times 35.7/82.6 = 0.88 kN$

내부 베어링의 전후 방향 하중 $= 3.050 \times 35.7/82.6 = 1.32 kN$

내부 베어링의 최종 반경 하중, $P_{2i} = \sqrt{(0.88^2 + 1.32^2)} = 1.6 kN$

외부 베어링의 수직 하중 $= 2.033 \times 118.3/82.6 = 2.91 kN$

외부 베어링의 전후 방향 하중 $= 3.050 \times 118.3/82.6 = 4.38 kN$

외부 베어링의 최종 반경 하중, $P_{2o} = \sqrt{(2.91^2 + 4.38^2)} = 5.3 kN$

정하중 확인

위의 계산으로부터, 최대 반경 하중, $P_{1i} = 12.7 kN$

식 [6.3]으로부터 정안정계수, $s_0 = \dfrac{C_0}{P_0} = \dfrac{14.3}{12.7} = 1.1 > 1.0$

동하중 확인

동하중 프로파일

조건	% 시간(가정)	내부 베어링 하중	외부 베어링 하중
우회전	30	12.7	9.9
좌회전	20	3*	4*
제동	15	1.6	5.3
가속	25	0.8*	1.6*
항속	10	1*	2*

*예측값

식 [6.4]로부터 평균 등가 동하중, $P_m = \sqrt[3]{(P_1^3 T_1 + P_2^3 T_2 + P_3^3 T_3 \ldots)}$

내부 베어링에 대해서,

$$P_{mi} = \sqrt[3]{[(12.7^3 \times 0.3) + (3.0^3 \times 0.2) + (1.6^3 \times 0.15) + (0.8^3 \times 0.25) + (1.0^3 \times 0.1)]}$$

$$= 8.5 kN$$

외부 베어링에 대해서,

$$P_{mo} = \sqrt[3]{[(9.9^3 \times 0.3) + (4.0^3 \times 0.2) + (5.3^3 \times 0.15) + (1.6^3 \times 0.25) + (2.0^3 \times 0.1)]}$$

$$= 6.9 kN$$

식 [6.5]로부터,

$$\text{예상 피로 수명} = \left(\frac{G_r}{P_m}\right)^3 \times 10^6 \, cycles$$

$$\text{내부 베어링의 수명} = \left(\frac{22.5}{8.5}\right)^3 \times 10^6 = 18.5 \times 10^6 \, cycles$$

$5000 km$ 의 레이싱을 한다고 가정하면,

$$\text{휠의 원주} = \pi \times 0.540 = 1.7 m$$

$$\text{회전수} = 5000 \times 10^3 / 1.7 = 3.0 \times 10^6 < 18.5 \times 10^6$$

각접촉 볼 베어링 7206 *BEP* 를 사용한다.

6.5 업라이트 설계와 해석

업라이트(*upright*)는 휠 어셈블리의 주요 구조 부재이다. 이는 액슬 베어링과 브레이크 캘리퍼에서 올라오는 하중을 서스펜션 위시본으로 전달하는 역할을 한다. 업라이트의 제조 방법으로는 알루미늄 주조에서부터 스틸까지 다양하지만 7075-*T*6 같은 알루미늄 합금의 수치 제어 가공이 선호되고 있다. 이는 비용이 가장 저렴한 방법은 아니지만 현가하 질량에서 중요한 역할을 차지하는 부분의 무게를 가장 가볍게 할 수 있는 방법이다. 섀시 프레임에서와 마찬가지로 최적의 구조적인 접근 방법은 **그림 6.13** 과 같이 하중이 전달되는 지점 사이를 삼각형으로 만드는 것이다. 이 경우 업라이트의 맨 윗부분은 위시본과 직접 연결되고 아랫부분은 채널과 볼트로 체결되고 나머지 하나에는 스티어링 타이로드가 연결된다. 브레이크 캘리퍼를 위한 마운트도 마련되어 있다. 그림의 경우 주요 하중

지점은 모두 중심부 원형 베어링 하우징으로 연결하고 있다.

그림 6.13

삼각형 형태의 프론트 업라이트

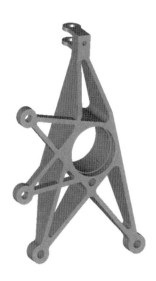

6.5.1 하중조건

프론트휠 업라이트는 두 가지 주요 하중 조건인 최대 코너링과 최대 제동시에 대해서 확인되어야 한다.

최대 코너링

다른 일반적인 경우와 마찬가지로 **그림 3.14** 와 같이 타이어/노면의 하중을 계산하는 것으로부터 시작한다. 해석을 위해서 업라이트는 상단과 하단의 지지점에 구속된다고 가정한다. 구조물이 과구속 상태가 되지 않는 것이 중요하다. 위시본의 끝부분에는 구면 베어링이 있어서 회전이 허용되기 때문에 고정된다는 표현은 적절하지 않다. 하중은 휠에서 액슬로 전달되고 이는 다시 베어링 하우징을 통해서 업라이트에 작용한다.

그림 6.14a 는 컨택 패치에 최대 코너링 하중이 작용하는 업라이트를 보여주고 있다. **그림 6.14b** 에 나온 베어링 하중은 정확히 동일한 상황을 보여주고 있다. 베어링 중심을 기준으로 모멘트를 취하면 다음과 같다.

$$F_{outer} = \frac{\left(W_{lat} \times R_r\right) - \left\{W_{vert} \times \left(l_1 + l_2\right)\right\}}{l_1}$$

수직 방향 힘을 합하면,

$$F_{inner} = F_{outer} + W_{vert}$$

힘 F_{outer} 와 F_{inner} 는 베어링 하우징 내부에서 베어링 힘으로 작용한다. 이는 이상적으로는 하우징 내부의 한쪽 면에 걸쳐서 정현파 또는 포물선 형태의 분포로 작용함을 의미한다. 힘 W_{lat} 는 베어링을 잡아주는 고리 형태의 스텝 면에 걸쳐 일정한 분포 하중으로 작용한다.

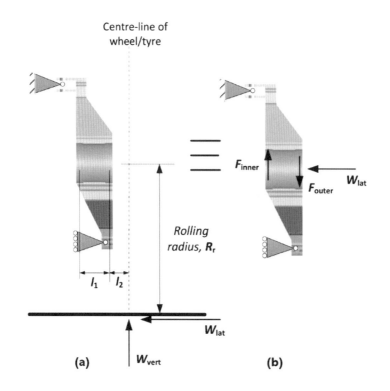

그림 6.14a, b

최대 코너링에서

프론트 업라이트 해석

최대 제동

그림 6.15a 는 컨택 패치에 최대 제동 하중이 작용하는 상황을 보여주고 있다. 그림 6.15b 에 나오는 베어링 하중은 정확히 동일한 상황을 보여주고 있다.

내부 베어링의 중심에 대해서 모멘트를 취하면,

$$V_{outer} = \frac{W_{vert} \times (l_1 + l_2)}{l_1}$$

$$H_{outer} = \frac{W_{long} \times (l_1 + l_2)}{l_1}$$

수직 방향의 힘을 합하면,

$$V_{inner} = V_{outer} - W_{vert}$$

수평 방향의 힘을 합하면,

$$H_{inner} = H_{outer} - W_{long}$$

제동시 휠이 잠기려는 시점이라고 가정하면, 모든 토크는 브레이크 캘리퍼에 의해서 저항을 받는다. 이 힘은 브레이크 패드의 면적 중심에 작용할 것이므로,

$$F_{brake} = \frac{W_{long} \times R_r}{(l_3 + l_4)}$$

이 힘이 두 개의 고정 러그에 동일하게 배분된다고 가정하면,

$$V_{brake} = \frac{F_{brake}}{2}$$

추가로, 캘리퍼 지지 러그는 패드의 면적 중심과 일치하지 않기 때문에 크기는 동일하고 방향은 반대인 수평 방향 힘을 일으키는 모멘트가 발생하므로,

$$H_{brake} = \frac{F_{brake} \times l_4}{l_5}$$

그림 6.15a, b
최대 제동시
프론트 업라이트
하중

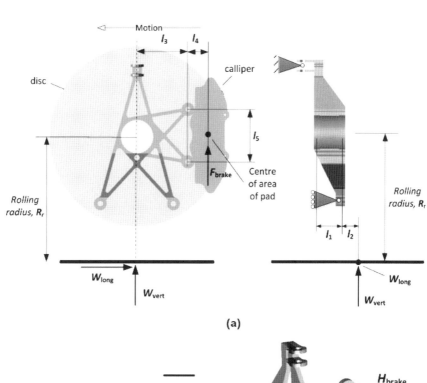

(a)

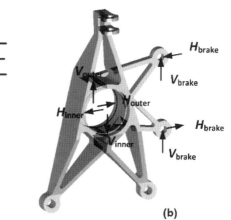

(b)

예제 6.3

예제 6.2 에서 고려되었던 사례에 대해서, 최대 코너링과 최대 제동을 함께 받는 상황에서 프론트 업라이트 하중을 계산하시오.

관련된 데이타는 아래와 같다.

하중 케이스	수직 하중 (kN)	가로 방향 하중 (kN)	전후 방향 하중 (kN)
코너링	2.850	4.275	–
제동	2.033	–	3.050

베어링 간격 $l_1 = 44mm$, 거리 $l_2 = 53mm$ (그림 6.10 참조), 구름 반경 $R_r = 270mm$, $l_3 = 70mm$, $l_4 = 30mm$, $l_5 = 80mm$

풀이   **최대 코너링**

내부 베어링의 중심에 대해서 모멘트를 취하면,

$$F_{outer} = \frac{(W_{lat} \times R_r) - (W_{vert} \times (l_1 + l_2))}{l_1}$$

$$= \frac{(4.275 \times 270) - (2.850 \times (44 + 53))}{44} = 19.95kN \uparrow$$

수직 방향 힘의 합으로부터,

$$F_{inner} = F_{outer} + W_{vert} = 19.95 + 2.850 = 22.8kN \downarrow$$

최대 제동

내부 베어링의 중심에 대해서 모멘트를 취하면,

$$V_{outer} = \frac{W_{vert} \times (l_1 + l_2)}{l_1} = \frac{2.033 \times (44 + 53)}{44} = 4.5kN$$

$$H_{outer} = \frac{W_{long} \times (l_1 + l_2)}{l_1} = \frac{3.050 \times (44 + 53)}{44} = 6.7kN$$

수직 방향 힘의 합으로부터,

$$V_{inner} = V_{outer} - W_{vert} = 4.5 - 2.033 = 2.5kN$$

수평 방향 힘의 합으로부터,

$$H_{inner} = H_{outer} - W_{long} = 6.7 - 3.050 = 3.7kN$$

브레이크 토크는,

$$F_{brake} = \frac{W_{long} \times R_r}{(l_3 + l_4)} = \frac{3.050 \times 270}{(70 + 30)} = 11.9kN$$

$$V_{brake} = \frac{F_{brake}}{2} = \frac{11.9}{2} = 6.0kN$$

$$H_{brake} = \frac{F_{brake} \times l_4}{l_5} = \frac{6.0 \times 30}{80} = 2.25kN$$

6.5.2 해석

삼각형 형상의 업라이트 부재에 작용하는 반력과 대략적인 인장과 압축을 간단히 손으로 계산할 수도 있지만 복잡한 3차원 형태의 업라이트는 일반적으로 전문적인 유산 요소 해석 패키지를 이용하는 것이 가장 좋은 방법이다. 이러한 해석에서 일반적인으로 적용하는 파손 조건은 문제의 3차원적인 특성을 고려하는 *von Mises* 항복 조건이다. *von Mises* 응력은 재료의 항복 응력과 비교되는데 제2장에 언급되었던 것과 같이 약 1.5의 안전 계수를 적용한다.

플레이트 **6a**와 **6b**는 예제 6.3에서 다루고 있는 두 가지 하중조건에 대한 유한 요소 해석의 결과를 보여주고 있다. 업라이트에 사용된 재료는 항복 강도가 $505\,N\big/mm^2$인 알루미늄 합금 7075-T6이다. 컨투어 플롯(*Contour plot*)은 *von Mises* 응력을 보여주고 있다. 안전 계수 1.5를 적용하면 *von Mises* 응력은 $505/1.5 = 337\,N\big/mm^2$보다 작아야만 한다.

플레이트 **6a**는 최대 코너링에 대한 결과를 보여주고 있다. 플롯에 따르면 구조물의 거의 모든 부분에서 *von Mises* 응력은 $250\,N\big/mm^2$보다 작은 것으로 나와있다. 하지만 베어링 하우징 윗부분의 작은 영역에서는 최대 응력이 $464.8\,N\big/mm^2$에 이르고 있다. 또 다른 컨투어 플롯을 보면 이 부분의 변형이 $4mm$로 과도한 것으로 보여주고 있다. 업라이트의 변형은 휠 캠버에 악영향을 미치기 때문에 약 $1mm$ 정도로 제한하는 것이 적당하다. 설계자는 하우징 상단부 링의 두께를 $2mm$ 정도 늘이고 해석을 다시 하는 것이 필요하다.

플레이트 **6b**는 최대 제동시의 결과를 보여주고 있다. 업라이트의 주요 부분은 만족스러운 결과를 보여주고 있으나 캘리퍼 지지 브라켓은 몇 군데 작은 영역에서 $526.6\,N\big/mm^2$의 과도한 응력을 받는 것으로 나타나고 있다. 따라서 좀 더 강건하게 제작되어야만 한다.

설계자는 변형량이 허용할 수준이라고 가정한다면 일관적으로 하중을 적게 받는 부위에서는 재료를 덜어내는 식으로 추가로 구조물의 최적화를 할 수도 있을 것이다.

6.6 휠 장착 고정구

휠을 허브에 장착하고 고정시키기 위해서는 **그림 6.1**과 같은 여러개의 스터드와 면취 너트(*Chamfered nut*), 여러개의 볼트 또는 **그림 6.2**와 같은 한 개의 센터록 너트를 사용할 수 있다. 센터록 휠은 가볍고 피트에서 신속하게 제거할 수 있다는 장점이 있지만 종종 문제를 일으키기도 한다. *Formula One* 팀 조차도 센터록으로 고정된 휠이 주행 중에 빠지기도 한다. 이 시스템은 휠의 구멍과 만나게 되어 토크를 전달하는 역할을 하는 허브에 일련의 드라이브 펙으로 구성된다. 하나의 센트럴 너트가 휠을 허브 방향으로 누르고 고정시키게 된다. 경량의 와이어 클립을 이용해서 너트가 풀리는 것을 방지하는 안전핀으로 사용된다. 전통적으로 자동차의 왼쪽편에는 우회전 너트를 사용하고, 반대편에는 좌회전 너트를 사용한다. 이에 대해서는 몇 가지 확실하지 않은 설명이 존재한다. 그 중에서 좀 더 신뢰할만한 하나는, 극관성 모멘트로 인해서 회전하는 너트를 가감속하기 위해서는 토크가 필요하다. 만약 토크가 너트를 돌리기 위한 마찰력보다 크다면 너트는 나사산을 움직여갈 것이다. 느슨하게 조여진 너트는 자동차가 가속이나 제동을 할 때 마다 한두개의 나사산을 이동할 수도 있을 것이다. 좌회전과 우회전 나사산에 대해서 설명된 방법이 적용된다면 너트는 가속시에는 단단히 잠기는 방향으로 제동시에는 풀리는 방향으로 움직일 것이다. 그러나 초기 잠기는 방향의 토크는 관성 토크에 비해서 훨씬 크기 때문에 너트가 풀리는 일은 없을 것이다. 마찰력보다 큰 토크와 관련된 다른 현상도 나타난다. 휠의 드라이브 펙 구멍이 마모되기 시작하면 제동시 휠과 허브 사이에 작은 양의 상대적인 회전이 발생한다. 이는 특히 코너 진입시 드라이버가 제동을 하면 휠이 너트에 대해 압력을 가함에 따라서 점진적인 헐거움을 유발한다. 대부분의 센터록 휠의 사용자라면 너트를 정말로 단단히 조여야 한다는 것을 알아차릴 수 있으며 흔히 $500Nm$ 이상의 토크를 적용한다.

제 6 장 주요 사항 요약

1. 자동차의 정면에서 본 스티어링 축의 위치와 경사는 킹핀 경사와 스크럽 반경을 정의한다. 스크럽 반경은 휠이 범프를 지나갈 때 스티어링 휠에 충격을 전달하는 것을 피하기 위해서 지나치게 크지 않아야 한다.

2. 자동차의 측면에서 바라본 스티어링축의 위치와 경사는 캐스터각과 캐스터 트레일을 정의한다. 약간의 캐스터 트레일은 안정성을 위해서 필요하지만 과도한 경우 스티어링 감각을 해칠 수 있다.

3. 킹핀 경사와 캐스터각은 모두 선회시 휠 캠버에 영향을 미친다.

4. 작은 값의 정적 토우각이라도 자동차의 느낌에는 상당한 영향을 미치게 된다.

5. 레이싱카는 일반적으로 랙과 피니언기어 스티어링을 사용한다.

6. 범프 스티어에서 서스펜션의 상하 움직임은 조향각의 변화를 일으킨다. 이는 일반적으로 스티어링 로드의 연장선을 서스펜션 링크의 순간 중심에 맞춤으로써 방지할 수 있다.

7. 액슬은 상대적으로 굽힘에 대한 응력을 크게 받기 때문에 양호한 품질의 재료로 제작되어야 한다.

8. 프론트휠 베어링은 보통 테이퍼 롤러 베어링 또는 각접촉 볼 베어링을 사용한다.

9. 프론트 업라이트는 최대 코너링과 최대 제동에 대해서 최적화되어야 한다. 적절한 안전 계수를 보장하기 위해서 유한 요소 패키지를 이용한 von Mises 응력을 재료의 항복 응력과 비교해야 한다.

제 7 장 리어휠 어셈블리와 동력 전달

목표

■ 리어휠 어셈블리에 포함되는 부품을 이해한다.

■ 클러치, 기어 그리고 드라이브 샤프트를 포함한 자동차 트랜스미션 구성 요소를 이해한다.

■ 동력과 토크의 관계를 이해하고 레이싱을 위한 최적 기어비에 미치는 영향을 파악한다.

■ 디퍼렌셜의 종류를 이해하고 자동차의 운동성능에 어떤 영향을 미치는지 파악한다.

■ 드라이브 샤프트, 리어휠 베어링 그리고 업라이트를 정의할 수 있다.

■ 론치 컨트롤과 같은 드라이버 보조 장치를 이해한다.

7.1 개요

이번 장에서는 동력을 전달하는 것을 포함한 리어휠 어셈블리(**그림 7.1**)에 대해서 다룰 것이다. 고정된 토우 컨트롤로드 또는 다섯 번째 링크가 프론트휠의 조향 타이로드를 대체한다. 리어휠의 토우를 조절하기 위해서는 길이를 미세하게 조절하는 것이 필요하다.

엔진에서 나오는 동력을 전달하는데 필요한 부품으로는 클러치, 기어박스, 디퍼렌셜 그리고 드라이브 샤프트가 있다. 추가로 모터사이클 엔진을 사용하는 자동차의 경우에는 체인구동 전후 스프로켓 기어를 유지하는 것이 일반적이다. 이에 대해서는 추가로 자세히 알아볼 것이다.

프론트휠 어셈블리와 마찬가지로 현가하 질량을 최소화하는 것이 중요하다. 참고 문헌 1 의 *Adams* 는 동력 전달 부품의 질량을 줄어들면 관성 모멘트가 감소하기 때문에 결국 더 많은 엔진 동력을 가속을 위해서 사용할 수 있다는 것을 설명하고 있다.

그림 7.1

리어휠 어셈블리

Van Diemen RF99 Formula Ford

Universal joint

Toe control rod

Driveshaft

7.2 클러치와 기어

우수한 성능을 위해서는 적절한 기어비가 필수이다. 제조사에서 승용차에 적용하는 기어비는 일반적으로 레이싱에는 적합하지 않다. 1 단 기어는 긴급시 언덕 출발을 위해서 설계되기 때문에 과도하게 낮은 경향이 있다. 최고 기어는 고속도로 정속 주행시 최대 연비에 맞추어 최적화되기 때문에 지나치게 높다. 중간의 기어비는 홍보물에 이용하기 좋은 $0 – 60mph$ 도달 시간을 최소로 하는 것을 목적으로 할 수도 있다. 기어비를 결정하기 위한 출발점은 엔진의 출력과 토크곡선이다. 그림 7.2는 $FSAE/Formula \, Student$ 에 흔히 사용되는 종류인 전형적인 $600cc$ 흡기제한 모터사이클 엔진의 사례를 보여주고 있다. 최대 토크는 약 $9000rpm$ 에서 $55Nm$ 까지 올라가는 반면 출력은 $12000rpm$ 에서 약 $64kW$ 까지 계속 올라가는 것을 알 수 있다. 레이싱을 위한 최적의 기어비는 레이싱의 종류와 트랙의 속도에 따라서 달라지는데, 드라이버가 모든 시간대에서 엔진 회전수를 최대 출력에 가깝게 유지할 수 있도록 일반적으로 근접한 비율의 기어박스를 사용한다. 그림 7.2 를 참고하면, 이는 엔진 회전수가 약 10500 에서 $13500rpm$ 사이에서 회전하도록 유지한다는 것을 의미한다.

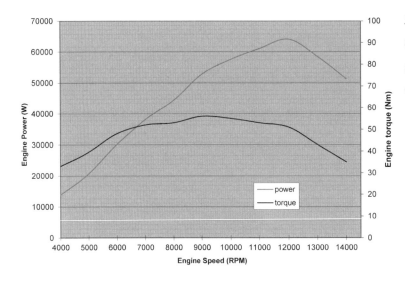

그림 7.2
전형적인 출력과 토크곡선 –
600cc 흡기 제한된 모터싸이클
엔진

토크 곡선과 출력 곡선의 관계는,

$$Torque = force \times radius \, [Nm]$$

1 회전당 일, $Work = force \times 2\pi \times radius = 2\pi \times torque \, [Joule]$

$1 \, rpm$ 에서 출력, $Power = \dfrac{2\pi}{60} \times torque \, [W]$

따라서, $Power = \dfrac{2\pi}{60} \times torque \times rpm \, [W]$

7.2.1 클러치

클러치의 목적은 엔진을 최저 회전 상태에서 구동장치(*Drivetrain*)으로부터 해제하고 엔진과 휠의 상대속도를 변경시켜 운전자로 하여금 출발할 수 있도록(*Pull away*) 하는 것이다. 드라이버는 클러치를 일부만 연결 또는 미끄러지도록 함으로써 엔진의 속도를 자동차를 가속시키는데 충분한 영역 이내로 유지할 수도 있다. 휠 스핀이 없다고 가정하면, 일단 클러치가 완전히 연결되고 나면 엔진의 속도와 휠의 속도 사이의 관계는 기어비로 결정된다.

기어와는 달리 부분적으로 연결된 클러치는 엔진 토크를 배가시키지 못한다. 그러나 다소 놀랍게도 미끄러지는 클러치를 통해서도 최대 엔진 토크를 전달할 수 있다. **그림 7.3** 을 보면 마찰 클러치의 경우 전달되는 토크는 클러치판의 속도 차이와는 무관함을 알 수 있다.

그림 9.3

마찰 클러치에서 토크 전달

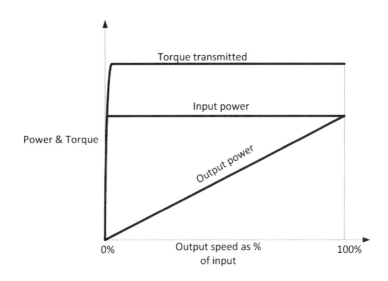

7.2.2 1 단기어

정지선 출발의 핵심은 클러치와 쓰로틀을 올바로 제어하는 것이다. 이를 위해서는 휠에서 최대 구동력을 만들어낼 수 있도록 엔진이 충분한 토크를 만들 수 있는 *rpm* 값을 유지하면서도 과도한 휠 스핀은 피해야만 한다. 예제 1.2 에서 마찰 계수를 가정하는 것으로 가속 초기 단계에서 전후 방향의 하중 이동을 계산하는 방법을 알아보았다. 따라서 특정한 구름 반경을 갖는 리어휠에 대한 최대 토크값 T_{wheels} 를 계산할 수 있다. 이를 필요한 엔진의 토크 T_{engine} 으로 변환하기 위해서는 휠 토크를 엔진 크랭크축과 드라이브 샤프트 사이의 전체 기어비로 나누면 된다.

$$Required\ T_{engine} = T_{wheels}/gear\ ratio$$

예제 7.1

예제 1.3 에서는 구동휠을 스핀시키는데 필요한 최대 토크를 계산하였다. *FSAE/Formula Student*

165

자동차에 대해서 유사한 계산을 수행한 결과 휠에서 $820Nm$ 의 최대 토크가 필요하다는 것을 보여주었다.

Primary 감속	1.822
1st	2.833
2nd	2.062
3rd	1.647
4th	1.421
5th	1.272
6th	1.173
Small sprocket teeth	12
Large sprocket teeth	45

그림 7.2 의 토크 곡선을 참고해서 정지선 출발 가속을 위한 1 단과 2 단 기어의 적정성에 대해서 논의하시오.

풀이

$$1\ 단\ 총\ 기어비 = 1.822 \times 2.833 \times 45/12 = 19.36$$

$$필요한\ 엔진\ 토크,\ T_{engine} = 820/19.36 = 42.4Nm$$

$$2\ 단\ 총\ 기어비 = 1.822 \times 2.062 \times 45/12 = 14.07$$

$$필요한\ 엔진\ 토크,\ T_{engine} = 820/14.07 = 72.3Nm$$

그림 7.4 는 이와 같은 엔진 토크 요구조건을 그림 7.2 의 엔진 토크와 비교해서 보여주고 있다.

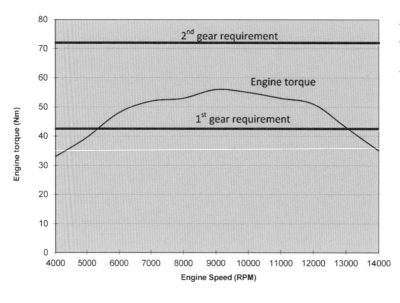

그림 7.4

1 단과 2 단 기어에 대한

토크 요구조건

비고

1. 이러한 경우 1 단 기어에서 가능한 적정한 토크 범위는 약 $5500rpm$ 에서 $13000rpm$ 사이에 존재한다. 이 범위에서 드라이버는 휠 스핀이 일어나지 않도록 주의해야 한다.

2. 출발시 드라이버는 자동차가 충분한 속도에 도달하기 전까지 $5500rpm$ 이상의 회전수를 유지할 수 있도록 클러치를 미끄러지게(반클러치) 해야 한다. 이 경우 클러치가 완전히 연결되기까지 겨우 1 초도 되지 않는 시간에 약 $4m$ 정도 이동할 것이다. 만약 드라이버가 클러치를 너무 빨리 연결시키면 엔진 회전수는 떨어지고 충분한 토크가 나오지 않을 것이다. 자동차가 가속하지 않고 주저할 수도 있다.

3. 출발선 대기시 드라이버는 엔진 회전수를 충분한 토크를 사용할 수 있는 영역인 약 $8000rpm$ 정도로 유지할 것이다. 하지만 쓰로틀과 클러치를 동시에 제어해서 과도한 휠 스핀을 피해야만 한다.

4. 그림에서 볼 수 있듯이 엔진은 어떤 지점에서도 2 단 기어로는 성공적인 출발을 할 수 있는 충분한 토크를 낼 수 없다. 드라이버는 클러치가 완전히 연결되었을 때 차가 가속되지 않고 주저하는(*bog down*) 것을 피하기 위해서 약 $20m$ 정도 클러치를 미끄러지도록 해야할 필요가 있을 것이다. 이는 클러치판에 상당한 열과 마모를 발생시킬 것이다. 이러한 경우 약 $20m$ 이후 가속은 그립이 아닌 동력 제한으로 지배된다.

5. 예제의 시작 부분에 주어진 기어비에서 알 수 있듯이, 1 단과 2 단 기어 사이에는 큰 간격이 존재한다. 일반적으로 도로용 모터싸이클(*Road motorcycle*)에는 이런 짧은 1 단 기어를 적용한다. 레이싱 드라이버는 보다 일정한 간격인 근접 기어비의 기어박스를 선호할 것이다. 이 경우 드라이버는 기어를 변속하기 전까지 1 단 기어를 회전수 한계까지 유지할 필요가 있다.

6. 체인 구동을 사용하는 모터싸이클 엔진의 경우 설계자는 최종 구동 스프로켓비를 변경함으로써 모든 기어비를 수정할 수도 있다. 이는 **그림 7.3**에 나오는 두 직선을 엔진 토크 곡선에 대해서 모두 올리거나 내리는 효과가 있다.

7.2.3 최고단 기어

최고단 기어는 트랙에서 도달할 수 있는 최고 속도에 따라서 달라진다. **그림 1.11**에서 살펴본 바와 같이 자동차는 모든 이용가능한 출력을 공기역학 저항과 기타 손실을 극복하는데 사용했을 때 이론적인 최대 속도를 갖는다. 가능성이 높지는 않지만 만약 이러한 속도에 도달할 수 있는 충분히 긴 직선 주로가 있다면 최고단 기어비는 예를 들어 **그림 7.2**의 경우라면 최대 속도가 $12000rpm$ 에서 최대 출력이 발생하도록 설정된다. 그러나 일반적으로 최종 속도(*Terminal velocity*)에는 도달할 수 없고 최고 기어는 특정한 써킷에서 사용되는 유사한 차량에서 예상되는 최고 속도 바로 위에서 *rpm* 한계에 도달하도록 정해진다. 힐클라임 자동차는 써킷 경주용차에 비해서 고속 주행의 기회가 적기 때문에 낮은 최고단 기어비를 갖는 경향이 있다.

7.2.4 중간 단수 기어

1 단과 최고단에 대한 비율이 결정되었다면 이제 중간 기어비의 분포를 결정해야 한다. 기어비는 고단 기어로 올라갈수록 점점 더 근접해지는 경향을 갖는데 이를 프로그레션(*progression*)이라고 부른다. 저속 코너를 탈출하면서 기어를 사용해서 가속을 하는 상황이 많은 써킷에 대해서는 상당히 선형인

프로그레션이 적절하겠지만 만약 대부분의 레이싱이 특정 속도 근처에서 이루어진다면 드라이버가 모든 랩에 걸쳐서 엔진의 작동을 최대 출력 부근으로 유지할 수 있도록 하기 위해서는 근접 기어비(Close up ratio)의 기어가 더 나을 것이다. 휠의 구름 반경, R_r 과 총 기어비를 알고 있다면 각 기어에 대해서 엔진 rpm 의 증가에 따른 속도를 쉽게 계산할 수 있다.

예를 들어 $1000rpm$ 에서는,

$$Speed = \frac{1000}{60} \times 2\pi R_r \, /total \; gear \; ratio \; [m/s]$$

결과를 각 기어 단수와 회전수에 대해서 계산하고 그래프로 그리면 **그림 7.5** 와 같다. 드라이버가 가속을 위한 휠에서 사용 가능한 토크를 최대로 하기위해서는 주어진 속도에 적합한 기어를 사용해야 한다는 것을 보여준다. 특정 속도에서 가장 높이 위치한 곡선이 휠 토크를 위한 최적의 기어를 알려준다. 이는 결국 성능을 극대화하기 위해서는 드라이버가 어떤 속도에서 기어 변속을 해야하는가를 알려주는 것이다. 여기서 아래 사항에 주목해야 한다.

1. 각 기어에 대한 변속 속도를 외우는 대신 드라이버는 예를 들어 **그림 7.2** 의 경우 $12000rpm$ 인 대략적인 최대 출력 지점으로 주행함으로써 정확히 동일한 효과를 얻을 수 있다. 이는 $12700rpm$ 에서 기어를 변속하면 회전수가 약 $11300rpm$ 지점으로 떨어진다는 것을 의미한다.

2. 점선은 트랙션 그립과 최대 엔진 출력을 고려했을 때 휠에서 사용 가능한 이론적인 최대 토크를 가리킨다. 이는 **그림 1.11** 에 나오는 트랙션 곡선과 유사한 형태이다.

3. 개별 기어에 대한 곡선은 엔진이 최대 출력에 도달하는 지점에서 점선과 만나게 된다. 무단 변속기 또는 연속 가변 변속기(CVT)가 장착된 자동차라면 점선을 따라갈 수 있기 때문에 휠에서 사용 가능한 토크를 최대로 할 수 있다. 그러나 불연속 기어의 경우 최대 지점 사이에 점선 아래로 내려가는 계곡이 나타나게 된다.

그림 7.5

각 단수에서 사용

가능한 휠 토크

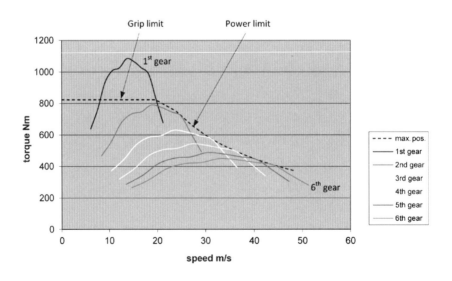

4. 위의 **그림 7.5** 는 앞에서 언급된 것과 같이 짧은 1 단 기어 자동차의 드라이버는 2 단으로 기어를 변속하기 전에 한계 *rpm* 부근까지 가져가야만 한다는 내용을 뒷받침하고 있다. 또한 이 비율은 고단 기어에서 더 근접하기 때문에 이러한 자동차는 4 단, 5 단 그리고 6 단 기어에서 최대에 근접한 토크를 사용할 수 있는 약 $42\,m/s$ ($150\,km/h$)정도 속도의 레이싱에 적합하다는 것을 보여준다.

5. 그림 7.5 에서 6 단 기어의 최고 속도는 약 $52\,m/s$ ($190\,km/h$)이다. *FSAE/Formula Student* 자동차는 가속시 약 $35\,m/s$ ($125\,km/h$)의 최고 속도에 이르기 때문에 5 단과 6 단 기어는 무시하거나 때로는 제거하기도 한다.

7.3 디퍼렌셜

디퍼렌셜(*differential*)은 코너링시 안쪽 휠이 바깥쪽 휠에 비해서 더 천천히 회전하도록 기어박스에서 나온 동력을 각 구동휠(*Driven wheel*)에 적절히 배분하는 역할을 한다. 양쪽 휠의 평균 속도는 입력 속도에 비례한다.

7.3.1 디퍼렌셜의 종류

설계자에 주어지는 디퍼렌셜의 몇 가지 옵션으로는 다음과 같은 종류가 있다.

■ 록 디퍼렌셜(*Locked differential* 또는 *No differential*)

록 디퍼렌셜에서는 두 개의 구동휠이 서로 같은 속도로 회전하도록 고정된 상태로 연결된다. 따라서 코너링 초기 안쪽 휠은 지면상에서 실제 이동하는 거리보다 더 빨리 회전하기 때문에 미끄러질 것이다. 반면 바깥쪽 휠은 필요한 것 보다 더 느리게 회전하기 때문에 역시 미끄러지게 된다. 이는 결과적으로 원활한 턴-인(*Turn-in*)을 방해하는 힘을 만들고 초기 언더스티어를 초래할 것이다. 그러나 최대 코너링 상황에서 회전이 이루어지고 가로 방향 하중 이동이 발생하면 모든 미끄러짐은 하중이 감소되는 안쪽 휠에서 나타날 것이다. **그림 5.6** 과 같이 일단 휠이 미끄러지기 시작하면 그립이 감소하고 따라서 바깥쪽 휠에 더 많은 토크가 전달되고 이는 오버스티어로의 변경을 초래한다. 스커핑(*scuffing*)으로 인한 상당한 타이어 마모가 발생할 수 있다.

■ 오픈 디퍼렌셜(*Open differential*)

이는 대다수 도로용 승용차에 적용되는 형식이다. 구동휠은 서로 다른 속도로 회전할 수 있다. 오픈 디퍼렌셜의 특징은 두 개의 구동휠 사이에 토크가 동일하게 배분된다는 것이다. 양쪽 휠이 양호한 그립을 유지하고 있는한 이는 문제가 없지만 만약 예를 들어서 빙판, 잔디 또는 자갈 등에서 한쪽 휠이 그립, 다시 말해서 토크를 잃는다면 오픈 디퍼렌셜은 미끄러지는 휠을 빠르게 회전시키고 이와 동일한 낮은 토크를 양호한 그립을 가진 반대쪽 휠로 전달하도록 대응할 것이다. 뿐만 아니라 이와 같은 상황은 높은 출력의 자동차가 코너를 벗어나면서 가속할 때 가로 방향 하중 이동의 결과로써 발생할 수도 있다. 참고 문헌 25 의 *Allan Staniforth* 에 따르면,

'오픈 디퍼렌셜의 특이한 현상은 하중이 적게 걸린 휠이 마침내 그립을 잃고 스핀하기 시작하면
동력이 스핀하는 휠로 전달된다는 것이고,

따라서 차량을 전진시키기 위해서 동력이 절실히 필요할 때 이를 모두 잃어버린다는 것이다.'

■ 리미티스 슬립 디퍼렌셜(*LSD, Limited slip differential*)

규정에서 허용한다면 특정 형태의 리미티드 슬립 또는 토크 바이어스 디퍼렌셜(*Torque biasing differential*)이 대부분의 레이싱카에 선호된다. 코너링에서 서로 다른 속도로 회전할 수 있도록 구동휠이 모두 부분적으로 잠기지만 디퍼렌셜은 빠르게 회전하는 휠로부터 토크를 빼앗아 이를 느리게 회전하는 휠에 추가한다. 이는 양호한 그립의 코너링에서 느리게 회전하는 안쪽 휠이 추가적인 토크를 갖고 언더스티어 효과가 나타난다는 것을 의미한다. 부분적인 휠 잠금을 만드는 방법에는 두 가지가 있다. 첫 번째로는, 두 개의 출력 드라이브 샤프트를 스프링 하중이 걸리는 클러치로 연결하는 것이다. 스프링 강성이 슬립의 한계 다시 말해서 디퍼렌셜의 공격성을 결정한다. 두 번째 방법으로는 부하로 인한 마찰을 일으키기 위해서 헬리컬 기어를 사용하는 것이다. 이러한 시스템은 입력 토크가 올라감에 따라서 마찰력이 증가하고 이에 따라서 양쪽 휠 사이의 잠김(*locking*) 정도가 커지게 된다. 그래서 이와 같은 시스템을 토크 감지 디퍼렌셜(*Torque sensing differential*)이라고 부르기도 한다. 레이싱에서 유명한 브랜드로는 *Quaife*와 *Torsen*이 있다.

7.3.2 디퍼렌셜 지지 방법

모터싸이클 엔진을 사용하는 자동차에서 디퍼렌셜은 그 위치가 드라이브 체인의 적절한 장력에 맞추어 조절될 수 있는 방법으로 지지된다. 이를 위해서 턴버클, 심 그리고 원심회전 베어링 하우징을 포함한 몇 가지 기법이 적용되어 왔다. 어떤 시스템을 사용하더라도 체인의 최대 인장력을 견뎌야하고, 따라서 아마도 자동차에서 가장 높은 응력을 받는 부위일 것이다.

체인의 최대 하중은 두 가지 방법으로 결정될 수 있다.

1. 가속시 전후 방향의 하중 이동을 고려한 휠 스핀에 필요한 최대 토크
2. 엔진에서 발생되는 최대 토크 곱하기 1 단 기어에서의 최종 기어비

레이싱카의 경우에는 일반적으로 두 번째 방법이 더 높은 값을 주기 때문에 고온의 아스팔트 노면(*hot tarmac*)에서 끈끈한 슬릭 타이어를 움직이는데 필요한 추가 토크를 고려한다면 이 값을 이용하는 것이 적절하다. 또한 갑작스런 클러치의 릴리즈를 감안해서 1.3 정도의 동적 안전 계수를 감안하는 것이 보다 안전한 방법이다. 체인의 장력은 토크를 큰 기어 스프로켓의 반경으로 나누어 계산할 수 있다. 이 힘은 디퍼렌셜 지지 베어링의 가운데에 부하의 형태로 (드라이브 샤프트에 의해 전달되는 스프로켓에 작용하는 인장력)적용된다.

예제 7.2

FSAE/Formula Student 자동차의 휠 토크와 기어비는 예제 7.1과 같고, 엔진 출력은 **그림 7.2**와 같다. 대형 리어 스프로켓은 직경이 250*mm*이다. 디퍼렌셜은 **그림 7.6**과 같이 지지된다. 다음을 구하시오.

(1) 최대 체인 인장력, F_{chain}

(2) 디퍼렌셜 베어링 하중

(3) 디퍼렌셜 지지 반력 H_1 에서 H_4 까지, V_1 과 V_2

풀이   (1) 예제 7.1 로부터,

$$\text{최대 휠 토크} = 820Nm$$

$$\text{엔진 토크} = 55 \times 19.36 = 1065Nm$$

$$\text{스프로켓 반경} = 0.52/2 = 0.125m$$

$$F_{chain} = 1.3 \times 1065/0.125 = 11076N = 11.1kN$$

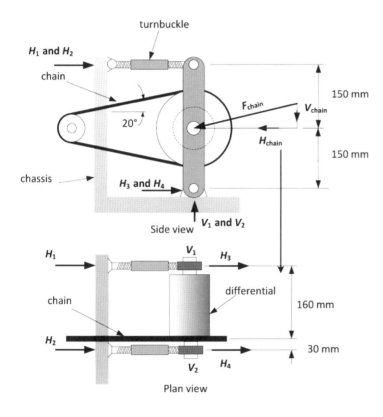

그림 7.6

디퍼렌셜 지지대에 작용하는 힘

(2) 그림 7.6 으로부터,

$$\text{체인 끝단에서 베어링 하중} = 11.1 \times 160/190 = 9.3kN$$

(3) 수직 방향 힘의 합으로부터,

$$V_2 = 9.3 \sin 20° = 3.2kN$$

가로 방향 힘의 합으로 계산하고 대칭이므로 2 로 나누면,

$$H_2 = H_4 = \frac{9.3 \cos 20°}{2} = 4.4kN$$

$$논 체인 끝단에서 베어링 하중 = 11.1 \times 30/190 = 1.8kN$$

수직 방향 힘의 합으로부터,

$$V_1 = 1.8 \sin 20° = 0.6kN$$

가로 방향 힘의 합으로 계산하고 대칭이므로 2 로 나누면,

$$H_1 = H_3 = \frac{1.8 \cos 20°}{2} = 0.8kN$$

7.4 드라이브 샤프트

드라이브 샤프트는 디퍼렌셜에서 휠로 토크를 전달한다. 일반적으로 이는 유니버설 조인트와 연결되는 스플라인된 끝단을 갖는다. 흔히 사용되는 두 가지 형태는 다음과 같다.

■ 항공기용 등급인 $S155$ 초고강도 합금강으로 제작된 작은 직경의 솔리드 또는 건-드릴드 샤프트는 경화를 위해서 열처리가 되고 가공 후에 재료를 담금질한다.

■ 스틸, 알루미늄, 티타늄 또는 카본파이버로 만들어지는 큰 직경에 두께가 얇은 중공 샤프트는 가볍지만 더 큰 부피를 갖기 때문에 패키징 문제를 갖는다. 이는 또한 샤프트의 스플라인드 끝단에서 용접 또는 접착의 문제도 있다.

비틀림은 원형 샤프트에서 전단을 일으킨다. 최대 전단 응력 τ_{max} 가 재료의 항복 또는 검증 응력 σ_y 를 $\sqrt{3}$ 으로 나눈 값이라고 가정할 수 있는 허용값 τ_y 보다 작다는 것을 확인하는 계산을 해야한다. 다시 말해서,

$$\tau_y = \sigma_y / \sqrt{3} = 0.58\sigma_y$$

다음 표준 공식을 이용하면 샤프트 내의 최대 탄성 전단 응력을 구할 수 있다.
토크 T 를 받는 반경 R 인 솔리드 원형 샤프트에 대해서는,

$$\tau_{max} = 2T / \pi R^3 \qquad [7.1]$$

보어 반경 r 인 건-드릴드 샤프트에 대해서는,

$$\tau_{max} = 2TR / \pi \left(R^4 - r^4 \right) \qquad [7.2]$$

벽두께 r 인 얇은 벽을 갖는 중공 샤프트는 $r = R - t$ 를 이용해서 식[7.2]를 사용하거나 다음 근사식을 이용한다.

$$\tau_{max} = T / 2\pi t R_{mean}^2 \qquad [7.3]$$

여기서 R_{mean} 은 내측과 외측 반지름의 평균이다.
드라이브 샤프트가 파손되는 가장 흔한 지점은 샤프트와 스플라인 끝단 사이의 연결 부위이다.

스플라인 뿌리의 응력이 증가하는 모서리에서 비틀림 크랙이 시작된다. 필수적인 설계 항목은 스플라인의 끝단에서 감소된 직경의 목부분으로 부드럽게 전환되는 것을 포함한다. 다시 말해서, **그림 7.7**에 나온 것과 같이 스플라인 루트의 직경이 샤프트의 직경보다 커야만 한다.

예제 7.3

드라이브 샤프트가 $600 Nm$ 의 설계 토크를 전달해야만 한다. 다음 두 가지 옵션에 대한 적절한 직경을 계산하시오.

(1) 항복 응력 $1550 \, N/mm^2$ 인 $S155$ 스틸로 제작된 중실 샤프트

(2) 항복 응력 $260 \, N/mm^2$ 인 $6082 \, T6$ 로 제작된 벽두께 $2mm$ 인 중공 샤프트

풀이   (1) 식 [7.1]로부터,

$$\tau_{max} = 2T/\pi R^3$$

$$R^3 = 2T/\pi \tau_{max} = \left(2 \times 600 \times 10^3\right)/\left(\pi \times 0.58 \times 1550\right) = 424.9$$

$$R = 7.52mm$$

중실 샤프트 직경 $= 16mm$

(2) 식 [7.3]으로부터,

$$\tau_{max} = T/2\pi \, t R_{mean}^2$$

$$R_{mean}^2 = T/\pi \, t \tau_{max} = \left(600 \times 10^3\right)/\left(2 \times \pi \times 0.58 \times 260 \times 2\right) = 317$$

$$R_{mean} = 17.8mm$$

$$R_{outer} = 17.8 + 1 = 18.8mm$$

중공 샤프트의 외경 $= 38mm$

비고

1. 중공 샤프트 결과를 보다 정확한 식 [7.2]에 대입하면 근사적인 방법으로 제안된 값과 비교해서 전단응력이 약 0.5% 높게 나타난다.

2. 스틸 중실 샤프트는 알루미늄 중공 샤프트와 비교해서 약 2.5 배 정도 무겁다.

7.5 유니버설 조인트

더블 위시본과 같은 독립 현가장치를 사용한다면 휠과 디퍼렌셜 사이의 상대적인 움직임을 수용하기 위해서 드라이브 샤프트는 어떤 형태이든 유니버설 조인트(*Universal joint*)와 함께 장착되어야만 한다. 각방향 움직임과 함께 플런지(*plunge*)로 알려진 드라이브 샤프트의 길이 변화에 대응할 수 있는 방법이 있어야 한다. 전통적인 방법은 단계식으로 이루어진 카단(*Cardan*) 또는 후크(*Hook*) 조인트를 스플라인드 미끄러짐 메커니즘과 같이 사용하는 것이지만, 보다 최근에는 다른 형태의 등속 조인트 (*CV joint*)가 일반적으로 사용된다. *CV* 조인트는 각(*angular*) 방향과 전후(*longitudinal*) 방향의

움직임을 모두 수용할 수 있고 다음과 같은 두 가지 형태가 존재한다.

그림 7.7

Tripod CV 조인트

■ *Rzeppa CV* 조인트는 내부 그루브 내에서 움직이는 여섯개의 볼을 가지고 있다. 이는 약 50도 정도의 매우 큰 각도 변화를 수용할 수 있어서 전륜 구동 승용차의 바깥쪽 조인트에 적합하다. 이는 또한 약 10 – 20*mm* 의 플런지 움직임을 허용한다.

■ 그림 7.7에 나오는 *Tripod CV* 조인트는 형태가 단순하고 가공된 하우징 내에서 움직이는 세 개의 롤러를 가지고 있다. 이는 *Rzeppa* 조인트에 비해서 작은 약 20도의 각 방향 회전을 수용하지만 이는 후륜 구동 자동차에 사용하기에는 충분하다. 이는 하우징의 길이를 연장하는 방식으로 50*mm* 까지의 플런지에 대응할 수 있다. 이는 *Rzeppa* 조인트와 비교해서 보다 효율적이고 가볍기 때문에 레이싱에 많이 사용된다. 만약 플런지가 드라이브 샤프트의 양쪽 끝단에서 허용된다면 샤프트의 중심에 스프링으로 연결된 완충장치(*snubber*)를 장착하고, 코너링에서 가로 방향 *g* 를 받는 상황에서 가로 방향 움직임을 방지할 필요가 있다. 다른 방법으로는 상당한 플런지의 움직임을 샤프트의 한쪽으로만 제한하는 것이다.

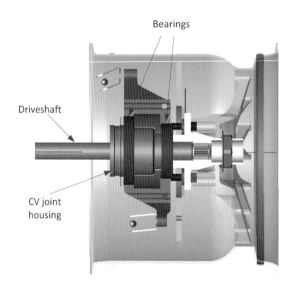

그림 7.8

CV 조인트 하우징을 포함한 리어

업라이트 어셈블리

Bearings

Driveshaft

CV joint
housing

서스펜션 움직임에 대해서 드라이브 샤프트의 각 방향 움직임은 가능한 최소로 하는 것이 바람직하다. 이를 위한 한 가지 방법으로는 바깥쪽 *CV* 조인트 하우징을 업라이트에 연결되는 액슬에 추가하는 것이다. **그림 7.8** 은 이러한 리어 업라이트 어셈블리를 보여주고 있다. 이러한 접근 방법은 또한 사용되는 부품의 개수를 줄여주지만 업라이트와 베어링의 크기 증가는 감수해야 한다.

7.6 리어휠 베어링

제 6 장에서는 프론트휠에 대해서 한 쌍의 회전 접촉을 위한 볼 베어링 또는 테이퍼 롤러 베어링을 사용하는 것이 추천되었다. 이런 종류가 리어휠에도 적절할 수도 있겠지만 만약 앞서 제안된 것과 같이 업라이트에 *CV* 조인트 하우징을 포함하려고 한다면 이런 종류는 과도하게 크고 무겁다는 것을 알 수 있을 것이다. 따라서 다음에 나오는 종류가 적합하다.

■ 깊은 그루브를 갖는 볼 베어링은 가장 흔한 베어링이고 다양한 크기와 중량의 제품을 사용할 수 있다. 이는 축 방향과 반경 방향 힘에 모두 견디고 각 접촉(*angular contact*) 또는 테이퍼 롤러 베어링과 같이 반대쪽 페어와 같이 사용되지 않는다.

■ 실린더형 롤러 베어링은 깊은 그루브의 볼 베어링보다 더 높은 하중을 지지한다. 이는 축 하중에 견디기 위한 어깨부위를 갖는데, 축 하중은 반경 하중의 절반보다 낮아야 한다.

그림 7.9

리어 베어링 배열

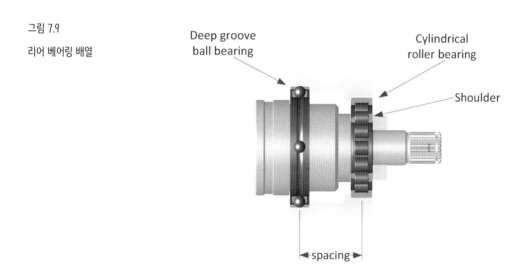

프론트휠 어셈블리와 마찬가지로 베어링은 하우징 내에서 가로 방향 움직임을 방지하기 위해서 어깨부분에 정확하게 위치되어야 한다. 설계 절차는 **그림 7.9** 와 같이 베어링 간격을 증가시키는 쓰러스트 각(*Thrust angle*)이 없다는 것을 제외하고는 프론트휠 어셈블리와 동일하다. 또한 동적 하중 확인을 위한 하중 스펙트럼은 부가적인 최대 가속도 하중 케이스를 포함할 것이다. **그림 3.14** 는 휠 베어링 높이에 작용하는 전후 방향의 힘을 포함하는지 보여준다. 이는 예제 6.2 에 나온 것과 같이 최대 제동과 유사한 방법으로 다루어진다.

7.7 리어 업라이트 설계

리어 업라이트는 **그림 7.10** 에 나온 것과 같이 부가적인 최대 가속 하중 케이스를 받게 된다. 이전에 살펴본 최대 제동 케이스와 같이 내부 베어링 중심에 대해서 모멘트를 취하면,

$$V_{outer} = \frac{W_{vert} \times (l_1 + l_2)}{l_1}$$

$$H_{outer} = \frac{W_{long} \times (l_1 + l_2)}{l_1}$$

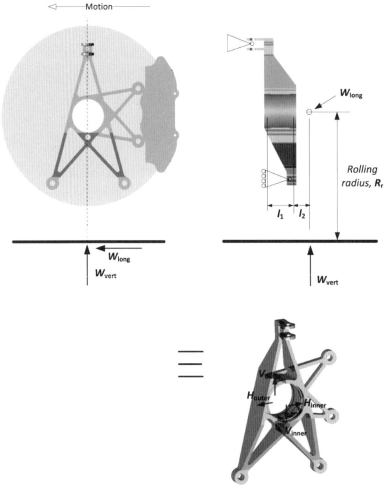

그림 7.10

최대 가속시 리어 업라이트에 작용하는 하중

수직 방향 힘의 합으로부터,

$$V_{inner} = V_{outer} - W_{vert}$$

수평 방향 힘의 합으로부터,

$$H_{inner} = H_{outer} - W_{long}$$

7.8 론치 컨트롤, 트랙션 컨트롤 및 퀵시프트

모든 레이싱 규정에서 이의 사용을 허용하지는 않지만 대부분의 상용 엔진 컨트롤 유닛(*ECU*)은 특정 상황에서 드라이브를 보조하는 기능을 가지고 있다.

론치 컨트롤(*Launch control*)은 출발선에서 가속할 때 드라이버가 쓰로틀을 제어할 필요성을 제거하지만 약간의 클러치 제어는 여전히 필요하다. 이 시스템은 구동휠과 비구동휠의 상대적인 회전 속도를 감지하고 휠 스핀을 제어하기 위해서 엔진 출력을 감소시킨다. 비구동 프론트휠과 각 회전당 이동 거리를 위해서 속도 센서가 필요하다. 이 시스템은 출발 기어에서만 작동하도록 설계되기 때문에 *ECU* 는 엔진 *rpm* , 기어비 그리고 회전 원주(*Rolling circumference*) 정보로부터 구동휠에 필요한 속도를 계산할 수 있다. 일반적인 절차는 보통 다음과 같다.

1. 출발선에서 정지 상태인 동안에 드라이버는 론치 컨트롤을 활성화하고 가속 페달을 끝까지 밟는다. 최대 엔진 *rpm* 은 론치 컨트롤 시스템에 의해서 제어된다.
2. 클러치가 연결되면 출발시 시스템은 자동차의 움직임을 감지하고 자동차가 가속함에 따라서 약 10% 정도인 필요한 만큼의 휠 슬립(*Wheel slip*)만을 허용한다.
3. 자동차가 설정된 속도에 이르면 시스템은 해제되고 엔진은 자유롭게 작동될 수 있다.

다음 사항에 주목해야 한다.

■ 출발선에서 엔진 *rpm* 은 최대 엔진 토크에 해당하는 수치로 준비되어야 한다. (**그림 7.2** 의 경우 9000*rpm*)
■ 클러치가 너무 일찍 떨어지지 않는 것이 중요하다. 론치 컨트롤 시스템은 엔진 출력을 감소시킬 수는 있지만 증가시킬 수는 없다. 일단 클러치가 완전히 연결되면 노면 속도와 엔진 회전수 사이의 고정된 관계가 엔진 출력을 결정한다. 수동 출발과 마찬가지로, 만약 엔진이 과도하게 느리게 회전해서 필요한 출력을 제공할 수 없다면 자동차는 가속되지 않고 머뭇거릴 것이다.
■ 젖은 노면과 마른 노면에 대해서는 서로 다른 세팅이 필요하다.

트랙션 컨트롤(*Traction control*)은 모든 기어에서 휠 스핀을 제한하고 일반적으로 구동휠과 비구동휠 모두에 부가적인 휠 속도 센서를 필요로 한다. 현재 사용되는 기어 단수에 대한 정보 또한 필요한데 이는 기어 위치 센서 또는 엔진 *rpm* 과 자동차의 속도를 이용한 계산으로 구한다.

퀵시프트(*Quick shift*)는 시퀀셜 기어박스(*Sequential gearbox*)와 함께 사용하는 장치로 드라이버가 쓰로틀에서 발을 떼지 않은채 클러치를 사용하지 않고 빠른 변속을 가능하도록 한다. 이는 일반적으로 변속레버 또는 패들과 연결되어 기어 변속이 임박했을 때 *ECU* 로 신호를 전달하는 스위치로 이루어진다. 그러면 *ECU* 는 엔진을 차단해서 일시적으로 변속기의 부하를 제거한다.

제 7 장 주요 사항 요약

1. 엔진 출력은 토크×rpm 에 비례한다.

2. 1 단 기어비는 클러치가 떨어졌을 때 휠 토크가 자동차를 트랙션 한계 상태로 가속하는데 충분하도록 설정되어야 한다.

3. 최고단 기어비는 자동차가 rpm 한계 근처에서 원하는 최대 속도에 이를 수 있도록 설정되어야 한다.

4. 중간 단수 기어는 다시 말해서 고단 기어로 올라갈수록 더 근접해지는 일반적으로 progressive 로 설정된다. 성능을 최대로 하기 위해서 드라이버는 가능하면 엔진을 최대 출력이 나오는 rpm 에 근접하게 유지해야만 한다.

5. 어떤 형태이든 리미티드 슬립 디퍼렌셜이 바람직하다. 모터싸이클 엔진이 장착된 자동차에서 디퍼렌셜을 구속하는데 필요한 힘은 상당히 높다.

6. 드라이브 샤프트는 중실 또는 중공으로 비틀림에 견디도록 설계된다. 일반적으로 등속 조인트와 연결되기 위해서 끝단은 스플라인 되어있다.

7. 리어 업라이트에 CV 조인트 하우징을 장착할 필요가 있다면 깊은 그루브를 갖는 볼 베어링과 실린더 롤러 베어링이 사용될 수 있다.

제 8 장 브레이크

목표

■ 자동차 브레이크 시스템의 구성 요소에 대해서 이해한다.

■ 브레이크 시스템 설계의 주요 목표에 대해서 이해한다.

■ 브레이크 밸런스의 중요성과 이를 어떻게 성취하는지 이해한다.

■ 다양한 프레이크 구성 요소를 정의하고 치수를 결정할 수 있다.

■ 브레이크 페달과 어셈블리에 작용하는 하중을 평가하고 적절한 강건성을 부여하는 방법을 이해한다.

8.1 개요

높은 효율의 브레이크 시스템은 드라이버가 코너에서 늦은 제동(*Late braking*)을 가하기 전까지 직선 주로에서 높은 속도를 더 오래 유지할 수 있도록 하기 때문에 양호한 랩타임을 위해서는 필수이다. 이는 또한 중요한 안전 장치이기도 하다. **그림 8.1** 은 전형적인 레이싱카 브레이크 시스템의 주요 구성요소를 보여주고 있다. 드라이버가 브레이크 페달에 힘을 가함으로써 압축되는 것은 유압 시스템이다. 참고 문헌 24 의 *Carroll Smith* 에 따르면,

> *'잘 설계된 브레이크 시스템의 역할은 제동힘 자체에서 오는 것이 아니라 브레이크 시스템이 드라이버에게 제공하는 자신감, 일관성 그리고 조정성 때문이다.'*

그림 8.1
브레이크 시스템
구성요소

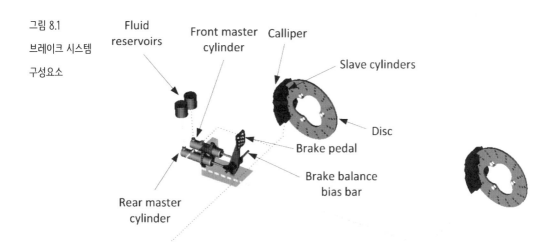

브레이크 디스크(Disc) 또는 로터(Rotor)는 일반적으로 양호한 마찰 및 열역학 특성을 갖는 것으로 알려진 주철로 만들어진다. 모터싸이클에는 약 4mm 두께까지 사용될 수 있는데 이보다 얇아지면 깨지기 쉬워진다. 보다 얇은 디스크는 강(Steel)으로 만들어지는데, 두께가 얇은 디스크는 고온에서 변형(Warping)의 문제가 생기기도 한다. 출력이 높은 자동차는 강력한 브레이크가 필요하고 브레이크에서 더 많은 에너지가 열의 형태로 발산될 수 있다. 이런 이유로 인해서 고출력 자동차는 이중벽 사이에 냉각 베인을 갖는 형태인 벤틸레이티드 디스크(Ventilated disc)를 사용한다. 주철의 경우 이러한 형태는 무게가 무겁고 따라서 휠 어셈블리에서 현가하 질량의 비율이 상당히 높아질 수도 있다. 무게를 줄이기 위해서 카본 복합재료(Carbon composite)와 세라믹 복합재료(Ceramic composite) 디스크가 개발되었지만 가격이 매우 높다. 알루미늄 브레이크 디스크도 개발이 되었는데 이는 특수한 코팅이나 특수한 브레이크 패드와 함께 사용하면 최적의 성능을 낼 수 있다. 알루미늄은 상대적으로 녹는점이 낮기 때문에 디스크 온도가 700°C (Formula One 에 사용되는 카본 복합재료 디스크의 경우 1000°C 이상) 에 이르는 장거리 경주보다는 주로 단거리 힐클라임이나 스프린트에 적합하다. 이러한 고온에서는 오버히트로 인한 브레이크의 고장이 흔히 발생한다. 만약 이러한 문제가 발견된다면 브레이크 덕트(Brake duct)를 장착해서 브레이크 디스크 주변의 공기 흐름을 개선하는 것이 첫 번째 방법이다.

브레이크 시스템에서 가장 중요한 것 중의 하나는 유압 브레이크액(Hydraulic brake fluid)이다. 일반 브레이크액보다 더 높은 안전 작동 온도를 갖는 레이싱 등급의 브레이크액을 사용하는 것이 좋다.

8.1.1 기본적인 작동

브레이크 페달은 그림 8.2 와 같이 페달에 가해지는 힘을 보통 다섯 배에서 여섯 배 정도로 증가시키는 레버이다. 이 힘은 브레이크 바이어스 바(Bias bar)의 베어링으로 전달되어 두 개의 마스터 실린더를 통해서 하나는 프론트 브레이크로 다른 하나는 리어 브레이크로 배분된다. 드라이버에 의해서 가해지는 힘을 F_{driver} 라고 하면,

$$\text{바이어스 바에 작용하는 힘, } F_b = F_{driver} \times P_1/P_2 \qquad [8.1]$$

만약 나사산을 갖는 바이어스 바가 회전된다면 마스터 실린더 샤프트 사이의 전체 거리인 $B_1 + B_2$ 는 동일하지만 B_1 과 B_2 사이의 상대적인 비율은 달라진다. 캔틸레버 보(Cantilever beam)의 반력으로부터,

$$\text{프론트 마스터 실린더의 힘, } F_f = F_b \times B_1/(B_1 + B_2) \qquad [8.2]$$

$$\text{리어 마스터 실린더의 힘, } F_r = F_b - F_f \qquad [8.3]$$

각 마스터 실린더는 정해진 직경의 피스톤을 가지고 있어서 시스템 내의 브레이크액을 압축시킨다. 만약 예를 들어 프론트 마스터 실린더의 면적을 A_{mf} 라고 하면,

$$\text{프론트 유압 시스템 압력, } P_{bf} = F_f / A_{mf} \qquad [8.4]$$

이제 유압 호스를 통해서 각 휠의 브레이크 캘리퍼에 포함된 슬레이브 실린더(*Slave cylinder*)로 압력을 전달한다. 슬레이브 실린더 피스톤은 마찰패드(*Friction pad*)를 움직여 디스크로 압착시킨다. 일반적으로 각 캘리퍼마다 한 개에서 여섯 개 사이의 슬레이브 실린더 피스톤이 사용된다. 캘리퍼는 디스크의 한쪽면에만 슬레이브 실린더를 갖기도 한데 이런 경우 디스크의 양쪽에 동일한 압착힘이 가해지기 위해서는 디스크 또는 캘리퍼 몸체는 고정되지 않아야만(*floating*) 한다. 보다 흔한 형태로는 캘리퍼가 고정되어(*fixed*) 슬레이브 실린더가 디스크의 양쪽면에서 동일한 힘으로 밀어주는 것이다.

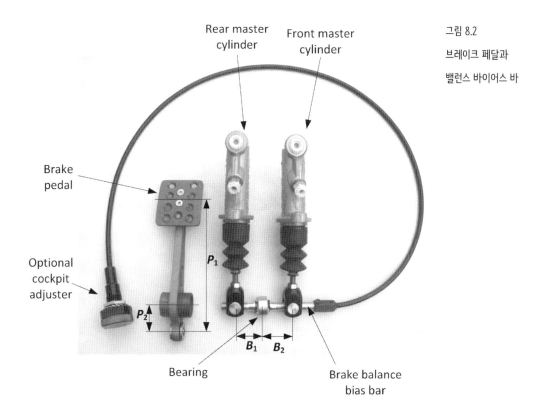

그림 8.2
브레이크 페달과
밸런스 바이어스 바

프론트 슬레이브 실린더의 피스톤 면적을 A_{sf} 라고 하면,

$$\text{프론트 캘리퍼 압착힘, } F_{cf} = P_{bf} \times A_{sf} \qquad [8.5]$$

위의 경우에서 피스톤 면적 A_{sf} 는 디스크의 한쪽 면에 대한 전체 면적이다.

만약 마찰패드의 면적 중심이 휠 중심으로부터 반경 r_b 거리에 있고 패드와 디스크 사이의 마찰 계수를 μ_b 라고 하면 디스크의 양쪽 면에 대한 제동에 대해서,

$$\text{프론트 제동 토크, } T_{bf} = 2 \times F_{cf} \times r_b \times \mu_b \qquad [8.6]$$

스틸 또는 주철 디스크에 대해서 μ_b 값은 일반적으로 0.4 에서 0.5 범위이다.

8.2 브레이크 시스템 설계

8.2.1 설계 목적

1. 소형 레이싱카에 사용되는 브레이크는 서보 보조장치를 사용하는 일이 거의 없고, 드라이버가 자신의 체중의 절반 정도를 들어올리는 힘 또는 $375N$ 보다 크지 않은 적당한 힘을 페달에 가하는 것으로 네 개의 휠을 모두 잠글 수 있다.

2. 브레이크 시스템은 반드시 밸런스가 맞아야만 한다. **그림 5.6** 은 제동힘은 슬립율 약 10-15% 정도에서 최대가 되었다가 휠이 잠기면서 줄어들기 시작하는 것을 보여준다. 이는 제동시 자동차의 안정성을 위해서는 리어휠이 잠기기 직전에 프론트휠이 먼저 잠겨야 하는 것을 의미한다. 이를 근접하게 만족할 수 있는 설계가 이론적으로는 가능하지만, 실제로는 특히 노면이나 날씨가 밸런스에 영향을 미치기 때문에 트랙에서 미세 조절(*Fine tuning*)이 필요하다.

3. 시스템 내부의 유압은 브레이크 부품에 대한 안전 작동 범위를 넘지 않아야만 한다. 제조사에서는 보통 약 $7N/mm^2$ ($70bar$ 또는 $1000psi$)로 정해두고 있다.

4. 브레이크 페달과 어셈블리는 만약의 사고 상황에서 급제동시 가해지는 훨씬 높은 힘에도 견딜 수 있도록 충분히 견고해야만 한다. *FSAE/Formula Student* 자동차는 페달에 가해지는 힘으로 $2000N$ 을 고려하도록 요구하고 있다.

5. 브레이크 호스와 기타 부품은 열이나 노면과의 접촉 또는 움직이는 부품과 간섭으로 인해서 손상이 일어나지 않도록 배선되고 보호되어야 한다.

8.2.2 설계 과정

브레이크 시스템의 설계는 타이어와 노면 사이의 마찰 계수 μ 를 가정하고 예제 1.4 에 나오는 전후 방향 하중 이동의 결과에 따라서 달라지는 휠에 작용하는 하중을 계산하는 것으로 시작한다. 일단 휠에 작용하는 수직 하중이 계산되고 나면 *Pacejka* 같은 타이어 모델 또는 테스트 자료를 사용해서 프론트휠과 리어휠의 보다 정확한 마찰 계수를 예측하고 하중 이동과 토크 계산을 반복하는 식으로 계산을 조율할 수 있다. 휠 하중 계산 결과에 마찰 계수 μ 와 타이어의 회전 반경 R_r 을 곱해서 제동 토크 T_{bf} 와 T_{br} 을 구할 수 있다. 이렇게 계산된 토크값은 프론트와 리어휠 사이의 제동 밸런스에 대한 목표치를 보여주는 것이다. 프론트/리어 밸런스는 아래에 나온 방법의 일부 또는 전체를 통해서 조절될 수 있다.

- 브레이크 디스크 직경의 변경
- 캘리퍼 슬레이브 실린더 내의 피스톤 변경
- 프론트와 리어휠에 대한 마스터 실린더 사이즈의 변경을 통한 시스템 압력 변경
- 브레이크 바이어스 밸런스 바의 옵셋을 변경해서 시스템 압력 변경

식 [8.6]으로부터

$$프론트\ 캘리퍼\ 압착힘,\ F_{cf} = T_{bf} / (2 \times r_b \times \mu_b) \qquad [8.7]$$

식 [8.5]로부터

$$프론트\ 유압시스템\ 압력,\ P_{bf} = F_{cf} / A_{sf} \qquad [8.8]$$

위의 계산을 리어에 대해서도 반복하고, 마스터 실린더에 대한 예비 크기를 결정하기 위해서 P_{bf} 와 P_{br} 을 비교한다. 피스톤 면적 A_{mf} 와 A_{mr} 은 대략적으로 압력에 반비례하는데, 표준 마스터 실린더의 크기는 다소 제한되어 있다.

식 [8.4]로부터,

$$프론트\ 마스터\ 실린더의\ 힘,\ F_f = P_{bf} \times A_{mf} \qquad [8.9]$$

$$리어\ 마스터\ 실린더의\ 힘,\ F_r = P_{br} \times A_{mr} \qquad [8.10]$$

식 [8.3]으로부터,

$$바이어스\ 바에\ 가해지는\ 힘,\ F_b = F_f + F_r \qquad [8.11]$$

드라이버가 가하는 최대 힘을 $375 N$ 이라고 가정하면 식 [8.1]로부터,

$$최소\ 페달비,\ P_1 / P_2 = F_b / 375$$

만약 **그림 8.2** 에서 마스터 실린더 사이의 간격 $B_1 + B_2$ 가 고정되었다면 브레이크 밸런스 바이어스 바의 초기 시도 위치는 아래처럼 계산할 수 있다. 식 [8.2]로부터,

$$B_1 = (B_1 + B_2) \times F_f / F_b \qquad [8.12]$$

예제 8.1

그림 8.3 의 자동차에 대해서 아래 데이타를 가정하고 브레이크 시스템을 설계하시오.

■ 타이어/노면 마찰 계수, $\mu = 1.7$

■ 패드/디스크 마찰 계수, $\mu_b = 0.5$

■ 휠 구름 반경, $r_r = 270 mm$

■ 모든 패드의 중심까지 반경, $r_b = 100 mm$

프론트에 더 큰 디스크를 사용하는 것을 고려할 수 있지만 이번 예제에서는 마스터 실린더의 크기와 프론트와 리어에 서로 다른 슬레이브 실린더 면적을 사용하는 것으로 프론트에 필요한 바이어스를 조절한다. 그리고 미세 조율은 바이어스 밸런스 바를 이용해서 처리한다.

프론트 캘리퍼 면적, $A_{sf} = 1587 mm^2$

리어 캘리퍼 면적, $A_{sr} = 1019 mm^2$

마스터 실린더 간격 $= 65 mm$

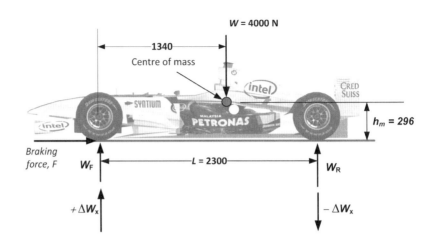

그림 8.3

브레이크 시스템 설계

마스터 실린더는 아래 표를 이용해서 선정한다.

사이즈 (inch)	피스톤 면적 (mm^2)
0.625	198
0.700	248
0.750	285
0.813	335

풀이

정적 액슬 하중, $W_R = 400 \times 1340/2300 = 2330N$

$$W_F = 4000 - 2330 = 1670N$$

제동힘, $F = 4000 \times 1.7 = 6800N$

식 [1.5]로부터,

전후 방향 하중 이동, $\Delta W_x = \pm \dfrac{Fh_m}{L} = \pm \dfrac{6800 \times 296}{2300} = \pm 875N$

프론트휠 하중, $W_{FL} = W_{FR} = \dfrac{1670 + 875}{2} = 1272N \ (55\%)$

리어휠 하중, $W_{RL} = W_{RR} = \dfrac{2330 - 875}{2} = 728N \ (45\%)$

프론트휠 제동힘 $= 1272 \times 1.7 = 2162N$

리어휠 제동힘 $= 728 \times 1.7 = 1238N$

프론트휠 제동 토크, $T_{bf} = 2162 \times r_r = 2162 \times 270 = 584000Nmm$

리어휠 제동 토크, $T_{br} = 1238 \times r_r = 1238 \times 270 = 334000Nmm$

식 [8.7]로부터,

프론트 캘리퍼 압착힘, $F_{cf} = T_{bf} / (2 \times r_b \times \mu_b) = 584000/(2 \times 100 \times 0.5) = 5840N$

식 [8.8]로부터,

프론트 유압시스템 압력, $P_{bf} = F_{cf} / A_{sf} = 5840/1587 = 3.66\,N/mm^2 < 7.00\,N/mm^2$

식 [8.7]로부터,

리어 캘리퍼 압착힘, $F_{cr} = T_{br}/(2 \times r_b \times \mu_b) = 334000/(2 \times 100 \times 0.5) = 3340N$

식 [8.8]로부터,

리어 유압시스템 압력, $P_{br} = F_{cr}/A_{sr} = 3340/1019 = 3.28 \, N/mm^2 < 7.00 \, N/mm^2$

프론트와 리어 유압 시스템 압력의 상대적인 크기를 참고해서 프론트에는 $0.700inch$, 리어에는 $0.75inch$ 마스터 실린더를 시도해 본다.

식 [8.9]로부터,

프론트 마스터 실린더 힘, $F_f = P_{bf} \times A_{mf} = 3.66 \times 248 = 908N$

식 [8.9]로부터,

리어 마스터 실린더 힘, $F_r = P_{br} \times A_{mr} = 3.28 \times 285 = 935N$

식 [8.11]로부터,

바이어스 바에 작용하는 힘, $F_b = F_f + F_r = 908 + 935 = 1843N$

드라이버가 가하는 최대 힘을 $375N$ 으로 가정하면,

최소 페달비, $P_1/P_2 = 1843/375 = 4.9$

(실제 비율은 5 에서 6 사이가 일반적이다.)

만약 마스터 실린더 사이의 간격, $B_1 + B_2$ 가 $65mm$ 라면,

식 [8.12]로부터 다음과 같이 계산할 수 있다.

$$B_1 = (B_1 + B_2) \times F_f/F_b = 65 \times 908/1843 = 32.0mm$$

다시 말해서, 이는 초기 옵셋이 중심선으로부터 좌측으로 겨우 $0.5mm$ 라는 의미이다.

비고

최종적인 브레이크의 조절은 써킷 테스트의 결과를 바탕으로 이루어진다. **그림 5.6** 은 제동힘이 최대값에 이른 후 타이어가 미끄러지기 시작하면서 다시 감소하는 것을 보여준다. 이는 자동차의 프론트 또는 리어 한쪽 끝단이 잠기면 해당 방향에 대한 유효 제동이 감소하는 것을 의미한다. 따라서, 리어 브레이크가 잠기기 직전에 프론트 브레이크가 잠기도록 설계해야 한다. 이는 자동차가 안정한 상태로 유지하도록 하고 리어가 프론트를 앞질러 차체가 스핀하는 것을 방지할 것이다.

8.2.3 다운포스의 영향

예제 8.1 은 다운포스가 없거나 또는 다운포스가 높은 자동차가 공기역학 힘의 영향이 작은 저속일 때 적절하다. 다운포스가 큰 자동차가 고속에서 제동하는 경우의 계산은 예제 1.5 에 나왔던 더 높은 휠 하중을 사용해서 반복해야만 한다. 타이어 민감도로 인한 타이어/노면 사이의 감소된 마찰 계수를 고려하더라도 모든 휠에 작용하는 제동 토크는 상당히 증가할 것이다. 따라서 이는 유압 시스템 압력과 결과적으로 페달힘을 증가시킬 것이다. 불행하게도 이는 브레이크의 최적 프론트/리어 밸런스에도 영향을 미칠 것이다. 이는 브레이크 바이어스 바의 위치가 고속과 저속 제동 사이의 절충점으로 설정되어야 한다는 것을 의미한다.

제 8 장 주요 사항 요약

1. 효과적인 브레이크는 안전과 성능 모두를 위해서 중요하다.

2. 브레이크 시스템은 유압 작동이고, 브레이크 페달과 연결된 두 개의 마스터 실린더와 각 디스크 브레이크 캘리퍼에 장착된 일련의 슬레이브 실린더로 구성된다.

3. 프론트와 리어 브레이크의 양호한 밸런스가 이루어지도록 구성 부품을 선택하고 크기를 결정하는 것이 중요하다.

제 9 장 공기역학

목표

■ 자동차 공기역학 패키지의 주요 구성 요소와 특히 다운포스를 발생시키는 장치를 이해한다.

■ 유체역학 이론 중에서 레이싱카 공기역학과 관련된 항목을 이해한다.

■ 에어포일로 이루어진 윙이 어떻게 작동하는지 이해하고, 특정한 종류와 크기를 결정할 수 있다.

■ 플로어팬으로부터 다운포스가 발생하는 원리를 이해한다.

■ 공기역학 패키지의 밸런스를 설정하기 위한 예비 계산을 처리할 수 있다.

9.1 개요

공기역학은 상당히 방대하고 복잡한 주제이다. 앞에 나왔던 제 1 장에서 살펴본 바와 같이 다운포스(*Downforce*)의 존재로 인해서 제동과 코너링 성능이 훨씬 향상되기 때문에 이번 장에서는 레이싱카에서 다운포스가 발생하는 원리와 함께 이와 관련된 분야에 집중할 것이다. 최근 *Formula One* 팀의 개발 추세를 보면 공기역학 패키지(*Aerodynamic package*)의 최적화에 상당한 자원이 투자되고 있는데, 이는 일반적으로 정상급 팀과 나머지 팀으로 구분하는 주요 요인으로 받아들여지고 있다. 참고 문헌 14 의 *Simon McBeath* 에 따르면,

'레이싱카에 적용되는 기술 중에서 다운포스를 활용하는 것 보다 성능에 큰 영향을 미치는 것은 존재하지 않는다.'

그림 9.1

공기역학 장치

(Photo by

Leo Hidalgo)

그림 9.1 은 최신 레이싱카에 공기역학 패키지로 사용되는 여러가지 장치를 보여주고 있다. 자동차의 전체 길이에 걸쳐 지나가는 공기로부터 최대한의 효과를 얻기 위해서는 각 장치 사이의 상호 작용이 중요하다. 공기역학 패키지의 최종적인 목표는 공기 저항을 크게 증가시키지 않으면서 다운포스를 최대화하는 것이다. 주요 장치로는 프론트윙, 리어윙 그리고 플로어팬의 아랫부분이 있는데, 차량의

종류에 따라 다르지만 대략적으로 이들은 각각 전체 다운포스의 약 1/3 정도를 차지한다. 나중에 보다 자세히 살펴보겠지만 공기역학 힘은 자동차 속도의 제곱에 비례해서 증가하는데, 서로 다른 속도 영역에서 언더스티어/오버스티어 특성을 허용 가능한 수준으로 유지하기 위해서는 다운포스의 밸런스를 맞추는 것이 중요하다.

9.2 유체역학 원리

9.2.1 공기의 특성

공기는 기체 형태의 유체 혼합물로 78%의 질소와 21%의 산소로 이루어져 있다. 공기는 압축성이고 기체방정식으로부터 주어진 공기의 질량에 대해서 아래 식이 성립함을 알 수 있다.

$$\frac{P_1 V_1}{T_1} = cons\tan t = \frac{P_2 V_2}{T_2} \qquad [9.1]$$

여기서 P_i = 절대 압력

             V_i = 공기의 부피

             T_i = 절대 온도

주어진 공기의 질량에 대한 밀도 ρ 는 부피에 반비례하므로 식 [9.1]은 아래처럼 정리할 수 있다.

$$\frac{P_1}{T_1 \rho_1} = cons\tan t = \frac{P_2}{T_2 \rho_2} \qquad [9.2]$$

여기서 ρ_i = 공기 밀도

공기의 밀도는 항력이나 다운포스와 같은 공기역학적 힘의 크기를 결정하기 때문에 중요한 의미를 갖는다. (내연기관의 출력은 실린더에 가해지는 산소의 질량에 따라 달라지기 때문에 역시 중요하다.) 공기 밀도의 값이 **표 9.1** 에 나와있다. 식 [9.2]로부터 밀도는 절대 기압에는 비례하고 절대 온도에는 반비례한다는 것을 알 수 있다.

대기 데이타 (20°C, 해면고도)	
대기압, P_{sl}	101325N/m^2
밀도, ρ	1.204kg/m^3
점성, μ	1.8×10^{-5}Pa. sec

표 9.1 대기 데이타

해면 고도에서의 대기 압력값인 P_{sl} 이 **표 9.1** 에 나와 있는데 이는 고도가 해수면으로부터 상승함에 따라서 지수 함수 형태로 감소한다.

$$해수면에서 \ h \ 미터 위의 대기압 \approx P_{sl} \times e^{-(h/7000)} \qquad [9.3]$$

공기 밀도는 보통 어떤 특정한 상황에서는 일정하다고 가정되지만 예제 9.1 에 나온 것과 같이 써킷에 따라서 상당히 달라질 수도 있다.

공기와 같은 모든 유체의 또 다른 중요한 성질은 점성 μ 이다. 이는 한 공기층이 다른 공기층 위로 상대적으로 이동하도록 하는데 필요한 힘의 단위이고 또한 운동하는 가스 분자간의 상호 작용과 관련된다. 점성이 작은 물보다 점성이 큰 시럽을 젓는 것이 더 힘들다. 점성은 또한 공기 중에서 달리는 것 보다 물 속에서 달리는 것을 더 어렵게 만든다. 점성력은 제 4 장의 점성 댐퍼와 관련해서 살펴본 바와 같이 시간에 따라 달라진다. 점성이 있는 시럽을 천천히 휘젓는 것 보다 빨리 젓는 것이 더 큰 힘을 필요로 한다. 따라서 점성의 단위는 시간을 포함한다. 온도 $20°C$ 상태의 해면 고도에서 공기의 점성이 **표 9.1** 에 나와있다. 이 수치는 대기압에는 대체로 독립되지만 온도에 따라서는 약간 증가한다. 점성은 9.2.5 에 서술된 것과 같이 경계층을 생성하는 원인이 되기 때문에 레이싱카와도 관련이 있다.

예제 9.1

해수면 고도에 온도가 $20°C$ 기준인 *Monaco GP* 와 비교해서 $800m$ 고도에 $40°C$ 인 *Interlagos* 의 *Brazilian GP* 에서의 엔진 출력과 공기역학 힘의 감소 비율을 예측하시오.

풀이   식 [9.3]으로부터

$$Interlagos \text{ 의 대기압} = P_{sl} \times e^{-(h/7000)} = 101325 \times e^{-(800/7000)} = 90382\,N/mm^2$$

$$Monaco \text{ 의 절대 온도} = 273 + 20 = 293\,K$$

$$Interlagos \text{ 의 절대 온도} = 273 + 40 = 313\,K$$

식 [9.2]으로부터

$$\frac{101325}{293 \times 1.204} = \frac{90382}{313 \times \rho_2}$$

$$Interlagos \text{ 의 공기 밀도,}\ \rho_2 = 1.005\,kg/mm^3$$

$$Monaco \text{ 의 공기 밀도,}\ \rho_1 = 1.204\,kg/mm^3$$

$$\%reduction = 100 \times (1.204 - 1.005)/1.204 = 16.5\%$$

9.2.2 층류와 난류

공기의 흐름은 **그림 9.2** 와 같이 층류 또는 난류 두 가지 상태 중의 하나가 된다. 공기 흐름은 공기 입자의 움직임을 따르는 유선의 형태를 이용해서 그림으로 표현할 수 있다. 유선이 흐름의 평균 방향에 대해서 평행하게 정렬된 상태라면 이러한 흐름을 층류(*Laminar*)라고 부른다. 일반적으로 물체와 상호작용을 하면 흐름의 정렬이 해체되거나 또는 혼란스러워지는데 이를 난류(*Turbulent*)라고 부른다. 층류에서 난류로의 전이는 대개 유체 입자의 운동 에너지를 열로 변환시키는 점성력이 누적되는 것으로 인해서 시작된다. 일반적으로, 대부분의 레이싱카 공기역학 장치는 층류에서 훨씬 더 잘 작동하고 따라서 공기가 리어윙과 디퓨저로 이동하는 동안 층류 상태를 유지하도록 하는 것이 핵심이다. 또한 **그림 9.2** 는 자동차가 어떻게 난류 후류를 생성하는지 보여주고 이는 다른 차량의 뒤를 바짝 뒤따르는 차량의 공기역학 장치의 효용성이 상당히 감소하는 이유이다.

그림 9.2에서 자동차는 정지한 상태이고 공기가 이동하는 것으로 묘사되었다는 것에 주목해야 한다. 이는 풍동 시험의 상황인데 물론 실제로는 반대 상황이 나타난다.

Laminar flow   Turbulent flow

그림 9.2
층류와 난류

9.2.3 베르누이 방정식

베르누이 방정식을 통해서 레이싱카와 관련된 공기역학 현상의 많은 부분에 대해서 쉽게 이해할 수 있다. 이 방정식은 비점성, 비압축성 층류 상태의 유체 흐름에 적용되고 유선 내에서 입자의 총 에너지는 일정하다고 가정한다. 이 에너지는 다음과 같은 세 가지의 형태를 갖는다.

■ 유체의 질량과 속도로 인한 운동 에너지 $= 1/2\,mv^2$

■ 압력에너지 $= PV$

■ 유체의 질량과 높이로 인한 위치 에너지 $= mgh$

여기서 v는 흐름의 속도이고 V는 부피이다.

$$따라서,\ \frac{1}{2}mv^2 + PV + mgh = constant$$

만약 유체의 밀도를 ρ라고 하면 $V = m/\rho$가 되고 이를 두 번째 식에 대입하면,

$$\frac{1}{2}mv^2 + P\frac{m}{\rho} + mgh = constant$$

공기와 같은 기체 형태의 유체에서 위치 에너지는 미미해서 무시할 수 있다. 이제 양 변을 m으로 나누고 ρ를 곱하면,

$$\frac{1}{2}\rho v^2 + P = constant$$

남아있는 두 개의 항은 모두 압력의 단위를 가지며 여기서 P는 정압이고 $1/2\,\rho v^2$은 동압이다. (동압은 모든 운동 에너지가 압력 에너지로 변환될 때 나타나는 추가적인 정압이다.)

베르누이 방정식의 유용한 형태로 변경하면 유선 내의 서로 다른 두 지점을 비교할 수 있다.

$$\frac{1}{2}\rho v_1^2 + P_1 = \frac{1}{2}\rho v_2^2 + P_2 \qquad [9.4]$$

이 식으로부터 속도가 v_1에서 v_1로 증가하면 정압은 P_1에서 P_2로 감소하는 것을 알 수 있다.

예제 9.2

레이싱카의 플로어팬이 차체 아래의 공기 흐름의 속도를 $1.3 m^2$ 의 면적에 걸쳐서 1.5 배 증가시키도록 설계되었다. $50 m/s$ 에서 다운포스를 계산하시오.

풀이

공기 밀도, $\rho = 1.204 \, kg/m^3$

자동차 바로 앞에서의 압력은 대기압이므로,

$$v_1 = 50 \, m/s, \ P_1 = 101325 \, N/m^2$$

자동차의 아랫면에서는,

$$v_2 = 1.5 \times v_1 = 1.5 \times 50 = 75 \, m/s, \ P_1 = ?$$

식 [9.4]로부터

$$\frac{1}{2} \times 1.204 \times 50^2 + 101325 = \frac{1}{2} \times 1.204 \times 75^2 + P_2$$

$$P_2 = 99444 \, N/m^2$$

다운포스 압력 $= 101325 - 99444 = 1881 \, N/m^2$

플로어팬의 다운포스 $= 1881 \times 1.3 = 2445 N$

비고

$2.445 kN$ 이라는 수치는 상당한 값으로 다운포스를 만드는 플로어팬의 잠재력을 증명하고 있다. 그러나 플로어 아래에서 음의 압력을 발생시키고 유지하는 어려움을 간과하지 않아야 한다. 이에 대해서는 뒤에서 보다 자세히 다룰 것이다. 특히 9.2.5 에 나올 경계층(*Boundary layer*)이 상당한 영향을 미친다.

9.2.4 레이놀즈수

다운포스나 항력과 같은 공기역학 현상은 축소모형을 이용하는 풍동 시험(*Wind tunnel test*)으로 확인한다. 이러한 모형을 이용한 테스트 결과를 실제 크기의 자동차에 적용하기 위해서는 보통 모형 시험시 실제 자동차와 동일한 레이놀즈수를 갖도록 하는 것이 필요하다. 이러한 접근 방법을 동역학적 상사성(*Dynamic similitude*)이라고 부른다.

$$레이놀즈수, \ Re = \frac{\rho v L}{\mu} \qquad\qquad [9.5]$$

여기서

$\rho = $ 공기 밀도

$\mu = $ 공기 점성

$v = $ 공기 속도

$L = $ 특성 치수, 예를 들어 자동차의 길이

레이놀즈수는 무차원이다. 식에서 알 수 있듯이 1/3 크기의 축소 모형으로 테스트를 하려면 공기의 속도를 3 배로 해야만 레이놀즈수를 동일하게 유지할 수 있다.

예제 9.3

길이 $3m$, 속도 $50m/s$ 인 레이싱카에 대한 전형적인 레이놀즈수를 구하시오.

풀이   식 [9.5]와 표 9.1 로부터,

$$Re = \frac{\rho v L}{\mu} = \frac{1.204 \times 50 \times 3}{1.8 \times 10^{-5}} = 10 \times 10^6$$

비고

위의 레이놀즈수는 전체 차량의 차체 또는 플로어팬에 대해서는 적절한 수치이지만 예를 들어 윙에 대해서는 특성 길이 L 이 줄어들기 때문에 레이놀즈수는 이 값의 약 10% 정도를 보일 것이다.

9.2.5 경계층

유체가 자동차의 차체와 같은 고체의 경계면으로 흐르면 실제 맞닿는 부분에서의 유체 속도는 0 이 된다. 유체는 접촉면에서 실제로 고체에 달라붙는다. (이러한 현상을 위한 쉽거나 확실한 설명은 아닌듯 하지만 이는 아주 매끈한 표면에 대해서도 의심의 여지가 없는 사실이다.) 점성은 공기가 경계면에 가까워질수록 속도가 느려짐을 의미한다. 하지만 경계에서 멀어질수록 서서히 증가해서 일정한 거리가 되면 자유흐름 속도에 이르게 된다. 경계층의 두께는 보통 표면에서부터 자유 흐름 속도의 99%에 도달하는 지점까지의 거리로 정의한다. 공기 흐름이 처음으로 물체에 접하면 경계층은 층류이지만 이 층이 에너지가 점차 감소함에 따라서 **그림 9.3** 과 같이 얇은 점성층 위에 존재하는 두꺼운 난류층으로 전환이 일어난다.

그림 9.3

경계층

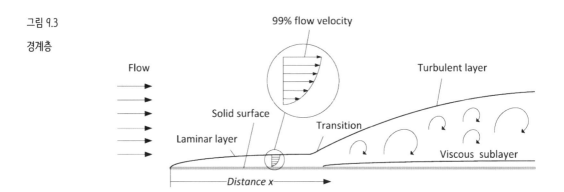

경계층의 존재는 표면에 항력을 발생시킨다. 이의 효과는 물체가 실제보다 더 크게 보이도록 한다. 경계층의 크기는 경계층이 시작되는 지점으로부터의 길이 x 를 특성 길이 항에 대입해서 구할 수 있는 국소 레이놀즈수 Re_x 를 이용해서 예측할 수 있다.

$$\text{국소 레이놀즈수, } Re_x = \frac{\rho v x}{\mu} \tag{9.6}$$

경계층의 시작 지점에서부터 천이점까지의 거리는 표면의 거칠기와 주요 흐름 내의 난류 정도에 따라서 달라지지만 일반적으로 Re_x 가 2×10^6 에 이르기 전에 발생한다. 예제 9.3 과 같이 속도 $50\,m/s$ 인 레이싱카의 경우 이는 자동차 길이의 약 20%, 다시 말해서 차체의 전방 $600\,mm$ 이후로는 경계층이 난류임을 의미한다.

경계층의 두께는 *Blasius* 공식을 이용해서 예측할 수 있다.

$$층류 \; 경계층 \; 두께 = \frac{4.91x}{\sqrt{Re_x}} \qquad\qquad [9.7]$$

$$난류 \; 경계층 \; 두께 = \frac{0.382x}{Re_x^{1/5}} \qquad\qquad [9.8]$$

예제 9.4

$50\,m/s$ 로 주행하는 자동차에 대해서 다음을 구하시오.

(a) 차체의 $500\,mm$ 지점 이후에서 층류 경계층의 두께

(b) 차체의 $3000\,mm$ 지점 이후에서 난류 경계층의 두께

풀이　(a)　국소 레이놀즈수, $Re_x = \dfrac{\rho v x}{\mu} = \dfrac{1.204 \times 50 \times 0.5}{1.8 \times 10^{-5}} = 1.67 \times 10^6$

층류 경계층 두께 $= \dfrac{4.91x}{\sqrt{Re_x}} = \dfrac{4.91 \times 0.5}{\sqrt{1.67 \times 10^6}} = 0.0019 m = 1.9 mm$

　　　　(b)　국소 레이놀즈수, $Re_x = \dfrac{\rho v x}{\mu} = \dfrac{1.204 \times 50 \times 3}{1.8 \times 10^{-5}} = 10 \times 10^6$

난류 경계층 두께 $= \dfrac{0.382x}{Re_x^{1/5}} = \dfrac{0.382 \times 3}{\left(10 \times 10_6\right)^{1/5}} = 0.046 m = 46 mm$

9.2.6 항력

자동차에 작용하는 공기 저항 또는 항력은 이동 방향에 반대로 작용하는 힘이다. 따라서 이는 엔진의 출력을 소모하기 때문에 가속을 방해하며 최고 속도를 감소시킨다. 경계층이 항력의 근원이라는 것을 이미 살펴보았다. 이는 점성 또는 표면 마찰 항력이라고 하는데 이는 자동차의 전면 면적과 형상으로부터 발생하는 형상 또는 압력 항력과 비교해서 일반적으로 더 작다.

빠른 속도로 달리는 자동차에서 창문 밖으로 손을 내밀어 보았거나 바람이 부는 날 큰 판자를 옮겨본 경험이 있다면 공기 흐름이 상당한 힘을 발생시킨다는 것을 알고 있을 것이다. 9.2.3 장에서는 베르누이 정리로부터 동압이 $1/2\,\rho v^2$ 라는 것을 살펴보았다. 만약 면적이 A 인 단순한 직사각형 형태의 판자를 공기 흐름 방향에 직각으로 둔다면 판자의 바로 앞 전면부 속도는 0 이고 모든 동압은 정압으로 변환된다.

$$Force = Pressure \times Area$$

$$\text{식 [9.4]로부터 판자를 밀어내는 전면부에 작용하는 힘} = \frac{1}{2}\rho v^2 A$$

또한 난류 와류가 판자의 모서리로부터 발생하고 이는 판자의 뒷면에 음의 압력 또는 흡입을 일으킨다. 이로 인해서 판자를 뒤로 밀어내는 힘이 추가되어 판자에 작용하는 전체 힘은 약 20% 가량 증가한다.

$$\text{전체 항력} = C_D \times \frac{1}{2}\rho v^2 A \qquad\qquad [9.9]$$

여기서 C_D 는 무차원인 항력 계수인데, 이러한 판자의 경우 약 1.2 정도의 수치를 갖는다. 전체 항력 또는 형상 항력은 풍동 시험에서 측정되는 힘이고 표면 마찰 항력과 압력 항력의 합이다. 여기서 예로 들었던 판자는 특히 무딘(*bluff*) 형태인데 이를 유선형으로 만든다면 항력 계수를 상당히 줄일 수 있다. 이와 반대인 사례로는 돌고래와 같이 유선형인 방추형 형상이 있는데 항력계수는 0.01 보다 작다고 알려져 있다. 표 9.2 에 다양한 물체에 대한 전형적인 항력 계수가 나와 있다. 항력을 줄이는 것보다 다운포스를 발생하는 것이 더 중요하다고 간주되는 윙을 갖는 레이싱카는 상대적으로 높은 항력 계수를 가지고 있다.

형상	항력계수 C_D
직사각형 판재	1.2
윙이 없는 오픈휠 레이싱카	0.6
윙을 갖는 레이싱카	0.7–1.2
일반적인 승용차	0.35
최신 친환경차	0.25
항공기	0.012
돌고래	<0.01

표 9.2 항력계수

예제 9.5

전면 투영면적을 $1.2m^2$, 항력 계수 C_D 를 0.8 로 가정하고 $60\,m/s$ 로 주행하는 레이싱카에서 항력을 극복하는데 필요한 동력을 계산하시오.

풀이　　식 [9.9]로부터

$$Drag\ Force,\ F_D = \frac{1}{2}C_D\rho v^2 A = \frac{1}{2}\times 0.8 \times 1.204 \times 60^2 \times 1.2 = 2081N$$

$$Power\ required = F_D \times v = 2081 \times 60 \Big/ 10^3 = 125kW = 168bhp$$

비고

소모되는 동력은 속도의 세제곱에 비례한다는 것에 주목할 필요가 있다.

9.2.7 모멘텀

레이싱카 공기역학에서 모멘텀이라는 개념은 흔히 인용되는 것은 아니지만 여러가지 공기역학 장치의 작동을 설명하는데 강력한 수단이 되기도 한다. 공기는 질량을 가지고 있기 때문에 뉴턴의 법칙에 따라서 흐름의 방향을 변경하려면 외력을 필요로 한다. 또한 공기역학 장치에 작용하는 힘은 공기에 작용하는 힘과 크기는 같고 방향은 반대가 된다. 이러한 힘은 공기의 모멘텀 변화율을 일으키기 위해서 필요하다.

모멘텀은 벡터량이고 따라서 크기와 방향을 갖는다.

$$\text{모멘텀} = \text{질량} \times \text{속도}$$

여기서는 모멘텀의 변화량에 관심이 있기 때문에 이 식에서 질량을 시간당 흐르는 유체의 질량인 질량 유량(Mass flow rate)로 변경한다. 단면적 A, 밀도 ρ 그리고 속도 v 인 유체의 분출에서,

$$\text{질량 유량} = A\rho v \ [kg/s]$$

$$\text{모멘텀 변화량} = A\rho v^2 \ [kg \cdot m/s^2]$$

그림 9.4 는 자동차의 곡면위를 지나는 공기의 흐름을 보여주고 있다. 여기서 각각 x 와 y 방향에 대해서 두 평면 a-a 와 b-b 사이의 모멘텀 변화량을 고려한다. 표면에서의 마찰 효과는 무시할 수 있고 또한 b-b 에서의 흐름 속도는 a-a 에서와 같다고 가정한다.

x 방향에 대해서 유체에 작용하는 힘으로부터,

$$x \ \text{모멘텀의 변화율} = A\rho v^2 \cos\theta - A\rho v^2 = A\rho v^2(\cos\theta - 1) \ [N] \tag{9.10}$$

y 방향에 대해서 유체에 작용하는 힘은,

$$y \ \text{모멘텀의 변화율} = -A\rho v^2 \sin\theta - 0 = -A\rho v^2(\sin\theta) \ [N] \tag{9.11}$$

곡면에서의 힘은 서로 크기는 같고 방향은 위와 반대가 되어 y 방향의 힘은 다운포스가 되고 x 방향으로는 항력이 된다.

이 두 힘은 벡터로 서로 합성되어 합력(Resultant force)을 구할 수 있다.

$$Resultant \ Force = \sqrt{\left(A\rho v^2(\cos\theta - 1)\right)^2 + \left(-A\rho v^2 \sin\theta\right)^2} \ [N]$$

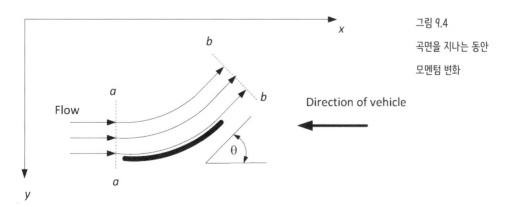

그림 9.4
곡면을 지나는 동안
모멘텀 변화

그림 9.4와 같이 오목한 표면에서 공기의 흐름은 장치의 윗부분에서 양의 압력(*Positive pressure*)을 발생시킨다. 이 압력을 전체 영역에 대해서 적분하면 그 힘은 위에서 모멘텀의 변화율로 계산된 힘의 값과 같아질 것이다.

예제 9.6

자동차에 부착된 단면의 치수가 가로 $1.2\,m \times$ 높이 $0.5\,m$ 인 곡면에서 공기 흐름을 굴절시킨다고 가정한다. 만약 이 자동차가 $50\,m/s$ 로 움직인다면 수평에 대해서 곡면이 흐름을 각각 (*a*) 8 도, (*b*) 16 도 굴절시킬 때 항력과 다운포스를 비교하시오.

풀이   모멘텀 변화율 $= A\rho v^2 = 1.2 \times 0.5 \times 1.204 \times 50^2 = 1806\,kg \cdot m/s^2$

    (*a*) 8 도 굴절

         식 [9.10]으로부터, 항력 $= -A\rho v^2 (cos\,\theta - 1) = -1806(cos\,8° - 1) = 17.6\,N$

         식 [9.11]로부터, 다운포스 $= A\rho v^2 sin\,\theta = 1806\,sin\,8° = 251\,N$

       따라서, 항력은 다운포스의 약 7%이다.

    (*b*) 16 도 굴절

         식 [9.10]으로부터, 항력 $= -A\rho v^2 (cos\,\theta - 1) = -1806(cos\,16° - 1) = 70.0\,N$

         식 [9.11]로부터, 다운포스 $= A\rho v^2 sin\,\theta = 1806\,sin\,16° = 498\,N$

       따라서, 항력은 다운포스의 약 14%이다.

비고

1. 굴절되는 각도가 증가할수록 다운포스 대비 항력도 증가하는 것을 알 수 있다. 이는 효율이 저하된다고 해석할 수도 있지만, 레이싱카 설계에서 일반적인 접근 방법은 항력을 극복하는데 필요한 출력을 계산해서 할당하는 식으로 항력 예산(*Drag budget*)을 설정한 후에 다운포스를 최대화하는 것이다.

2. 위의 예제에서 사용된 공기 흐름의 크기는 분명히 다소 임의적인 것이다. 예를 들어 펠톤수차(*Pelton wheel*)에 부딪치는 물분사의 경우 워터제트의 질량 유량을 정확하게 예측할 수 있기 때문에 힘을 계산하는 것도 용이하다. 이에 비해서 대기 중에서 흐르는 공기의 경우는 훨씬 더 어렵기 때문에 공력 장치의 성능은 일반적으로 *CFD* 모델링, 축소 모형을 이용한 풍동 시험 또는 가장 좋은 방법으로는 써킷에서 데이타 측정 장치를 장착한 실제 크기의 자동차로 주행 시험하는 것이다.

9.3 윙

윙(*wing*)의 개발은 양력을 발생시키려는 목적으로 항공산업에서 시작되었다. 모터스포츠에서 윙은 다운포스를 만들기 위해서 항공기의 날개와는 반대 방향으로 뒤집어져 있다. 단순히 각도가 있는 나무판자나 알루미늄 판재만으로도 공기 흐름의 방향을 변경시키고 위에서 설명된 모멘텀을 변화시키는 것으로도 약간의 다운포스를 만들어낼 수 있다. 그러나 이는 정교하게 설계된 에어포일을 사용하는 것에 비해서 효과가 매우 좋지 않다. **그림 9.5** 는 전형적인 에어포일의 형태를 이를 설명하는 용어와 함께 보여주고 있다.

■ 시위(*Chord*)는 앞전(*Leading edge*)과 뒷전(*Trailing edge*)을 연결한 직선이다.

■ 시위선이 공기 흐름(**그림 9.5** 에서는 수평이라고 가정)에 대해서 이루는 각도를 받음각(*Angle of attack*)이라고 한다.

그림 9.5

에어포일 윙 정의

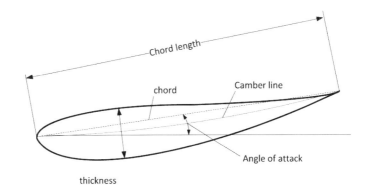

■ 두께(*Thickness*)는 윙에서 가장 두꺼운 부분에서 측정하고 보통 시위 길이에 대한 백분율로 표시한다.

■ 캠버선은 에어포일의 가운데 지점을 지나고 윙의 단면의 곡률(*Curvature*)을 보여준다. 캠버선에서 시위선까지의 최대거리를 시위선에 대한 백분율로 표시하기도 한다.

■ 윙의 길이(**그림 9.5** 에서는 종이를 뚫고 들어가는 방향)는 스팬(*Span*)이라고 하고 스팬과 시위의 비율을 윙의 가로세로비(*Aspect ratio*)라고 한다.

9.3.1 단일윙 (Single element wing)

윙에서 일어나는 마법과 같은 결과는 점성과 이로 인한 경계층으로 인해서 공기 흐름이 윙의 위아래 표면에 들러붙는다는 사실에 주로 기인한다. **그림 9.6a** 는 윙이 유선을 박리가 없이 통과하는 모습을 보여주고 있다. 또한 윙 표면에 작용하는 압력의 분포도 그림에 나와 있다. 그림으로부터 윙의 윗부분에는 대기압보다 높은 정압(*Positive pressure*)가 작용하고 아랫부분에는 부압(*Negative pressure*)가 작용함을 알 수 있는데, 두 가지 모두 다운포스에 기여한다. 실제로는 일반적으로 윗부분의 정압에 비해서 아랫부분의 빨아들이는 부압이 다운포스에 큰 영향을 미친다. 윙의 윗부분은 속도가 줄어들고 아랫부분은 속도가 증가하기 때문에 베르누이 방정식을 이용해서 어느 정도까지는 압력변화를 예측하는 것이 가능하다. 유선의 형태로부터 윙이 흐름 방향을 변화시키고 이로 인해서 모멘텀의 변화를 초래하는 힘을 발생시킨다는 것을 알 수 있다. 실제로 윙의 아랫부분에서 가장 높은 압력은 공기 흐름의 방향 변화가 가장 크게 발생하는 즉 곡률이 최대인 지점에서 발생한다. 이와 같이 베르누이 방정식과 모멘텀은 같은 현상에 대해서 서로 다른 설명을 가능하도록 한다.

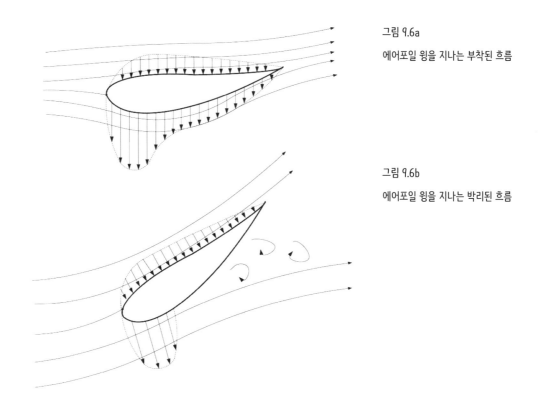

그림 9.6a

에어포일 윙을 지나는 부착된 흐름

그림 9.6b

에어포일 윙을 지나는 박리된 흐름

받음각이 0 인 상태에서도 캠버가 있는 에어포일은 약간의 다운포스를 만들수 있다. 다운포스와 항력은 받음각이 커짐에 따라서 증가하지만 이는 어느 지점까지만 해당한다. 받음각이 임계값에 도달하면 흐름은 윙의 아래쪽 표면으로부터 먼저 떨어지거나 또는 박리된다. 박리는 경계층 내에서 공기 흐름이 표면 마찰로 인해서 에너지를 잃고 상대적으로 높은 압력의 영역으로 이동하려는 결과이다. **그림 9.6b** 로부터 윙의 아래쪽에 흡입 압력(*Suction pressure*)이 작용하는 영역은 급격하게 감소하고 이로 인해서 다운포스도 줄어드는 것을 알 수 있다. 이때 윙은 실속(*Stall*)에 들어갔다고 한다. 윙 윗부분의 정압은 대체로 영향을 받지 않는다. 단일윙은 보통 받음각이 약 12 도에서 최대 다운포스에 이르게 된다.

9.3.2 다중윙 (Multiple element wing)

그림 9.7 은 플랩이 메인윙에 추가된 다중윙의 형태를 보여주고 있다. 두 파트 사이에 있는 작은 수렴하는 형태인 약 12*mm* 간격을 통해서 메인윙 윗면의 정압 영역으로부터 흐름이 가속되어 플랩 아랫면의 부압 영역에 에너지를 부여한다. 이러한 배열로 인해서 박리가 일어나기 전까지 복합된 받음각은 약 두 배인 20 도까지 증가할 수 있다. 이로 인해서 상당한 다운포스가 발생할 수 있다. 플랩을 더 추가하는 것으로 이득이 발생할 수 있지만 *Formula One* 과 같은 일부 규정에서는 윙에 추가할 수 있는 플랩의 수를 두 개로 제한하고 있다.

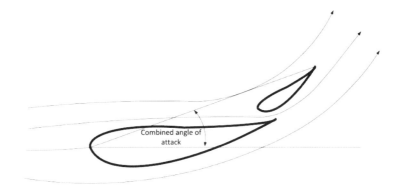

그림 9.7

다중 윙

Combined angle of attack

9.3.3 윙의 선택

수 백 가지의 날개단면 형상이 개발되어 공개되었기 때문에 (참고 문헌 28) 기존의 형상 중에서 선택하고 적용할 수 있다. 이런 방법은 비슷한 레이놀즈수에서 사용하려는 형상에 대한 다양한 받음각에서의 양력 계수와 항력 계수를 알 수 있는 테스트 데이타를 찾을 수 있을 때 더 유용하다. 물론 자동차에 적용하는 경우에는 윙이 뒤집어진 상태이므로 양력 계수가 다운포스 계수를 의미한다. 윙에 대해서,

$$다운포스 = C_L \times \frac{1}{2} \rho v^2 A \qquad [9.12]$$

$$항력 = C_D \times \frac{1}{2} \rho v^2 A \qquad [9.13]$$

식 [9.13]은 식 [9.9]와 동일하지만, 윙에 대한 면적 A 는 앞에서 언급되었던 것과 같이 전면 투영 면적이 아닌 평면 면적(스팬×시위)을 의미한다. **표 9.3**은 서로 다른 엘리먼트의 갯수에 따른 윙의 C_L 과 C_D 의 대략적인 최대값을 보여준다. 윙이 아래 표에 나온 것과 같은 최대 받음각 상태로 작동되어야만 하는 것은 아니다.

윙의 수	받음각	양력계수 C_L	항력계수 C_D
1	12 도	1.2	0.3
2	20 도	2.2	0.7
3	26 도	3.0	1.2

표 9.3 전형적인 양력과 항력 계수

기존의 단면 형상을 사용하는 대신에 설계자가 새로운 형상을 개발할 수도 있다. 이런 경우 양력과 항력계수는 컴퓨터 *CFD* 패키지를 이용한 시뮬레이션으로 예측할 수 있다.

윙 설계에 대한 다른 일반적인 고려사항으로는,

■ 엔드 플레이트(*End plate*)는 윙 끝단에서 다운포스 압력의 손실을 감소시킴으로써 윙의 효율을

높일 수 있다.

■ 날개 단면 형상의 캠버를 증가는 받음각이 증가하는 것과 유사한 효과가 있다.

■ 날개 단면의 두께는 일반적으로 시위 길이의 약 15~20% 정도이다.

■ 효율을 최대화하기 위해서는 윙 스팬을 규정에서 허용하는 최대값으로 만들어야 한다.

■ 작은 거니 플랩(*Gurney flap*)을 윗면의 뒷전에 추가하는 것은 다운포스를 증가시킬수 있고 박리가 발생하기 전까지 받음각을 증가시킬 수 있도록 한다. **그림 9.8** 과 같이 거니 플랩은 흐름내의 경계층 두께정도 만큼 높이를 갖는다.

■ 모든 윙의 받음각은 트랙에 따른 공기역학 밸런스의 튜닝을 위해서 조절 가능한 것이 이상적이다.

■ 윙의 지지대는 최대힘에 견딜 수 있고 윙의 동적 진동을 제어할 수 있도록 설계되어야만 한다.

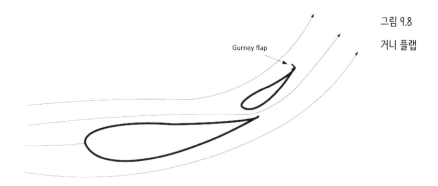

Gurney flap

그림 9.8

거니 플랩

예제 9.7

표 9.3 의 데이타를 이용해서 $50\,m/s$ 로 움직이는 차량에 장착된 스팬 $1.3m$, 시위 $0.4m$ 인 단일 윙의 다운포스와 항력을 계산하시오.

풀이　　식 [9.12]로부터

$$\text{다운포스} = C_L \times \frac{1}{2}\rho v^2 A = 1.2 \times \frac{1}{2} \times 1.204 \times 50^2 \times 1.3 \times 0.4 = 939N$$

식 [9.13]으로부터

$$\text{항력} = C_D \times \frac{1}{2}\rho v^2 A = 0.3 \times \frac{1}{2} \times 1.204 \times 50^2 \times 1.3 \times 0.4 = 235N$$

$$\text{소모되는 출력} = F_D \times v = 235 \times 50 \big/ 10^3 = 11.8kW = 15.5bhp$$

9.3.4 프론트윙과 리어윙의 고려 사항

프론트윙은 앞 차량의 뒤를 바짝 따르지 않는다면 일반적으로 층류 상태의 공기 흐름에서 작동하고 이는 다운포스 성능과 윙의 효율에 도움을 준다. 일반적으로 리어보다는 프론트에서 다운포스를 얻는 것이 더 용이하다. 그러나 지면에서부터 윙이 장착되는 부분까지의 높이가 중요한 문제이다. 이 지면과 윙 사이의 간격이 윙의 시위 길이의 50%보다 작다면 공기는 지면과 윙 사이의 간격을 통과하면서 가속된다. 이와 같은 공기 흐름 속도의 증가는 베르누이 정리에 따라서 윙 아랫부분의 압력을 더욱 감소시킨다. 이때 윙은 지면효과(*Ground effect*) 상태로 작동한다고 한다. 이러한 추가적인 다운포스는 이득이 되기도 하지만 문제를 일으키기도 한다. 이같은 효과는 하중이 프론트로 이동함에 따라서 인해서 프론트윙의 지면 간격이 더욱 줄어드는 고속 제동에서 더 심해진다. 윙의 엔드 플레이트가 지면에 맞닿을 정도까지 또는 공기 흐름이 경계층으로 인해서 막혀버려서 다운포스가 감소하는 시점까지 프론트윙이 아래쪽으로 빨려 내려갈 수도 있다. 이러한 상황에서 자동차는 피칭 진동 또는 상하운동이 발생할 수도 있어서 드라이버는 급격하게 변동하는 프론트 다운포스에 대응해야만 한다. 이런 현상에 대한 일반적인 대응 방법으로는 지면효과를 줄이기 위해서 프론트윙의 장착 위치를 높이는 것이다.

리어윙은 일반적으로 자동차의 차체를 지나오면서 흐트러진 공기중에서 작동한다. 따라서 메인 리어윙은 규정에서 허용하는 한도 내에서 최대한 높은 곳에 장착하는 것이 효과적이다. **표 9.3** 에 나오는 양력 계수는 윙이 흐트러지지 않은 깨끗한 공기 흐름 중에서 작동한다고 가정한 것이므로 초기 설계 단계에서는 이러한 가능한 비효율성을 고려해서 리어윙의 크기를 넉넉하게 잡는 것이 바람직하다. 메인윙 뿐 아니라 리어 디퓨저 출구 위쪽에 작은 로어윙을 장착하는 것이 일반적인데 이는 다음 장에서 다룰 것이다.

9.4 플로어팬

윙은 공기 흐름의 방향을 굴절시키기 위해서는 큰 받음각을 가져야 하기 때문에 항력으로 인한 상당한 손실의 발생이 불가피하다. 이와는 달리 플로어팬으로 인한 다운포스는 베르누이 방정식에서 알 수 있듯이 지면과 바닥팬 사이의 흐름의 속도를 높임으로써 자동차의 아랫부분에 형성되는 큰 저압 영역으로부터 발생한다. 이러한 방법은 훨씬 작은 항력을 만들기 때문에 자동차의 언더바디에서 발생하는 다운포스를 최대한으로 이용하는 것이 현명한 방법이다.

차체 하부의 공기역학에 대한 초기 접근 방법은 사이드 포드(*Side pod*)의 바닥을 뒤집어진 날개처럼 곡선으로 고려하고 양 끝단을 사이드 스커트(*Side skirt*)로 막아서 저압 영역을 유지하도록 만드는 것이었으나, 제한 규정이 더 강화됨에 따라서 다른 대안이 나오게 되었다. 많은 레이싱 규정에서는 자동차의 휠베이스 길이 이내에서는 평평하거나 또는 계단형태인 바닥을 사용하도록 하고 최소 지면 간격을 (보통 40*mm* 정도) 지정하고 있다. 이와 같은 요인으로 인해서 플로어팬을 베르누이 방정식으로 원리가 설명되는 벤튜리 튜브(*Venturi tube*)의 형태로 이해하려는 시각이 나오게 되었다. 벤튜리 튜브는 흔히 파이프 내의 유동을 측정하는 장치로, 좁은 오리피스(*orifice*)로 유체를 이동시키고 이를 다시 본래 파이프 직경으로 확산시키는 단면으로 구성된다. 오리피스를 통과하면서 속도가 증가함에 따라서 정압이 감소된다. **그림 9.9** 는 차체 하부의 대략적인 압력 분포와 함께 레이싱카에 적용되는 전형적인 방법을 보여준다.

인퓨저(*infuser*)의 역할은 공기 흐름을 차동차 하부로 유입시키는 것인데, 일부 규정에서는 이런 형상을 허용하지 않기 때문에 설계자는 플로어의 전방 부분을 수평으로 유지할 수 밖에 없다. 잘 설계된 플로어팬과 디퓨저가 적용된다면 공기가 자연스럽게 자동차 하부로 흘러들어갈 것이므로 이는 큰 문제가 되지는 않는다. **그림 9.9** 로부터 인퓨저의 시작 부분에 작은 양의 압력 영역이 있음을 알 수 있는데, 이로 인해서 유효한 다운포스가 일부 감소된다. 인퓨저의 경사각은 공기 흐름이 부착되어 흐르는 층류 상태를 유지할 수 있을 정도로 작아야만 한다. 보통 15 도 정도에서 유동은 고압에서 저압으로의 압력 구배를 적절한 상태로 유지할 수 있다.

목부분(*throat*)은 벤튜리의 오리피스에 해당하고, 이는 부압이 작용하는 주된 영역이므로 이 부분의 면적이 최대가 되어야 한다. **그림 9.9** 에서 플로어는 자동차의 리어로 갈수록 위로 올라가는 경사를 보이는데 이를 레이크(*Rake*)라고 부른다. 목부분의 목적이 흐름의 속도를 최대로 하는 것이기 때문에 레이크의 용도를 파악하기 어려울 수도 있지만, 예제 9.4 를 참고하면 경계층의 두께와 관련이 있다는 것으로부터 그 목적을 이해할 수 있다. 예제에 따르면 자동차의 리어에서 경계층은 난류 상태가 되고 두께는 약 46*mm* 정도이다. 이는 만약 플로어 전체가 지면으로부터 예를 들어 40*mm* 로 일정한 높이의 간격을 갖는다면 흐름이 자동차의 리어에 이르는 시점에는 느리게 이동하는 경계층으로 인해서 막혀버리게 되어 정압(*Static pressure*)은 양(*positive*)이 될 수도 있음을 의미한다. 레이크 각도는 일반적으로 1-1.5 도 정도가 사용된다. 그림의 압력 분포로부터 목부분이 인퓨저와 디퓨저와 만나는 지점에서 다운포스 최대값이 나타나는 것을 알 수 있다. 이는 코너 주위로 흐름이 당겨지면서 모멘텀의 변화가 발생하는 것으로 설명될 수 있다. 플로어의 모서리는 유동을 포함하고 부압 누출이 최소가 되도록 가능하다면 허용되는 최저 지면 간격까지 아래로 내려가는 수직 립(*Vertical lip*) 또는 스커트에서 중단되어야만 한다.

디퓨저(*diffuser*)는 세 가지 주요 기능을 수행한다. 첫 번째로는, 박리되지 않은 부착 흐름(*Attached flow*)을 유지할 수 있을 정도로 경사각이 작다면 디퓨저 자체에서 약간의 다운포스를 발생시킨다. 두 번째로는, 흐름이 자동차의 후방에서 벗어나기 전에 흐름의 속도를 주변 공기의 속도까지 감소시킨다. 가장 중요한 세 번째로는, 부압 영역인 자동차의 후방 부위를 탈출하면서 자동차 하부의 흐름 속도를 더욱 높이는 역할을 한다. 따라서 디퓨저는 자동차의 앞부분에서 공기를 빨아들이는 진공청소기와 같이 작동한다고 할 수 있다. 흐름은 저압에서 고압인 역압력 구배(*Adverse pressure gradient*)의 반대가 되고, 박리를 피하기 위해서 상대적으로 완만한 약 7 도의 경사각이 바람직하지만, 만약 하부 리어윙이 사용된다면 이 각도는 더 증가될 수 있다.

그림 9.9

플로어팬

공기역학

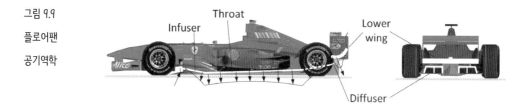

하부 리어윙은 디퓨저 출구의 후방 바로 윗부분에 설치된다. 앞의 **그림 9.6a** 에서 윙은 아랫부분에 상당한 부압 영역을 형성하는 것을 알아보았고, 이는 드러나는 디퓨저 흐름의 압력 구배를

향상시키는데 역할을 한다. 이는 바람직한 형태의 공기 흐름이다. 이러한 상황에서는 디퓨저의 각도가 약 20 도 정도까지 상당히 증가될 수 있다. *Formula One* 의 경우에는 이른바 블로운 디퓨저(*Blown diffuser*)라고 부르는 흐름에 에너지를 공급하기 위해서 배기가스를 이용하는 것과 같은 추가적인 수단이 사용되기는 하지만 30 도의 각도가 사용되기도 한다.

자동차의 공기역학 밸런스에 대해서 추가로 고려하기 위해서는 차체 하부의 압력으로 인한 결과적인 힘이 어디에 작용하는가에 대한 정보가 필요하다. 이는 플로어의 평면 형상과 속도가 증가함에 따라서 다소 변화할 수도 있는 압력 분포에 대한 고려가 필요하다.

9.5 기타 장치

윙과 플로어팬이 상당한 다운포스를 발생시키는 반면, 최신 레이싱카는 자동차를 자나가는 공기의 흐름을 관리하고 최적화하는 목적인 윙렛과 터닝 베인과 같은 많은 부가적인 공기역학 장치도 가지고 있다. 다음은 이러한 장치에 대한 간략한 설명으로, 모두 공통적인 항목을 가지고 있다.

바지보드 (*Barge board*)

바지보드는 보통 자동차의 양 옆면에 장착되는 곡면을 갖는 판재 형태의 장치로 **그림 9.1** 과 같이 사이드포드 전방으로 차체로부터 몇 *cm* 정도 떨어진 곳에 장착된다. 이는 자동차의 중심선으로부터 멀어지는 방향으로 공기 흐름을 굴절시키도록 곡면의 형상을 이루고 있다. 주요 목적은 자동차의 옆면을 따라서 흐르는 부드러운 흐름을 프론트휠 뒤쪽에서 발생하는 난류 후류로부터 분리하려는 것이다. 따라서 바지보드는 사이드 포드의 라디에이터 입구로 흐르는 공기 흐름을 층류 상태로 유지할 수 있도록 도와준다. 바지보드의 하단은 와류 발생장치(*Vortex generator*)로 중요한 역할을 한다. 그러나 바지보드는 자동차의 후방 부위의 흐름에까지도 상당한 변화를 준다. (참고 문헌 14)

와류 발생장치(*Vortex generator*)

소용돌이 와류(*Spiral vortex*) 형태를 갖는 난류(*Turbulent flow*)의 생성은 장점으로 작용할 수 있다. 와류 발생장치는 보통 흐름에 평행인 방향으로 장착되는 판재 형태를 갖는다. 이 장치의 뾰족한 끝부분은 뒤로 길게 이어지는 회오리 바람과도 같은 와류를 발생시킨다. 와류의 중심 주변에서 고속으로 회전하는 흐름은 저압 상태이다. 이러한 장치는 주로 인퓨저 내부에서 와류를 생성하는데 사용되어 자동차 하부를 미끄러져 지나가면서 다운포스가 증가하는 것으로 알려져 있다. 이는 또한 평평한 플로어의 양 옆의 모서리를 따라서 와류를 발생시키는 역할도 한다. 이런 와류는 플로어 아래의 저압 영역을 주변 공기로부터 분리하는 스커트처럼 작동하기도 한다. 항공기에서 와류 발생장치는 날개의 저압 부위에 작은 장치로써 주로 적용된다. 경계층의 바로 윗부분에 돌출된 형태로 장착되어 이를 통과하는 흐름으로부터 에너지를 가져와서 경계층에 다시 에너지를 공급하고 박리를 지연시키는 것이다. 이러한 적용 방법이 현재는 자동차에도 적용되고 있다. (참고 문헌 11)

스트레이크(*Strake*)

스트레이크는 두 가지 형태로 적용되는데, 첫 번째는 보통 휘어진 수직 판재의 형태로 주로 디퓨저 내부 또는 프론트윙 아래에 장착되어 공기 흐름을 안내하는 역할을 한다. 두 번째로는, 경사진 작은 윙렛 형태로 적용되어 약간의 추가 다운포스를 발생시킨다. 노즈의 양 옆에 장착되는 경우 이를 다이브 플레이트(*Dive plate*)라고 한다. 경사진 평평한 판재가 다운포스를 만들기는 하지만 흐름은 저압 부위에서 박리되기 시작하기 때문에 이는 에어포일만큼 효율적이지는 않다.

9.6 공기역학 밸런스 개요

그림 9.10 은 주요 공기역학으로 인한 힘과 대략적인 작용 지점을 함께 보여주고 있다. 프론트윙과 언더플로어와 관련된 항력은 리어윙의 항력에 비해서 크기도 작고 지면에 가깝기 때문에 무시할 수 있다. 공기역학 밸런스의 목적은 자동차가 모든 속도 영역에서 언더스티어/오버스티어 밸런스를 적절하고 일정하게 유지할 수 있도록 하는 것이다. 속도에 따라서 힘의 상대적인 크기와 위치가 변할 수 있기 때문에 이를 완벽하게 성취하기는 어렵다. 저속에서의 밸런스는 제 5 장에서 논의되었던 역학적 밸런스(*Mechanical balance*)가 지배적이다. 따라서 프론트와 리어휠에 작용하는 공기역학 힘으로 인한 하중 배분은 본래 역학적인 정적 중량 배분을 유지해야만 한다. 따라서 만약 자동차가 45:55 의 전후 무게 배분을 가지고 있다면 초기 목표는 공기역학 다운포스로 인한 휠 하중의 증가 역시 이 비율을 유지하는 것이 바람직하다. 그리고 써킷에서 받음각을 조절하는 방법으로 최종적인 조율을 할 수 있다.

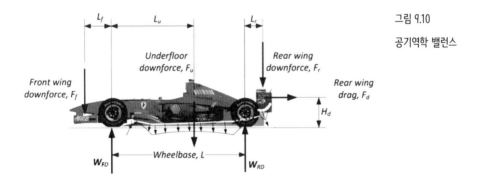

그림 9.10

공기역학 밸런스

그림 9.10 으로부터 리어액슬 다운포스 W_{RD} 에 대해서 프론트액슬을 중심으로 모멘트를 취하면,

$$W_{RD} \times L = F_u \times L_u + F_r \times (L + L_r) + F_{dr} \times H_d - F_f \times L_f$$

$$W_{RD} = [F_u L_u + F_r(L + L_r) + F_{dr}H_d - F_f L_f]/L \qquad [9.14]$$

프론트액슬 다운포스 W_{FD} 에 대해서 리어액슬을 중심으로 모멘트를 취하면,

$$W_{FD} \times L = F_f \times (L + L_r) + F_u \times (L - L_u) - F_r \times L_r - F_{dr} \times H_d$$

$$W_{FD} = [F_f(L + L_f) + F_u(L - L_u) - F_r L_r - F_{dr}H_d]/L \qquad [9.15]$$

예제 9.8

그림 9.10 의 자동차에 대한 다음 자료에 대해서 프론트와 리어액슬 사이의 공기역학 다운포스 비율을 계산하시오.

F_f	F_u	F_r	F_{dr}	L	L_f	L_u	L_r	H_d
0.950kN	0.975kN	1.140kN	0.360kN	2.300m	0.550m	1.600m	0.400m	0.750m

풀이   식 [9.14]로부터,

$$W_{RD} = \left[F_u L_u + F_r \left(L + L_r\right) + F_{dr} H_d - F_f L_f\right] / L$$

$$= \left[0.975 \times 1.6 + 1.140 \times \left(2.3 + 0.4\right) + \left(0.36 \times 0.75\right) - \left(0.95 \times 0.55\right)\right] / 2.3 = 1.91 kN$$

식 [9.15]로부터,

$$W_{FD} = \left[F_f \left(L + L_f\right) + F_u \left(L - L_u\right) - F_r L_r - F_{dr} H_d\right] / L$$

$$= \left[0.95 \times \left(2.3 + 0.55\right) + 0.975 \times \left(2.3 - 1.6\right) - \left(1.140 \times 0.4\right) - \left(0.36 \times 0.75\right)\right] / 2.3$$

$$= 1.16 kN$$

수직 방향 평형으로부터,

전체 다운포스 $= 0.950 + 0.975 + 1.140 = 3.065 kN$

전체 수직 액슬 하중 $= 1.91 + 1.16 = 3.07 kN$

프론트/리어 비율 $= 38 : 62$

비고

만약 비율이 리어쪽으로 지나치게 치우친 것으로 생각된다면 프론트윙의 받음각이 이미 최대값으로 설정되었다고 가정하고 리어윙의 받음각을 감소시킬 수 있다.

9.7 설계 접근 방법

공기역학 패키지를 위한 초기 설계를 위해서 다음의 절차가 추천된다.

1. 항력으로 인한 손실이 거의 없는 플로어팬의 다운포스 기여도를 최대화한다.

2. 윙에서 발생하는 공기역학 항력을 극복하는데 할당될 엔진 출력의 크기를 예측한다.

     이를 위해서는 우선 자동차의 최대 속도 v_{max} 를 m/s 단위로 계산하는 것이 필요하다. 이는 가속을 감안해서 실제 레이스에서 예상되는 최고 속도보다 약 10% 높게 잡아야 한다. 다음으로는 윙이 없는 상태의 자동차에 대해서 이 속도에 도달하는데 필요한 휠에서의 동력을 계산한다. 표 9.2 에 따라서 윙이 없는 오픈휠 자동차의 항력 계수를 0.6 으로 가정한다.

식 [9.9]로부터,

전체 항력(윙이 없는 경우), $F_D = C_D \times \dfrac{1}{2} \rho v^2 A = 0.6 \times \dfrac{1}{2} \times 1.204 \times v_{max}^2 \times A = 0.36 A v_{max}^2 \ [N]$

여기서 A 는 자동차의 전면 투영 면적이다.

소모되는 출력(윙이 없는 경우), $F_D \times v = 0.36Av_{max}^3 \times 10^{-3}$ $[kW]$ [9.16]

위의 방법은 구름 저항(Rolling resistance)으로 인한 동력의 손실은 무시하고 있다. 다음으로 윙으로 인한 공기역학 항력을 극복하는데 사용할 수 있는 동력인 P_{drag} 을 구하기 위해서 전체 사용 가능한 휠 동력에서 위 계산값을 제하면 된다.

3. 이제 동력값 P_{drag} 을 최대 속도로 나누면 전체 윙에 대한 최대 항력인 F_d 를 구할 수 있다. 리어윙이 전체 윙 항력의 50%를 차지한다고 가정한다.

식 [9.13]으로부터,

$$리어윙 항력, \ F_{dr} = 0.5F_d = C_D \times \frac{1}{2}\rho v_{max}^2 A$$

여기서 A 는 윙의 면적이다. 위의 식에서 미지수는 항력 계수인 C_D 와 넓이인 A 이다. 만약 넓이(스팬×시위)의 추정값을 사용한다면 항력 계수의 최대값을 계산할 수 있다. 이제 **표 9.3** 을 참고해서 엘리먼트의 갯수를 선택한다. 그러면 이로 인한 다운포스는 아래 식으로 계산될 수 있다.

식 [9.12]로부터,

$$리어윙 다운포스, \ F_r = C_L \times \frac{1}{2}\rho v_{max}^2 A$$

4. 플로어팬 다운포스의 크기와 위치를 가정하고 나서 필요한 프론트윙 다운포스를 구하기 위해서 예제 9.8 에 나오는 공기역학 밸런스를 계산한다. 여기서 다시 **표 9.3** 을 참고해서 프론트윙의 종류와 크기를 결정한다. 그리고 계산된 항력이 프론트윙에 대해서 고려되었던 값의 50% 이내인지 확인한다.

예제 9.9

그림 9.10 에 정의된 다음 데이타는 전형적인 FSAE/Formula Student 자동차에 대한 수치를 보여준다. 프론트와 리어윙에 대한 초기값을 설정하고, 내구 레이스에서 대표적인 속도인 $20m/s$ 에서 다운포스를 계산하시오.

F_u (20m/s)	L	L_f	L_u	L_r	H_d
0.2kN	1.6m	0.5m	0.9m	0.4m	0.8m

최고 속도	전면 면적(윙 없음)	휠 출력	프론트 리어 비율
45m/s*	0.80m²	60kW	45:55

* 가속 상황시 필요한 상대적으로 높은 최고 속도이다.

풀이   식 [9.16]으로부터 윙이 없는 경우 소모되는 출력을 계산하면,

$$F_D \times v = 0.36Av_{max}^3 \times 10^{-3} = 0.36 \times 0.8 \times 45^3 \times 10^{-3} = 26.2kW$$

$$P_{drag} = 60 - 26.2 = 33.8kW$$

$$전체 윙 항력, \ F_d = 33.8/45 = 0.75kN$$

$$리어윙 항력, \ F_{dr} = 0.5F_d = 0.5 \times 0.75 = 0.375kN$$

식 [9.13]으로부터

$$0.37 = C_D \times \frac{1}{2} \rho v_{max}^2 A$$

스팬 $1.2m$ × 시위 $0.5m$ 인 윙을 시도해 본다.

$$C_D = \frac{2 \times 0.375 \times 10^3}{1.204 \times 45^2 \times 1.2 \times 0.5} = 0.5$$

표 9.3 에 따르면 위의 C_D 값은 단일윙과 이중윙 사이에 위치한다. 따라서 이중윙을 사용해서 받음각을 최대값보다 다소 낮은 값으로 작동하는 것이 추천된다. 이중윙으로 약 16 도의 받음각에서 작동한다면 C_D 는 약 0.5, C_L 은 약 1.6 으로 예상된다. 이에 대한 대안으로는 더 큰 면적의 단일윙을 사용하는 것이다.

$20\,m/s$ 에서 다운포스와 항력은 다음과 같다.

식 [9.12]로부터,

$$리어윙\ 다운포스,\ F_r = C_L \times \frac{1}{2} \rho v_{max}^2 A = 1.6 \times \frac{1}{2} \times 1.204 \times 20^2 \times 1.2 \times 0.5$$

$$= 231N = 0.231kN$$

식 [9.13]으로부터,

$$리어윙\ 항력,\ F_{dr} = C_D \times \frac{1}{2} \rho v_{max}^2 A = 0.5 \times \frac{1}{2} \times 1.204 \times 20^2 \times 1.2 \times 0.5$$

$$= 72N = 0.072kN$$

45:55 의 중량 배분을 위해서 필요한 프론트 다운포스를 다음과 같이 계산한다.

식 [9.14]로부터,

$$W_{RD} = \left[F_u L_u + F_r (L + L_r) + F_{dr} H_d - F_f L_f \right] / L$$

$$= \left[0.2 \times 0.9 + 0.231 \times (1.6 + 0.4) + 0.072 \times 0.8 - F_t \times 0.5 \right]/1.6$$

$$= \left(0.18 + 0.46 + 0.06 - 0.5 F_f \right)/1.6 = 0.44 - 0.31 F_f\ [kN] \qquad ①$$

식 [9.15]로부터,

$$W_{FD} = \left[F_f (L + L_f) + F_u (L - L_u) - F_r L_r - F_{dr} H_d \right] / L$$

$$= \left[F_f \times (1.6 + 0.5) + 0.2 \times (1.6 - 0.9) - 0.231 \times 0.4 - 0.072 \times 0.8 \right]/1.6$$

$$= \left(2.1 F_f + 0.14 - 0.09 - 0.06 \right)/1.6 = -0.01 + 1.31 F_f\ [kN] \qquad ②$$

그러나 $W_{RD} = W_{FD} \times 55/45 = 1.22 W_{FD}$ ③

식 ①과 ②를 ③에 대입하면,

$$0.44 - 0.31 F_f = 1.22(-0.01 + 1.31 F_f) = -0.01 + 1.60 F_f$$

$$0.45 = 1.91 F_f$$

$$F_f = 0.236kN$$

프론트윙을 정의하면,

프론트윙에 필요한 다운포스가 리어윙에서 구한 다운포스($0.231kN$)와 거의 동일하다는 것을 알 수 있다. 따라서 동일한 윙 타입과 치수를 사용한다.

스팬 $1.2m$ 에 시위 $0.5m$ 인 이중윙을 받음각 16 도로 프론트와 리어에 사용한다.

두 윙이 동일하기 때문에 $45m/s$ 에서 50%인 항력 허용분을 만족한다.

비고

1. 만약 규정에서 허용된다면, 최고 속도 $45m/s$ 에 도달하지 않는 상황에 대해서는 프론트와 리어윙의 받음각은 예를 들어 20 도까지 증가될 수 있다.

2. $20m/s$ 에서 예상되는 전체 다운포스는 플로어팬을 포함해서 약 $650N$ 으로 이는 자동차와 드라이버의 무게에 약 24%를 추가하는 값이다. 대략적인 타이어 해석에 따르면 이는 코너링 그립을 약 16% 추가해서 최대 가로 방향 가속도를 $1.5g$ 에서 $1.75g$ 로 증가시킨다. 따라서 이는 확실히 가치가 있다. 단점으로는 부가되는 중량과 항력인데 이는 가속에 다소 부정적인 영향을 미칠 것이다.

제 9 장 주요 사항 요약

1. 베르누이 방정식에 따르면 공기 흐름의 속도가 증가하면 압력은 감소하는데 이 중요한 원리는 다운포스를 만들기 위해서 널리 이용된다.

2. 공기와 같은 점성 유동은 고체 표면에 부착되어 입자가 느리게 이동하는 경계층을 형성하는데 이것이 표면 마찰 항력의 원인이다.

3. 형상 항력은 사물의 형태와 전면 투영 면적으로 인해서 발생한다. 이는 움직임과 반대 방향으로 작용하는 힘으로 표면 압력의 결과이다. 총 항력은 흐름 속도의 제곱에 비례해서 증가하며 항력 계수 C_D 를 사용해서 계량화할 수 있다.

4. 공기는 질량을 가지고 있어서 방향을 변경함으로써 모멘텀을 변화시키기 위해서는 힘이 필요하다. 이것이 윙과 기타 기울어진 표면에서 발생하는 다운포스와 항력의 근원이 된다.

5. 윙은 윗면에서는 정압 아랫면에서는 부압이 발생하기 때문에 효과적으로 다운포스를 발생시킬 수 있다. 받음각이 증가함에 따라서 다운포스와 항력은 모두 증가하지만 일정 지점에 이르면 아랫면에서 흐름의 박리가 발생하고 약간의 다운포스를 잃게된다.

6. 멀티플 엘리먼트 윙은 더 높은 받음각에서 작동할 수 있고 따라서 더 큰 다운포스와 항력을 발생시킨다.

7. 자동차의 바닥 아래를 지나는 공기는 윙과 비슷한 정도의 다운포스를 발생시킨다. 이는 인퓨저를 통과한 공기가 가느다란 목을 지나면서 가속되고 다시 디퓨저를 지나면서 확산되는 벤튜리관에 비교할 수 있다. 베르누이 방정식에 따르면 목부분에서 공기의 속도가 증가하면 압력은 감소된다.

8. 설계자는 자동차의 속도가 높아짐에 따라서 양호한 언더스티어/오버스티어 특성을 유지할 수 있도록 공기역학 패키지의 밸런스를 맞추는 것을 목표로 해야한다.

제 10 장 엔진 시스템

목표

■ 4 행정 가솔린 엔진의 작동 원리를 이해한다.

■ 엔진의 효과적인 작동을 위해서 필요한 시스템을 이해한다.

■ 엔진의 성능을 최대화하기 위한 흡기와 배기 시스템 튜닝의 중요성을 이해한다.

■ 공기 흡입에 리스트릭터를 도입하는 문제를 이해한다.

■ 연료와 오일 서지의 문제점과 이에 대한 개선 방법을 이해한다.

10.1 개요

이 책에서는 엔진의 내부 구성품 설계는 다루지 않고 엔진이 작동하는데 필요한 몇 가지 주요 외부 시스템에 대한 간단한 소개만 다룰 것이다. 4 행정 가솔린 엔진은 다음 시스템을 포함한다.

■ 흡기

■ 연료

■ 배기

■ 엔진 매니지먼트 및 점화

■ 냉각

■ 윤활

주로 모터싸이클 엔진을 사용하는 레이싱카에 대해서 위의 각 항목을 간단히 살펴볼 것이다. 목표는 주요 디자인 고려 사항을 파악하고 추가로 살펴볼 부분을 알아보는 것이다.

우선 엔진을 처음 접하는 상황을 고려해서 4 행정 싸이클(*Four stroke cycle*)의 기본에 대해서 알아볼 것이다. 자동차에 사용되는 4 행정 가솔린 엔진은 보통 한 개에서 열두 개 사이의 실린더를 직렬 또는 *V* 자 형태로 배열해서 사용한다. 각 실린더는 미끄러져 움직이는 피스톤을 가지고 있는데 이는 커넥팅 로드(*Connecting rod*)를 통해서 회전하는 크랭크축(*Crankshaft*)과 연결된다. 이러한 배열은 피스톤의 미끄럼 운동을 축의 회전 운동으로 변환시킨다. **그림 10.1** 에 네 개의 행정이 나와있다.

■ 흡기 행정 (*Intake cycle*) – 피스톤이 내려감에 따라서 흡기 밸브(*Inlet valve*)가 열리고 공기가 실린더 내부로 들어간다. 동시에 연료 인젝터가 열리고 가솔린 제트가 분무된다. 피스톤이 실린더의 최저점에 도달하면 흡기 밸브가 닫혀서 밀폐된 공간을 형성한다.

■ 압축 행정 (*Compression cycle*) – 상승하는 피스톤이 공기와 가솔린 혼합기를 압축시킨다.

■ 폭발 행정 (*Power cycle*) – 공기와 가솔린 혼합기가 스파크 플러그(*Spark plug*)에 의해서 점화된다. 이때 발생하는 폭발력이 피스톤을 아래로 밀어내면서 결과적으로 동력을 발생시킨다.

■ 배기 행정 (*Exhaust cycle*) - 피스톤이 다시 올라감에 따라서 배기 밸브(*Exhaust valve*)가 열리고 연소된 결과물이 배기 밸브를 통해서 밖으로 밀려난다.

그림 10.1

4 행정 싸이클

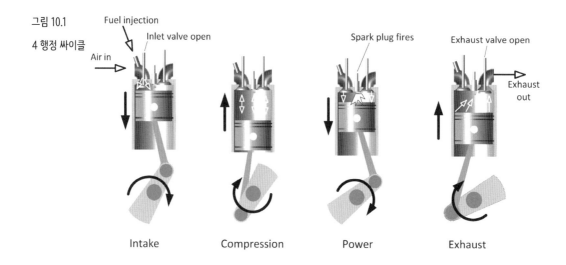

크랭크축은 한 세트의 4 행정에 대해서 두 번씩 회전하게 된다. 점화 순서에 따라서 폭발 행정이 서로 엇갈리면 다기통 엔진의 작동은 더 부드러워 진다. 많은 직렬 4 기통 모터싸이클 엔진은 엔진의 한 쪽 끝에서부터 번호를 붙인다면 1-2-4-3 의 점화 순서를 채용하고 있다. 흡기와 배기 밸브는 보통 회전하는 캠축(*camshaft*)에 의해서 열리고 닫힌다.

10.2 자연 흡기 엔진

자연 흡기(*Normally aspired*) 엔진은 하강하는 피스톤으로 인해 발생하는 부분적인 진공(*Partial vacuum*)을 이용해서 실린더로 공기를 흡입한다. 그러나 최신 고회전 엔진은 미세한 기능을 갖는 상당히 동적인 시스템을 이용해서 효율과 출력을 향상시키고 있다. 예를 들어 배기 행정의 마지막에 흡기 밸브가 열리면서 흡기 행정을 시작하기 전까지 배기 밸브를 닫지 않는다. 이를 밸브 오버랩(*Valve overlap*)이라고 하는데, 급하게 배출되는 배기 가스로 인해서 이를 사용하지 않을 때와 비교해서 더 많은 공기를 흡입할 수 있다는 점을 적극적으로 이용하는 것이다. 이는 실린더가 과충전(*Overcharged*) 된다는 것으로 더 많은 연료가 더해져 보다 높은 출력을 발생함을 의미한다. 과충전되는 정도를 체적 효율(*Volumetric efficiency*)로 표현하고, 이를 최대로 하는 것이 엔진 튜닝(*Engine tuning*)의 주요 목표이다. 흡기와 배기 시스템의 세심한 설계는 체적 효율에도 영향을 미치며 120% 이상의 수치를 기대할 수 있다.

그림 10.2 는 흡기 시스템의 주요 요소를 보여주고 있다. 흡기 트럼펫(*Inlet trumphet*)은 시스템으로 부드럽게 공기가 제공될 수 있도록 설계된다. 자동차의 앞부분을 향하면 램에어(*Ram air*)로부터 체적 효율을 높일수 있는데, 속도 $50\,m/s$ 이하에서는 효과가 높지 않다. 램에어의 원리는 베르누이

방정식에 따라서 동압이 정압으로 변환되는 것이다. 트럼펫의 외경은 목표 속도에서 엔진으로 공급되어야 하는 공기 흐름을 위해서 필요한 것보다 반드시 더 커야만 한다. 공기 흐름이 흡입구와 충돌하면 속도가 줄어들고 압력은 높아진다. 이상적으로 흡입구와 리스트릭터 사이의 튜브는 흐름을 더욱 느리게 만들고 압력을 더욱 높이기 위해서 체적이 서서히 증가해야 한다.

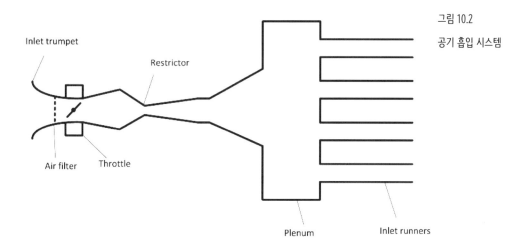

그림 10.2

공기 흡입 시스템

쓰로틀(*Throttle*)은 드라이버가 가속 페달을 이용해서 공기 흐름을 제어함으로써 차량의 속도를 조절하는 장치이다. 쓰로틀 바디는 각도 센서를 가지고 있어서 이는 엔진 제어 유닛에 의해서 필요한 연료를 결정할 수 있도록 한다.

리스트릭터(*Restrictor*)는 많은 포뮬러에서 요구하는 장치로써 이는 보통 모든 공기가 통과하는 최대 직경으로 정의된다. 리스트릭터를 통과하는 공기의 속도는 온도 $20°C$ 에서 $343\,m/s$ 인 음속으로 제한되기 때문에 이는 엔진의 최대 출력값에 대한 확실한 한계를 제공한다. 엔진의 회전수가 올라감에 따라서 실린더를 채우기 위해서 필요한 공기에 대한 요구가 증가하고 이로 인해서 리스트릭터의 입구와 출구 사이의 압력 차이는 더욱 증가하게 된다. 이는 리스트릭터를 통과하는 흐름 속도의 증가를 초래하지만 음속에 도달하는 지점까지로 제한된다. 다운스트림 압력을 더 늦추는 것은 흐름 속도를 더 이상 증가시키지 못하는데 이때의 흐름을 임계(*Critical*) 또는 초크(*Choked*) 상태라고 한다. 흐름 속도는 제한되지만 흡입 공기를 압축하고 따라서 밀도가 높아지기 때문에 유량은 여전히 증가하게 된다. 10.3 장의 강제 흡기(*Forced induction*)를 참고한다. 저속 상태에서는 리스트릭터가 출력에 아무런 영향을 미치지 못하지만 속도가 음속에 가까워질수록 최대 출력은 더 이상 올라가지 못하게 된다. 리스트릭터의 형태는 초크가 영향을 미치기 시작하면서 흐름의 특성을 최대로 하기 위해서 세심한 주의를 필요로 한다. 리스트릭터를 통과하는 유량을 최대화 하는 것에는 벤튜리 튜브가 효과적이라고 알려져 있다. **플레이트 7** 에는 형상을 최적화하기 위해서 전산 유체 역학(*Computational Fluid Dynamics, CFD*) 패키지를 이용해서 연구한 벤튜리 튜브에 대한 사례가 나와있는데, 여기서 목표는 높은 흐름 속도에서 유량을 최대로 하는 것이다. 이는 리스트릭터 전후의 압력 차이를 최소화 하는 것과 같다.

플레넘(*Plenum*), 인테이크 챔버(*Intake chamber*) 또는 어에 박스(*Air box*)는 리스트릭터의 하류에서 공기의 공진 체적(*Resonating volume*)을 제공한다. 튜닝된 시스템에서 이는 엔진의 체적 효율을 증가시키기 위해서 흡기 러너(*Inlet runner*)와 같이 작동한다. 이러한 튜닝의 원리는 충격파를 발생시켜 흡기 밸브가 닫히기 직전에 실린더로 들어가는 추가적인 공기 차지(*Air charge*)를 튕겨내는 공기의 탄성 특성을 이용하는 것이다. 공진하는 충격파는 압축파(*Compression wave*) 또는 팽창파(*Expansion wave*)의 형태를 가질 수 있다. 충격파가 닫힌 밸브와 같은 강한 장애물을 만나면 동일한 형태로 반사된다. 그러나 만약 충격파가 플레넘과 같은 개방된 부위와 만나면 예를 들어 압축파는 팽창파로 반사되는 식으로 반대의 형태를 갖게 된다. 이에 대한 전형적인 과정은 다음과 같다.

1. 흡기 밸브가 열리고 피스톤이 하강하면서 저압 팽창파가 흡기 러너를 따라서 플레넘으로 전파되도록 한다.
2. 충격파가 플레넘 개방 부위에 도달하면 반대 고압 압축파가 흡기 러너를 따라서 밸브가 닫히기 직전까지 밸브쪽으로 반사된다.
3. 추가적인 고압의 공기 차지가 실린더로 들어가고 밸브가 닫히면서 내부에 갇히게 된다.

위의 과정으로부터 충격파 펄스는 밸브 작동과 연동되어야만 한다는 것을 분명히 알 수 있다. 충격파가 도달하는 시간은 흡기 러너의 길이에 따라서 결정되고 밸브 타이밍은 엔진의 속도에 따라서 달라진다. 흡기 러너의 길이는 특정 엔진 회전수에서 체적 효율을 증가시키도록 최적화될 수 있다. 단점으로는 펄스화된 충격파는 다른 엔진 회전수에서는 체적 효율의 감소를 초래할 수 있다는 것이다. 따라서 설계자는 토크와 출력의 증가를 위한 목표 엔진 회전수를 결정해야만 한다. 배기 시스템은 펄스화된 충격파로부터 체적 효율의 향상을 위해서 유사한 방법으로 튜닝된다. 두 가지 극단적인 선택 방법으로는 다음과 같다.

1. 흡기와 배기 파이프의 길이를 최고 회전수 영역의 최대 체적 효율에 집중해서 최적화 한다. 이는 엔진의 스펙상 출력을 최대화할 수 있지만 낮은 영역의 토크값은 더욱 감소되는 뾰족한 고출력 영역을 갖는 피키(*peaky*)엔진을 초래한다. 드라이버는 엔진을 고출력 밴드 이내로 유지하기 위해서 엔진의 회전수를 높여야 하고 이를 위해서는 빈번한 기어 변속이 필요할 것이다.
2. 중간 회전수 영역에서 출력이 저하되는 것에 유의하면서, 중간 엔진 회전수에 걸쳐서 흡기와 배기 파이프로부터 개별 최대값이 전반적으로 분포되도록 흡기와 배기 파이프의 길이를 최적화한다. 이는 최고 출력은 낮아지지만 빈번한 기어 변속이 필요 없고 엔진의 마모가 적은 운전 제어가 용이한 자동차를 만들 수 있다.

만약 능숙한 드라이버라면 1 번에 근접한 옵션을 선호할 수도 있지만 초보자라면 2 번에 가까운 방법을 선호할 것이다.

Helmholtz 공명(참고 문헌 26)과 같이 흡기 러너의 길이를 수기로 예측하는 방법이 존재하지만 이는 충격파의 속도가 일정하다는 가정과 같은 단순화를 필요로 한다. 특히 다기통 엔진에 대한 보다 정확한 결과는 *Lotus Engine Simulation*(참고 문헌 13)과 같은 최신 컴퓨터 해석 패키지(*Computer* analysis package)를 이용해서 구할 수 있다. 그림 10.3 은 흡기와 배기 시스템을 모두 갖춘 4 기통 모터싸이클 엔진에 대한 *Lotus Engine Simulation* 그래픽 모델의 사례를 보여준다. 그래프에서 역삼각형 표시는 100*mm* 길이의 흡기 러너에 대한 결과, 삼각형 표시는 150*mm* 길이의 흡기 러너에 대한 결과를 각각 나타낸다. 토크 곡선에서 눈에 띄는 최대값은 펄스 충격파 튜닝의 결과이다. 100*mm* 흡기 러너의 경우 11000*rpm* 에서 최대 출력이 나오는 반면 150*mm* 흡기 러너에서는 10000*rpm* 에서 출력의 최대값이 나오는 것을 알 수 있다. 그래프는 또한 연료 효율과 관련된 제동 비연료 소모율(*Brake Specific Fuel Consumption, BSFC*)과 토크와 관련된 제동 평균 유효 압력(*Brake Mean Effective Pressure, BMEP*)를 보여주고 있다.

그림 10.3
로터스 엔진
시뮬레이션 모델
(*Lotus
Engineering,
Norfolk,
England*), 600*cc*
4 기통 모터바이크
엔진

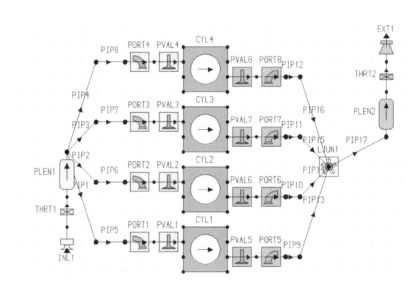

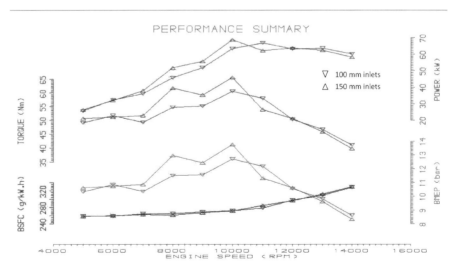

10.3 강제흡기 엔진

이전 장에서는 대기압에 펄스 충격파가 추가된 상태에서 엔진에 들어가는 공기에 대해서 살펴보았다. 만약 공기가 압축되어 압력을 받은 상태로 엔진에 들어간다면 토크와 이에 따른 엔진의 출력은 상당히 증가될 수 있을 것이다. 이러한 방법을 강제 흡기(Forced induction)라고 하고, 이때 추가되는 공기는 당연히 추가된 연료를 동반하게 된다. 이와 같은 강제 흡기는 수퍼차저(Supercharger) 또는 터보차저(Turbocharger)를 이용해서 처리될 수 있다.

■ 수퍼차저(Supercharger)는 보통 엔진으로부터 벨트와 풀리에 의해서 구동된다. 부스트의 정도 또는 압력 증가는 엔진의 속도와 직접 관련된다. 수퍼차저는 장착과 관리가 상대적으로 간단하지만 조절은 풀리의 직경을 변경하는 방법으로만 가능하다.

■ 터보차저(Turbocharger)는 엔진의 배기 가스에 의해서 구동된다. 터보차저는 상대적으로 낮은 엔진 속도에서 피크 부스트가 발생해서 엔진 회전수 한계까지 지속되도록 설계될 수 있다. 따라서 터보차저는 넓은 회전수 영역에 걸쳐 높은 평균 출력을 발생할 수 있다. 초과되는 압력은 웨이스트게이트(Wastegate)로 부르는 압력 경감 밸브(Pressure relief valve)에 의해서 제어된다. 배기 가스의 사용은 과열의 문제를 일으킬 수 있어서 인터쿨러(Intercooler)의 사용이 필요할 수도 있다. 터보차저는 장착과 관리가 더 복잡하며 드라이버가 가속 페달에 가하는 압력과 실제 출력 부스트 사이에 일반적으로 지연이 발생하는데 이를 터보래그(Turbo lag)라고 부른다.

많은 포뮬러에서는 강제 흡기의 사용을 금지하거나 아니면 배기량이 더 큰 자연 흡기 엔진과 경쟁하도록 규정하고 있다. Formula SAE/Student 규정에서는 현재 강제 흡기를 허용하고 있지만 이러한 장치는 반드시 리스트릭터보다 뒤에 장착되어야만 한다. 이러한 방법은 유량과 이로 인한 최대 출력은 자연 흡기 엔진과 비교해서 증가될 수 없지만 엔진 속도가 저속일 때의 성능은 향상될 수 있다. 리스트릭터 전에 장착되는 강제 흡기는 음속이라는 한계가 여전히 적용되기는 하지만 공기 밀도와 이에 따른 유량이 증가하기 때문에 최대 출력이 향상될 수 있다.

10.4 연료 공급

연료 시스템의 기본적인 요소가 다음 **그림 10.4** 에 나와 있다.

연료 탱크는 보통 알루미늄 합금으로 제조되는 단단한 컨테이너 형식이거나 또는 유연한 폴리머백(Polymer bag) 또는 블래더(Bladder) 형식이다. 블래더의 경우 보호를 위해서 단단한 컨테이너 내부에 위치한다. 일반적으로 연료의 서지(Fuel surge)를 방지하기 위한 시스템을 필요로 한다. 이는 연료 수준이 낮을 때 가로 방향 코너링 포스가 작용하면 연료가 탱크의 한쪽으로 쏠리게 되어 연료를 펌프로 공급하는 콜렉터로부터 멀어질 때 발생한다. 이러한 상황에서 펌프는 연료 분사기로 공기만을 공급하게 된다. 따라서 드라이버는 긴 코너에서 엔진 스플러터(Splutter)와 출력의 손실을 겪게 된다. 이를 위해서 두 가지 해결 방법이 있는데 하나는 **그림 10.4** 와 같이 가로 방향 움직임을 방지하기 위한 단방향 밸브와 내부 배플을 적용하는 것이고, 다른 하나는 탱크와 펌프 사이에 별도의 스월 포트(*Swirl pot*)를 장착하는 것이다. 이는 추가되는 저압 펌프에 의해서 지속적으로 채워지는 작은 탱크로 메인 고압 펌프를 위한 저장소(*Reservoir*)의 역할이다. 연료 탱크는 특수한 폼으로 채워질 수도 있다. 이는 연료의 서지를 방지하는데 약간 도움이 되기도 하지만 주요 목적은 충돌 발생시 연료의 급속한 방출과 폭발을 방지하려는 것이다.

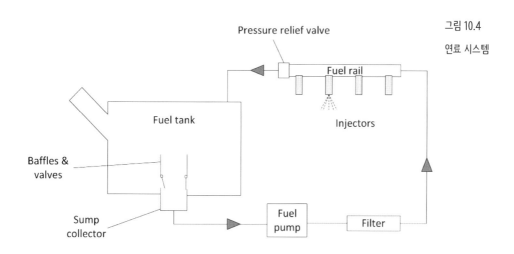

그림 10.4

연료 시스템

연료 분사형 엔진을 위한 메인 연료 펌프는 반드시 고압 형식이어야만 한다. 대다수 승용차량과 같이 펌프는 연료탱크 내부에 포함될 수 있다. 연료 레일은 일반적으로 압력 조절기(*Pressure regulator*)에 의해서 약 3*bar* 정도로 유지되며 과도한 연료는 탱크로 돌아간다. 연료 인젝터는 연료를 실린더 내부로 분사시키고 엔진 제어 장치(*Engine Control Unit, ECU*)에 의해서 적절한 시간 동안 작동한다. 인젝터는 여러가지 유동량과 분사 패턴에 따라서 달라진다. 이는 실린더에 직접 연료가 분사될 수 있도록 흡기 러너 파이프에 장착되어야 한다.

모든 연료 시스템의 장착은 연료 계통에 적합한 파이프와 피팅으로 처리되어야 한다. 이는 펌프의 고압 부위에서 특히 중요하다.

10.5 배기 시스템

이미 살펴본 바와 같이 배기 시스템은 엔진의 튜닝에 있어서 중요한 항목이다. 파이프는 펄스 충격파를 발생시키는데 이는 흡기관에서와 유사한 방법으로 엔진의 체적효율에 영향을 미친다. 엔진쪽에 가장 가까운 파이프를 프라이머리(*Primary*)하고 하는데 실질적인 어려움은 모든 실린더에서 일관된 튜닝을 제공하기 위해서 모두 동일하고 정확한 길이를 가져야만 한다는 것이다. 그림 10.5는 모든 네 개의 프라이머리가 매니폴드를 통해서 하나의 세컨더리(*Secondary*)로 연결된 것을 보여주고 있다. 이러한 방식을 4 *into* 1 시스템이라고 한다. 4 기통 엔진에 사용되는 다른 방식으로는 4

into 2 *into* 1 방식도 있다. 이런 경우에는 두 개인 세컨더리의 길이에 대해서 또 다른 최대 체적 효율을 제공하기 위해서 튜닝할 수도 있다. 전형적인 모터싸이클 엔진의 경우 점화 순서가 1-2-4-3 인데 이런 경우 1 번과 4 번 실린더로부터의 프라이머리와 2 번과 3 번 실린더로부터의 프라이머리가 합쳐져 세컨더리를 이루게 된다. 이는 각 실린더로부터 서로간에 점화 이후 발생하는 충격파의 간섭을 피하기 위해서이다.

배기 시스템은 내열성 단열재로 마감하는 것이 바람직하다. 이는 엔진의 효율을 높이고 또한 엔진룸의 냉각을 유지하는 것에 도움을 준다.

대다수 포뮬러에서 배기 시스템은 반드시 최대 소음에 대한 규정을 만족하는데 필수적인 역할을 하는 소음기(*Silencer*)를 장착해야만 한다. 소음기의 설계는 엔진의 출력에 상당한 영향을 미치는데, 이의 영향을 확인하는 유일한 방법은 엔진 다이나모미터를 이용한 토크/출력곡선이다.

그림 10.5

전형적인 4 into 1 배기 매니폴드

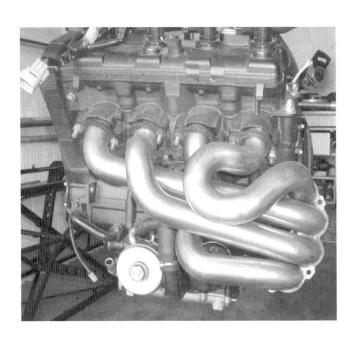

10.6 엔진 매니지먼트와 점화

엔진 매니지먼트 시스템(*Engine management system*)의 주요 기능은 적절한 시기에(점화 시기) 스파크 플러그를 점화시키는 것이고 인젝터가 작동하는 기간을 결정함으로써 엔진으로 분사되는 연료의 양을 제어하는 것이다. 이러한 기능은 엔진의 회전수를 위한 크랭크 센서, 엔진의 행정을 결정하는 캠 센서 그리고 엔진으로 유입되는 공기의 양을 위한 쓰로틀 포지션 센서와 같이 다양한 엔진의 센서를 이용함으로써 가능하다. 이러한 정보를 확보함으로써 시스템은 프로그램된 데이타의 참조표(*Lookup table*)을 이용해서 플러그와 인젝터로 보낼 결과를 결정한다. 참조표 데이타는 보통 3 차원 그래프 형태로 나타나는데 일반적으로 이를 엔진맵(*Engine map*)이라고 부른다. **그림 10.6** 은 전형적인 연료맵(*Fuel map*)을 보여주고 있다. 가로축은 회전수 *rpm* 과 쓰로틀 위치를 나타내며 세로축은 연료 인젝터가 열리는 시간을 나타낸다. 냉각수 온도 센서는 냉간 시동을 위해서 맵을 변경시킨다. 최신 승용차는 연비와 배기 가스를 최적화하기 위해서 더 많은 센서를 이용한다.

레이스용 엔진을 제어하기 위해서 표준화된 엔진 *ECU* 를 사용하는 것도 가능하지만 이는 보통 봉인된 블랙박스 형태를 갖기 때문에 수정된 흡기와 배기 시스템에 맞추어 프로그래밍을 변경하는 것이 곤란하다. 표준화된 맵은 특히 리스트릭터가 사용되었다면 사용이 적절하지 않다. 한 가지 옵션은 참고 문헌 20 과 같이 표준화된 *ECU* 를 파워커맨더(*Power commander*)와 같은 장치와 조합해서 사용하는 것이다. 이는 프로그래밍이 가능한 상용화된 장치로 표준 *ECU* 와 연료 인젝터 사이에 위치해서 연료맵을 수정할 수 있다. 이를 위해서는 다이나모미터 또는 회전 롤러(*Rolling road*)상에서 엔진을 구동해서 튜닝해야 한다.

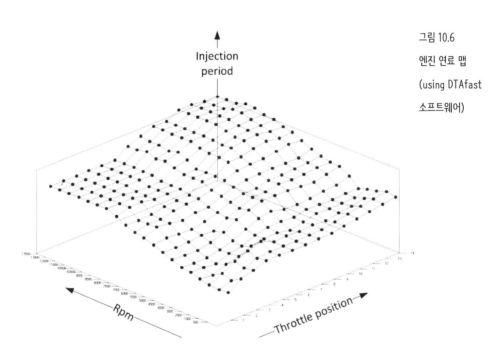

그림 10.6

엔진 연료 맵

(using DTAfast

소프트웨어)

표준 *ECU* 에 적용 가능한 더 나은 방법으로는 독립된 특수 성능의 엔진 매니지먼트 시스템을 적용하는 것이다. *DTA*(참고 8), *Emerald*(참고 9) 그리고 *Motec*(참고 16)과 같은 업체로부터 폭넓은 예산 범위에 맞는 다양한 제품이 개발되어 있다. 점화와 연료맵에 대한 용이한 프로그래밍 기능에 추가해서 이런 시스템은 론치 컨트롤(*Launch control*), 트랙션 컨트롤(*Traction control*) 그리고 클러치없는 기어 변속을 위한 쉬프트컷(*Shift cut*)과 같이 레이싱에 유용한 여러가지 추가적인 기능을 제공한다.

엔진 튜닝의 일반적은 목적은 대부분의 주행 조건에서 공연비를 최적의 목표값으로 유지할 수 있도록 하는 것이다. 연소 과정에서는 산소 분자와 연료 분자 사이의 반응을 수반한다. 공기는 약 23%의 산소를 가지고 있다는 것을 알고있기 때문에 연소 이후에 남아있는 산소 또는 공기 분자가 없도록 하는 무게 기준의 공기와 연료의 비율을 정의할 수 있다. 이를 이론 공연비(*Stoichiometric ratio*)라고 하고 이는 중량을 기준으로 14.68 의 공기와 1 의 가솔린의 비율이 된다. 이 비율을 표현하는 다른 방법으로는 람다 과잉 산소 비율(*Lamda excess oxygen ratio*)이다. 람다 $\lambda = 1.0$ 일 때 이론 공연비를 나타낸다.

■ 대부분 자동차 제조 업체는 연비와 배기 가스 사이에 양호한 절충점이 되는 $\lambda = 1.0$ 의 값을 목표로 한다.

■ $\lambda > 1.0$ 인 값은 산소 과잉을 의미하고, 이를 희박 혼합(*Lean mix*)이라고 부른다. 혼합비가 15.4 ($\lambda = 1.05$)인 희박 혼합이 연비로는 가장 우수하지만 더 많은 질소 산화물을 발생시키고 배기 시스템의 온도 또한 증가시킨다.

■ $\lambda < 1.0$ 인 값은 연료가 과잉인 상태를 의미하고, 이를 농후 혼합(*Rich mix*)이라고 부른다. 혼합비가 12.9 ($\lambda = 0.88$)인 농후 혼합이 출력으로는 가장 우수하기 때문에 레이싱에서는 이러한 혼합비를 목표로 한다.

위의 설명이 **그림 10.7** 에 정리되어 있다.

그림 10.7

공연비

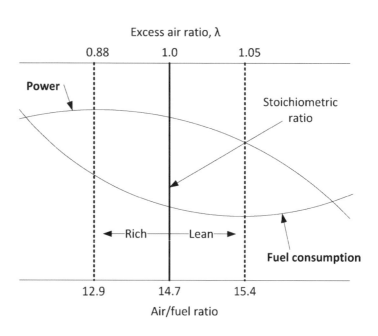

ECU 장치를 프로그래밍하는데 필수적인 장비는 광대역 람다 산소 센서(*Lambda oxygen sensor*)이다. 이 센서는 배기 시스템에서 엔진에 가깝게 위치한다. 이상적으로는 각 배기 헤더마다 하나씩 있어야만 하지만 일반적으로는 배기 튜브가 하나로 합쳐지는 지점에 하나만 장착된다. 람다 센서는 *ECU* 와 연결되어 자동차가 주행하는 동안 실시간으로 공연비를 조절하는데 사용될 수 있는데 이를 폐루프(*Closed loop*) 프로그래밍이라고 한다. 그러나 일반적으로 레이싱에서 *ECU* 는 엔진을 다이나모미터 또는 더 바람직한 방법으로는 자동차를 회전 롤러에 올려둔 상태로 개루프(*Open loop*)

상태로 프로그래밍된다. 자동차는 반드시 최종 흡기와 배기 시스템과 같이 완성된 상태로 되어있어야 한다.

능숙한 튜너는 엔진을 전체 토크와 *rpm* 범위에 대해서 작동하면서 설정한 람다값을 유지한 채 연료분사 시기를 조절할 수 있다.

10.7 냉각

내연기관은 연료의 에너지를 유용한 기계적인 일로 변환하는데 단지 약 30% 정도의 효율만 가지고 있다. 연료 에너지의 약 15% 정도는 변환되지 않는 화학 에너지와 배기구로 빠져나가는 운동 에너지로 손실된다. 나머지 55%는 열로 변환되는데 이는 냉각수와 오일 시스템의 냉각, 배기 가스 그리고 엔진 표면에서 열방사(*Radiation*) 로 발산된다. **표 10.1** 은 이 55%의 열이 다양한 열발산 시스템 사이에서 대략적으로 어떻게 배분되는지 보여주고 있다. 이러한 대략적인 비율은 엔진이 어떠한 상태로 일을 하는가에 따라서 약간 달라질 수 있다. 이 경우 관련된 엔진의 출력값은 한 랩 동안 플라이휠에 작용하는 평균 출력이다. 이는 피크 엔진 출력의 약 50% 정도로 추정할 수 있지만 예제 9.5 에서 살펴봤듯이 레이싱카의 상대적으로 높은 항력 계수는 고속을 유지하기 위해서 상당한 출력을 필요로 하기 때문에 따라서 이 값은 빠른 써킷의 경우에는 더 올라갈 수 있다. 따라서 상대적으로 높지 않은 $160kW$ 정도의 피크 엔진 출력의 엔진을 장착한 자동차에 대해서는 한 랩 동안 평균 출력값이 예를 들어서 $80kW$ 이고 이는 연료 에너지의 40%를 사용한다고 추정할 수 있다. 따라서 **표 10.1** 에 나오는 냉각수에 의해서 발산되는 19%는 $80 \times 19/30 = 50kW$ 의 열이 된다. 이는 $3kW$ 정도의 출력을 갖는 가정용 전기 히터와 비교했을 때 확실히 상당한 정도의 양이다. *Formula SAE/Student* 자동차의 경우 내구랩 동안의 평균 출력은 대략 $10-20kW$ 범위로 결과적으로 약 $6-12kW$ 가 냉각 시스템에 의해서 발산되는 것이다.

시스템	열 발산 비율
냉각	19%
오일	6%
배기	25%
방열	5%

표 10.1 각 시스템에 따른 열 발산

그림 10.8 은 전형적인 냉각 시스템의 회로도를 보여주고 있다. 시스템은 가장 높은 곳에 위치하는 헤더 탱크(*Header tank*)로부터 채워진다. 가열된 냉각수는 팽창하고 넘치는 냉각수는 캐치캔(*Catch can*)으로 넘어가기 때문에 시스템에는 스프링의 힘이 작용하는 캡이 장착된다. 써모스탯(*Thermostat*)은 정해진 온도에 도달한 경우에만 냉각수를 순환하도록 하기 때문에 엔진의 빠른 워밍업을 도와준다.

라디에터(*Radiator*)는 열교환을 하는 주요 부품이다. 라디에터, 호스 그리고 팬의 크기를 결정하기 위한 상세한 열전달 계산을 하는 것도 가능하지만 배기량이 아닌 비슷한 출력을 갖는 엔진의 냉각 시스템의 사이즈를 기준으로 해서 시작점으로 하는 것이 가장 좋은 방법이다. 목표는 레이스 동안 최고 냉각수 온도를 약 90°C로 하는 것이다. 이상적으로 라디에터는 형상에 들어맞는(close fitting) 에어 덕트로 둘러쌓여야 한다. 보통 사이드 포드인 덕트 입구는 자동차의 전면을 향하고 있어야 하고 대략 라디에터 면적의 30-50% 정도를 차지해야 한다. 입구를 지난 후 덕트는 서서히 라디에터 크기만큼 면적이 넓어져야 한다. 이는 베르누이 정리로부터 라디에터를 통과하기 전에 공기 흐름을 느리게 만들고 또한 압력은 증가시킨다. 라디에터를 통과한 후에는 덕트 면적은 다시 줄어들어 주변 공기의 속도로 돌아가고 자동차 후방의 저압 영역으로 빠져나간다. 이러한 배치는 라디에터의 효율을 최대로 하면서 공기 저항은 최소화하는 것이다.

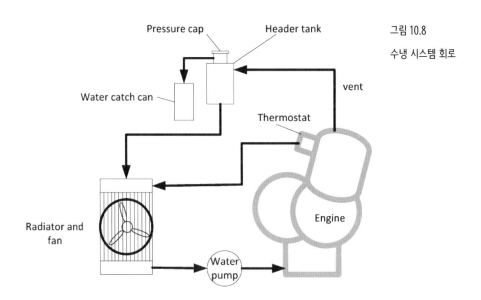

그림 10.8

수냉 시스템 회로

기존의 기계식 워터 펌프를 계속 사용하는 것도 가능하지만 이를 전동식 펌프로 교체하는 것이 몇 가지 유리한 점이 있다. 전동식 펌프는 고회전에서 엔진의 출력을 적게 사용하며 레이스를 마친 후에 엔진이 몹시 뜨거울 때에도 계속 작동하도록 할 수도 있다. 또한 많은 모터싸이클 엔진에서는 기계식 워터 펌프를 제거함으로써 10.8에 설명되어 있는 드라이 섬프용 추출 오일 펌프(Scavenge oil pump)를 장착할 수 있는 공간을 제공하기도 한다.

10.8 윤활

앞에서는 연료 탱크와 관련해서 가로 방향의 코너링 포스로 인한 연료의 써지를 방지하는 방법에 대해서 알아보았다. 오일 써지(Oil surge)는 연료의 써지보다 더 중요한 문제이다. 왜냐하면 모터싸이클의 경우 코너링에서 옆으로 기울어지면 결과적으로 나타나는 g 포스는 항상 엔진 중심의 아래쪽으로 작용하기 때문에 오일 써지는 문제가 되지 않는다. 그러나 코너링을 하는 자동차의 경우에는 오일이 옆쪽으로 이동하기 때문에 섬프에서 오일 펌프의 픽업 지점이 공기를 빨아들을 가능성이 발생한다. 고회전을 하는 레이싱 엔진의 경우 단 몇 초만이라도 오일 공급이 중단되면 엔진이 손상될 수도 있다. 메인베어링이 손상될 수 있고 이어서 크랭크축과 커넥팅 로드도 파손될 수 있다. 이를 위해서 아래의 세 가지 접근 방법을 적용하면 이러한 현상을 줄일 수 있다.

1. 얇은 가로 방향 배플판(*Baffle plate*)을 섬프 내부에 적용함으로써 오일의 움직임을 줄인다. 이를 부품의 주변에 가깝게 설치해야 하지만 오일이 섬프로 돌아갈 수 있도록 하기 위해서 드레인홀(*Drain hole*)도 가지고 있어야 한다. 이 외에도 예를 들어서 약 0.5 리터 정도 오일을 초과해서 채우는 것이 도움이 되기도 한다.

2. *Accusump* 와 같은 오일 축압기를 사용한다. 이는 스프링으로 연결된 피스톤으로 압력을 가하는 구조를 가지는 실린더 형태의 탱크로 엔진의 오일 경로의 한쪽 끝에 연결된다. 오일 압력이 축적되면 피스톤이 움직여 실린더에 오일이 저장되고 압력이 떨어지면 다시 엔진으로 분사된다.

그림 10.9

드라이 섬프 시스템

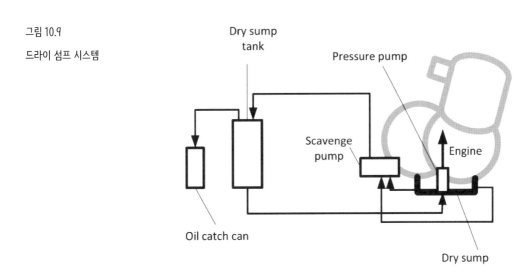

3. 드라이 섬프(*Dry sump*)를 추가한다. 드라이 섬프는 기존의 오일 저장 섬프를 외부의 탱크로 대체하는 것으로 여기서 보통 중력의 힘으로 메인 오일 압력 펌프로 공급하게 된다. **그림 10.9** 는 이러한 시스템의 주요 부품을 보여주고 있다. 기존의 섬프는 얇은 드라이 섬프로 대체되어 있다. 추가로 장착되는 추출 펌프는 드라이 섬프의 양쪽으로부터 오일을 빨아들이고 이를 드라이 섬프 탱크에 저장한다. 추출용 펌프(*Scavenge pump*)는 보통 2 단의 기어 펌프를 사용하며 기존의 워터 펌프의 구동축 또는 별도의 벨트구동 풀리를 이용해서 작동된다. 드라이 섬프 탱크는 공기를 제거하기 위해서 최상부에서 오일을 회전시켜야 하고 오일 써지 효과를 줄이기 위해서 좁고 높은 형태를 갖는다. 추출 펌프와 드라이 섬프 탱크 사이의 오일 라인에 오일 쿨러를 설치하는 것이 편리하다. 드라이 섬프 방식의 추가 장점은 일반적으로 기존의 섬프에 비해서 얇은 형태이기 때문에 섀시에서 엔진의 무게 중심 위치를 더 낮출 수 있다는 것이다.

제 10 장 주요 사항 요약

1. 자연 흡기 4 행정 가솔린 엔진은 피스톤이 하강함에 따라서 공기와 연료 혼합기를 실린더로 빨아들인다. 흡기 밸브가 닫히고 피스톤이 상승함에 따라서 혼합기가 압축된다. 스파크 플러그에서 점화가 되면 연료를 폭발시키고 피스톤을 아래로 밀어내면서 출력을 발생시킨다. 피스톤이 상승하면서 배기 밸브를 통해서 가스를 외부로 밀어낸다.

2. 밸브 오버랩과 함께 흡기와 배기 파이프의 길이를 잘 튜닝한다면 실린더에 공기를 과충전할 수 있고 이는 연료와 동반된다면 엔진의 토크와 출력을 향상시킬 수 있다.

3. 흡기 시스템의 리스트릭터는 공기 흐름이 음속에 가까워지면 초크가 되기 시작하면서 최대 출력을 제한할 수 있다.

4. 수퍼차저 또는 터보차저를 이용해서 실린더에 공기를 추가로 공급하면 출력을 상당히 증가시킬 수 있다.

5. 연료 탱크는 시스템상에 코너링시 연료 써지를 방지할 수 있는 장치를 갖추어야만 한다.

6. 엔진 매니지먼트 시스템은 드라이버에게 론치 콘트롤과 트랙션 컨트롤같은 다양한 기능을 제공한다.

7. 오일 시스템은 코너링에서 오일 써지로 인한 오일 공급의 중단을 방지할 수 있어야만 한다. 이를 위한 가장 효과인인 방법은 드라이 섬프 방식을 사용하는 것이다.

제 11 장 셋업과 테스트

목표

■ 새 차량으로 레이스를 준비하기 위해서 처리해야 할 사항을 이해한다.

■ 라이드 높이, 코너 중량, 캠버와 토우각을 포함한 서스펜션 지오메트리를 셋업할 수 있다.

■ 데이타 로깅 시스템으로부터 얻을 수 있는 장점을 이해한다.

■ 역학적 그리고 공기역학 밸런스를 최적화하기 위한 동적 테스트를 수행할 수 있다.

■ 트랙에서 댐퍼를 세팅하는 방법을 이해한다.

11.1 개요

이번 장은 자동차를 레이스에 적합한 상태로 만드는 것에 대해서 다룰 것이다. 참고 문헌 23 에서 *Carrol Smith* 가 언급한 것과 같이,

> *'최고로 설계되고 제작된 섀시, 서스펜션 그리고 타이어라 하더라도*
> *정확하고 올바르게 조율되지 않는다면 이것만으로는 그다지 소용이 없을 것이다.'*

서스펜션 셋업에 들어가기 전에 아래 사항을 확인하는 것이 중요하다.

1. 자동차는 바디를 포함해서 완전한 상태여야 한다.
2. 모든 액체류는 레이싱 등급으로 채워져 있어야 한다.
3. 휠 너트를 포함한 모든 볼트와 너트는 레이스 등급에 맞춘 적정 토크로 조여있어야 한다.
4. 휠 베어링은 유격이 없도록 조절되어 있어야 한다.
5. 특별한 스프링 프리로드가 부과되지 않는다면, 자동차를 지면에서 완전히 들어올렸을 때 댐퍼가 끝까지 연장된 상태에서 스프링 지지대를 손으로 돌려서 고정해야 한다.
6. 조절가능한 댐퍼는 가장 부드러운 상태로 맞추어져 있어야 한다.
7. 서스펜션 링크는 양 방향으로 폭넓은 조절이 가능한 상태로 조립되어 있어야 하고 자동차의 양쪽에 대해서 동일해야 한다.

11.2 서스펜션 셋업

휠 얼라인먼트를 위한 장비에는 간단한 직선자, 줄 그리고 건축용 수평계에서부터 고가의 컴퓨터를 이용한 레이저 시스템까지 여러가지가 있다. 중급 수준의 용도로는 상업용으로 구매 가능한 캠버와 토우각 게이지가 있다. 다음에 서술된 절차는 기본적인 장비만 있다고 가정한 것이지만 만약 모든 변수가 완전히 맞춰질 때까지 절차를 반복해서 작업할 준비가 되었다면 훌륭한 결과를 얻을 수 있을

것이다.

셋업은 평평한 바닥면에 휠을 위치한 상태에서 처리해야만 한다. 만약 이러한 평면이 가능하지 않다면 타이어 상단에 걸쳐 놓아둔 공기방울 수평계와 직전자가 수평을 가리킬 때까지 자동차 각 모서리 끝단의 휠에 작은 금속조각을 심으로 사용해서 높이를 맞추어야만 한다.

제 1 단계 타이어 공기압
타이어의 공기압이 초기 목표값에 맞는지 확인한다. 이 값은 트랙 테스트 이후에 다시 조절될 수 있다.

제 2 단계 라이드 높이
인보드 스프링의 경우 라이드 높이(Ride height)는 푸시/풀로드의 길이를 변경하거나 스프링 시트(Spring seat)를 돌림으로써 조절할 수 있다. 이 중에서 전자의 방법이 선호되는데 그 이유는 스프링 시트를 조절하면 댐퍼 스트로크에서 손해를 볼 수 있고 있고 스프링에 원하는 프리로드에도 영향을 줄 수 있기 때문이다. 푸시/풀로드는 보통 한쪽 끝은 오른나사 로드엔드이고 반대편은 왼나사 로드엔드로 이루어져 있고 모두 록너트로 고정된다. 이는 로드(rod)의 길이 즉 라이드 높이가 로드를 회전함으로써 조절될 수 있다는 의미이다. 자동차의 전후에 쉽게 접근이 가능한 지점에서 특정한 라이드 높이를 설정할 수 있도록 스페이서 블록이 준비되어야만 한다. 자동차를 빈번한 간격으로 전후 방향으로 몇 미터 정도씩 굴려주고 또한 서스펜션은 범프에서 하중을 가해주어야 가로 방향 휠스크럽으로부터 발생하는 아치 효과(Arching effect)가 줄어든다.

제 3 단계 코너 중량
우수한 운동성능과 그립을 위해서는 각 휠의 정적 하중이 최대한 동일해야 하는 것이 중요하다. 그러나 예를 들어 좌측 프론트휠과 우측 리어휠과 같이 한 대각선 방향이 자동차의 정적 하중 대부분을 지지하는 것도 가능하다. 이를 수정하기 위해서는 강한 대각선 방향의 라이드 높이는 줄이고 약한 대각선 방향은 높여야 한다. 목표는 두 프론트휠이 각각 동일한 하중을 갖고, 두 리어휠이 각각 동일한 하중을 갖도록 하는 것이다. 만약 자동차의 질량 중심이 자동차의 중심선 상에 위치하지 않는다면 간단한 평형식으로부터 휠 하중을 동일하도록 만들 수 없지만 각 대각선 방향에 대한 두 휠 하중의 합은 여전히 동일하도록 만들 수 있는데, 이를 교차 중량(Cross weight)이라고 한다. 라이드 높이에 대한 영향을 최소로 하기 위해서 네 개의 모든 코너는 아주 조금씩 조절해야 한다. 특수한 코너 중량 저울이 가장 좋지만 소형 모터싸이클 엔진이 장착된 자동차라면 저렴한 체중계를 사용할 수도 있다. 저울은 동일한 두께를 가져야만 하고 수평이 잡힌 높이에 위치해야 한다. 각 저울에 교대로 올라가 보면서 동일한 눈금을 보일 때까지 조절하는 식으로 교정을 한다.

다음 예제에서는 중량의 단위로 kg을 사용한다. 이는 물론 정확한 것은 아니지만 일반적인 관행에 따라서 코너 중량은 저울상에 나오는 kg 눈금을 그대로 의미하는 것으로 한다.

예제 11.1
다음 표는 소형 모터싸이클 엔진을 장착한 레이싱카의 초기 코너 중량(kg)을 보여준다. 최적의 목표 코너 중량을 계산하시오.

	왼쪽	오른쪽
프론트	60	77
리어	90	80

풀이   총 중량을 위해서 다음과 같이 표를 확장한다.

	왼쪽	오른쪽	합계
프론트	60	77	137
리어	90	80	170
합계	150	157	307

프론트 비율 $= 100 \times 137/307 = 44.6\%$

리어 비율 $= 100 - 44.6 = 55.4\%$

좌측 프론트 목표값 $= 150 \times 0.446 = 67kg$

좌측 리어 목표값 $= 150 \times 0.554 = 83kg$

우측 프론트 목표값 $= 157 \times 0.446 = 70kg$

우측 리어 목표값 $= 157 \times 0.554 = 87kg$

확인   좌측 프론트–우측 리어 교차 중량 $= 67 + 87 = 154kg$

우측 프론트–좌측 리어 교차 중량 $= 70 + 83 = 153kg$

정답

	왼쪽	오른쪽
프론트	67	70
리어	83	87

제 4 단계 캠버

캠버를 조절하는 일반적인 방법은 어퍼 위시본의 끝단과 업라이트 사이에 작은 심(*shim*)을 추가하거나 제거하는 것이다. 이런 방법은 킹핀 경사각을 변화시키지 않으면서 캠버각을 바꿀 수 있다는 장점이 있다. 캠버는 일반적으로 공기방울 수평계와 수직으로부터 각도를 읽을 수 있는 장치가 있는 캠버 게이지로 측정한다. 이는 빠르지도 않고 쉽지도 않지만 간단한 건축용 수평계 또는 다림추를 사용해서 휠 림의 상하 끝단의 두 지점 사이의 수직 거리 h 와 수평 거리 l 을 측정하는 것으로 양호한 결과를 얻을 수 있다.

$$캠버각 = tan^{-1}\left(\frac{l}{h}\right)$$

특정 심의 두께를 추가하고 제거하는 것에 따라서 캠버가 정확하게 얼마나 달라지는가를 미리 알고 있는 것이 확실히 도움이 된다. 0.25 도 이내의 캠버이면 충분히 정확하다.

제 5 단계 토우

휠이 정확한 방향을 가리키는 것보다 자동차의 외양과 성능을 모두 향상시킬 수 있는 방법은 거의 없다. 따라서 이는 처리하기 위해서는 세심한 주의와 정확성을 필요로 한다. 여기에 서술된 간단한 방법은 **그림 11.1** 과 같이 자동차의 전후 방향 중심선에 평행한 두 직선으로 구성된 외부 기준선 프레임의 준비가 필요하다.

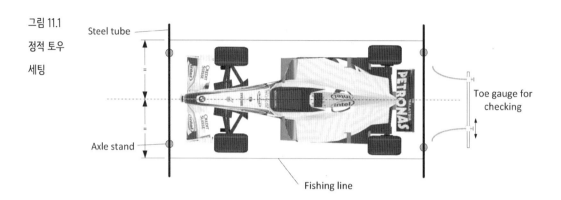

그림 11.1

정적 토우

세팅

두 개의 낚시줄을 정확한 거리만큼 떨어진 두 개의 스틸 튜브 사이에 연결한다. 줄 사이의 간격은 자동차의 전체 폭에 약 $150mm$ 정도 더한 길이로 한다. 튜브는 액슬 스탠드로 지지해서 자동차의 프론트와 리어 양 끝에서 지지되어 줄이 휠의 중심 높이에서 팽팽하게 당겨질 수 있도록 한다. 튜브를 조심스럽게 좌우로 이동해서 줄과 휠 허브 중심 사이의 간격이 자동차의 양쪽에서 동일하도록 한다. 공학용 철자를 사용해서 간격을 조심스럽게 측정해야만 한다. 프론트와 리어 트랙 치수의 차이로 인해서 프론트의 측정 거리와 리어에서의 측정 거리는 달라질 수도 있다.

스티어링 랙을 중심에 맞추고 랙 하우징의 양쪽에서 동일한 길이의 랙이 나온 것을 확인하는 것으로 셋업을 시작한다. 이제 랙은 해당 위치에 고정되어야 한다. 이는 정확한 길이의 반튜브(Half-tube)를 노출된 랙에 올려두어 움직이지 않도록 하거나 아니면 간단히 주빌리 클립(Jubilee clip)으로 처리될 수 있다. 만약 이미 처리하지 않았다면 스티어링 휠이 직선 위치에 일치하도록 스티어링 칼럼 위치를 변경해서 스플라인에 장착한다. 각 휠 림의 앞뒤 부분까지의 거리를 측정하고 토우 컨트롤 로드를 조절해서 원하는 토우각 세팅을 맞춘다. 완료되고 나면 이를 그림 11.1 과 같이 토우 게이지를 이용해서 확인할 수 있다. 게이지가 휠의 앞뒤에서 휠 림의 안쪽에 접촉하도록 조절한다. 토우각 조절 로드를 너트로 조이고 스티어링 랙은 잠금을 풀어준다.

제 6 단계 댐퍼

예제 4.4 와 4.5 는 자동차의 초기 댐핑계수를 어떻게 계산하는지 보여준다. 조절 가능한 댐퍼에 대해서, 이 값은 다양한 강성 세팅에 대한 테스트에서 구한 댐퍼 특성곡선의 기울기와 비교되어야만 한다. 목표는 계산된 댐핑 계수와 가장 가까운 값으로 초기 세팅을 설정하는 것이다.

11.3 테스트

테스트를 수행하기 전에 새로 완성된 자동차는 액체류의 레벨을 포함한 볼트, 너트 그리고 호스 클램프 등의 조임 상태에 대해서 엄격한 체크를 받아야만 한다. 자동차를 지면에서 안전하게 들어올려

확실한 스탠드에 세워둔 다음 팀에서 가장 무거운 멤버가 각 휠에 모든 방향으로 상당한 힘을 가해보는 것이 유용하다. 스티어링축을 제외하고는 휠과 섀시 사이에 어떠한 상대적인 움직임도 없어야만 한다.

동적 테스트는 언더스티어/오버스티어 밸런스와 같은 문제에 대해서 설계팀에 양호한 피드백을 전달할 수 있는 숙련된 드라이버에 의해서 수행되어야만 한다.

11.3.1 안전

레이싱 이벤트에는 써킷 규정, 참관인 그리고 진행요원 등으로 인해서 상대적으로 안전한 환경이 이루어지지만 비공식적인 테스트에서는 팀 자체에서 안전 절차에 대한 책임을 감수해야만 한다. 테스트 세션은 공식적으로 문서화된 안전 평가를 받아야만 하고 담당 관리자는 이를 읽고 이해하고 서명을 해야만 한다. 여기에 포함되어야 하는 몇 가지 항목은 아래를 포함한다.

차량의 운송 및 적재와 하역

■ 자동차는 운송을 위해서 적절히 고정되어야 한다.

■ 차량을 운전하기 위해서 드라이버는 자격을 갖추고 훈련되어야만 한다.

■ 차량을 운송차량에 적재하고 하역할 적절한 인원의 팀 멤버가 있어야만 하고 어떠한 멤버도 미리 합의된 중량 이상을 들려고 하지 않아야만 한다.

드라이빙

■ 자동차에 시동이 걸려있는 상태에서는 항상 드라이버는 보호장구와 안전 하네스를 착용해야만 한다.

■ 모든 드라이버는 안전 하네스를 제거하는 것을 포함해서 자동차에서 5 초 이내에 탈출할 수 있어야 함을 사전에 증명해야만 한다.

■ 테스트 트랙은 모든 코너마다 안전하게 트랙을 벗어날 수 있는 적절한 런오프 영역(*Run-off area*)을 가지고 있어야만 한다.

■ 테스트 코스에는 다른 차량이나 기타 다른 물체가 없어야만 한다.

관람

■ 자동차가 주행 중에는 관람자는 런오프 영역으로부터 충분히 멀리 떨어진 지정된 구역에서 벗어나지 않아야 한다.

화재와 연료

■ 두 명의 전담 팀 멤버가 인증된 소화기를 준비해서 항상 대기해야만 한다.

■ 연료는 인증된 저장 용기에 보관되어야만 한다.

■ 드라이버는 급유하는 동안에는 자동차의 밖에 머물러야만 한다.

11.3.2 데이타 획득

향후 분석을 위해서 주요 데이타를 저장될 수 있다면 테스트의 가치가 상당히 향상된다. 데이타 획득

시스템은 자동차와 드라이버 모두에 대한 효과적인 테스트와 개발을 위해서 필수적인 항목이 되었다. 독립형 엔진 매니지먼트 시스템은 물론 적절한 센서가 장착되어 있다면 일반적으로 엔진 회전수, 냉각수 온도, 오일압력 그리고 배기 산소 농도(람다)와 같은 엔진과 관련된 변수를 저장하는 능력을 가지고 있다. 그러나 전문 데이타 기록장치는 보통 콕핏 계기와 관련되어 특히 만약 관성항법장치(INS)나 위성 GPS 시스템과 연결된다면 훨씬 더 많은 자료를 제공할 수 있다. 이를 이용하면 지도상에서 랩 포지션과 직접적으로 관련된 속도, 가로 방향 및 전후 방향 가속도 g 등도 모니터링할 수 있다.

데이타 저장장치는 일반적으로 추가적인 아날로그 채널을 제공할 수 있도록 업그레이드가 가능해서 이를 이용하면 설계자는 다양한 범위의 중요한 정보를 획득할 수 있다. 스트레인 게이지(Strain gauge)를 연결하면 섀시와 서스펜션 링크에 작용하는 구조 하중을 확인할 수 있고, 회전 변위 센서(Angular Potentiometer)는 스티어링 각도를 제공하고, 경사각 센서는 롤링과 피치각도를 제공하며, 근접 센서(Proximity sensor)는 지면 간격을 구할 수 있다. 스프링/댐퍼 또는 벨트랭크의 변위를 측정하는 선형 변위 센서(Linear potentiometer)가 특히 중요하다. 이는 가속, 제동 및 코너링을 하는 동안 서스펜션의 움직임에 대한 데이타를 제공할 뿐 아니라 프론트와·리어의 다운포스에 대한 중요한 정보를 추출해서 자동차의 공기역학 밸런스를 맞추는데 도움을 준다.

데이타는 일정한 간격으로 기록되는데 이 샘플링 레이트(Sampling rate)는 일반적으로 관심있는 데이타의 성격에 따라서 사용자가 설정한다. 일반적으로 샘플링 레이트는 기록하는 이벤트의 주파수의 두 배일 때 양호한 결과 얻을 수 있다. 속도, 엔진 회전수, 오일 압력 그리고 냉각수 온도와 같이 써킷상에서 상대적으로 느리게 변하는 이벤트를 기록한다면 $10Hz$ 의 레이트이면 충분하다. 제4장에서 현가하 휠 질량의 전형적인 진동수가 약 $20Hz$ 인 것을 살펴봤기 때문에 만약 상세한 휠의 움직임을 원한다면 최소한 $40Hz$ 의 샘플링 레이트가 필요하다. $12000rpm$ 의 엔진은 약 $200Hz$ 로 회전하기 때문에 상세한 엔진 이벤트를 위해서는 $400Hz$ 의 레이트가 필요하다. 물론 높은 샘플링 레이트는 데이타와 메모리를 훨씬 더 많이 빠르게 소모한다. 대량으로 생성되는 데이타를 해석하고 분석하기 위한 소프트웨어 툴이 제공된다.

11.3.3 위밍업 테스트

모든 액체류가 작동 온도와 압력에 이르기까지 엔진을 가동시킨다. 모든 배관 부위에서 누유 여부를 주의깊게 살펴본다. 가능한 모든 센서와 계기의 작동 여부를 체크한다. 소리를 통한 테스트도 같이 병행할 수 있다.

11.3.4 셰이크다운(Shakedown) 테스트

자동차의 속도 범위를 높여가면서 빈번한 피트스톱으로 볼트, 너트의 헐거움과 오일류의 누유를 점검한다. 향후 분석을 위해서 오일 압력과 냉각수 온도를 관찰하고 기록한다.

11.3.5 타이어 온도 테스트

자동차를 타이어의 온도가 올라갈 때까지 레이스와 같은 속도로 주행한다. 온도가 올라간 상태에서 파이로미터(*Pyrometer*)를 이용해서 각 타이어의 온도를 트레드 면을 기준으로 안쪽 모서리에서 25*mm* 떨어진 부위, 중심부위 그리고 바깥쪽 모서리에서 25*mm* 떨어진 부위에서 각각 측정한다. 탐침식 파이로미터가 적절한데 트레드 깊이 방향으로 3*mm* 지점으로 넣어서 측정한다. 타이어에 하중이 많이 실리는 예를 들어 시계 방향으로 주행하는 써킷의 경우 왼쪽 타이어의 온도 범위는 80-105°*C* 범위에 있어야 한다. 안쪽 모서리는 바깥쪽에 비해서 약 5°*C* 정도 높게 나와야 한다. 표 11.1 에서 이렇게 측정되는 온도를 해석하는 방법이 나와 있다.

증상	해석
내측 모서리 온도가 외측보다 5°C 이상 높음	과도한 네거티브 캠버
내측 모서리 온도가 외측보다 5°C 이하 높음	부족한 네거티브 캠버
중심부위 온도가 내측 모서리보다 높음	과도한 타이어 공기압
중심부위 온도가 모서리 평균보다 낮음	부족한 타이어 공기압
프론트의 온도가 리어보다 높음	언더스티어 차량
리어의 온도가 프론트보다 낮음	오버스티어 차량

표 11.1 타이어 온도 테스트

11.3.6 역학적 밸런스(Mechanical balance)

역학적인 언더스티어/오버스티어 밸런스 테스트는 공기역학 다운포스가 발생하기 이전인 상대적으로 저속인 상태에서 이루어진다. 그럼에도 불구하고 윙의 받음각은 최소로 조절하는 것이 바람직한 방법이다. 이상적으로 이러한 테스트는 30*m* 반경의 원형 스키드 패드(*Skid pad*)에서 이루어진다. 자동차가 일정한 반경의 원을 미끄럼이 발생하기 전까지 속도를 조금씩 점진적으로 올려가면서 테스트가 진행된다. 이때 조향각의 변화를 차량의 속도 또는 가로 방향 가속도에 대해서 그래프로 그리면 그림 5.16 과 유사한 형태의 핸들링 곡선이 나오게 된다. 최종적으로 미끄러짐이 발생한다면 이는 자동차가 계속 직진을 하거나(언더스티어) 아니면 스핀에 들어갈(오버스티어) 것이다. 출력대 중량비의 값이 높은 자동차에 대해서는 경험이 많지 않은 드라이버라면 역학적인 오버스티어와 파워 오버스티어를 혼동하지 않아야 한다. 어떤 순간에서든 과도한 쓰로틀은 리어휠의 전후 방향 그립은 살아있는 상황이라도 가로 방향 트랙션은 줄어들기 때문에 고출력 자동차의 뒷부분을 밀어내고 스핀을 일으킬 수 있다.

표 5.3 에는 자동차의 밸런스를 조절하기 위한 여러가지 방법이 나와있다.

높은 가로 방향 가속도를 유지한 채 한쪽 방향으로 계속해서 회전하는 것은 오일 써지(*Oil surge*)의 주요 원인이기 때문에 이러한 테스트를 하는 동안에는 오일의 압력을 세심하게 모니터링하는 것이 중요하다.

11.3.7 공기역학 밸런스

공기역학 다운포스는 속도의 제곱에 비례한다는 것을 알고 있고 따라서 밸런스는 미끄러지는 경우 주로 이탈로 이어지는 급한 코너에서 테스트를 해봐야만 한다. 목표는 원하는 언더스티어/오버스티어 밸런스를 맞추기 위해서 프론트와 리어윙의 받음각을 조절하려는 것이다. 오버스티어를 줄이기 위해서는 프론트윙의 다운포스를 줄이거나 리어윙의 다운포스를 늘려야 한다. 또한 전체적인 다운포스의 수준과 또한 항력 역시 직선 주로에서 최대 속도에 도달하는데 적절한지 확인을 하는것이 바람직하다.

11.3.8 댐퍼 세팅

예제 4.4 와 4.5 에서 조절가능한 댐퍼의 초기 세팅을 어떻게 계산하는지 알아보았다. 특정한 트랙의 상태 또는 특정 드라이버의 선호도를 수용하기 위해서 이 값을 수정하는 것이 바람직할 수도 있다. 댐퍼의 시간에 대한 하중 이동 특성을 자동차의 정적 상태 밸런스(*Static state balance*)를 맞추는데 사용하지 않아야 하지만 이러한 조절이 코너 진입과 탈출과 같은 일시적인 밸런스(*Transient balance*)에 영향을 미치기는 한다. 또한 과도한 코너링 롤을 제한하기 위해서도 댐퍼를 사용하지 않아야 한다. 다음 절차는 참고 문헌 15 의 *Milliken and Milliken* 으로부터 요약된 것으로 댐퍼 제조사인 *Koni* 의 추천을 따른 것이다. 이는 최소한 범프와 리바운드의 양 방향으로 조절가능한 댐퍼로 가정한다.

1. 현가하 휠 어셈블리의 진동을 제어하기 위한 범프 댐핑의 세팅

(*a*) 모든 댐퍼를 최소 범프와 리바운드로 맞추고 한두차례 랩을 돌아본다. 범프 코너에서 자동차가 어떻게 반응하는지 확인한다. 적절하게 댐핑된 상태가 아니므로 휠이 바운스 또는 사이드 호핑(*Side-hop*)의 가능성이 있다.

(*b*) 범프 조절을 세 클릭만큼 높인 후에 테스트를 반복하고 차이를 확인한다.

(*c*) 범프에서 자동차가 단단하게 느껴질 때까지 위의 (*b*)과정을 반복한다.

(*d*) 범프 조절을 두 클릭만큼 줄인다.

2. 일시적인 코너 롤링을 제어하기 위한 리바운드 댐핑의 세팅

(*a*) 범프 댐핑을 위의 기준으로 맞추고 한두차례 랩을 돌라본다. 코너 진입시 자동차의 롤을 확인한다.

(*b*) 모든 휠에 대해서 리바운드 댐핑을 세 클릭만큼 높이고 테스트를 반복한다.

(*c*) 초기 턴-인에서 롤이 거의 없이 자동차가 부드럽게 회전에 들어갈 때까지 위의 (*b*)과정을 반복한다.

(*d*) 일시적인 코너 진입 언더스티어를 감소시키기 위해서는 리어휠 리바운드 댐핑을 높이거나 또는/그리고 프론트휠 리바운드 댐핑을 줄인다. 언더스티어를 증가시키기 위해서라면 반대로 조절한다.

(*e*) 반복되는 범프에서 자동차가 재킹 다운(*Jacking down*)현상을 보인다면 리바운드 댐핑을 줄인다.

위의 과정을 모두 마친 후에는 댐퍼 세팅을 초기에 계산했던 값과 비교해 보는 것이 분명히 유용할 것이다.

제 11 장 주요 사항 요약

1. 타이어 공기압, 라이드 높이, 코너 중량, 휠 캠버와 토우를 포함한 서스펜션은 주의깊고 정밀하게 조절되어야만 한다.

2. 테스트팀은 테스트가 진행되는 동안 합의된 안전 절차를 준수해야만 한다.

3. 데이타 로깅 시스템을 적용하면 운동성능 테스트와 개발의 가치를 상당히 높일 수 있다.

4. 타이어의 온도 테스트를 통해서 타이어 공기압과 휠 캠버의 적정성 여부를 알 수 있다.

5. 자동차의 역학적인(mechanical) 언더스티어/오버스티어 밸런스는 상대적으로 저속에서 나타나며 이상적으로 원형 스키드 패드에서 맞춰질 수 있다.

6. 자동차의 공기역학 밸런스는 고속영역에서 나타나며 전후방 윙의 받음각의 조절을 필요로 한다.

7. 초기에 계산된 댐퍼 세팅은 특정 상태와 드라이버 선호도에 따라서 트랙에서 수정될 수 있다.

부록 1 Pacejka 타이어 계수의 유도

제 5 장에서 타이어 데이타를 수학적 모델의 형태로 갖는 것이 언더스티어/오버스티어 밸런스의 계산을 전산화하는데 다른 무엇보다도 유리하다는 것을 설명하였다. 이번 부록에서는 그래프 형태의 타이어 테스트 결과로부터 주요 *Pacejka* 계수를 어떻게 유도하고 다른 형태의 트레드나 부드러운 컴파운드와 같은 변화에 대해서 이 값을 어떻게 수정할 수 있는지 설명할 것이다. 5.2.6 장에 설명되었던 *Pacejka* 의 매직포뮬러 중에서 가로 방향 그립에 대해서만 고려할 것이다. 일단 포뮬러와 실제 테스트 데이타로부터 적절한 계수값이 모인다면 설계자는 아래와 같은 값을 입력하는 것으로

■ 수직 타이어 하중, 슬립각 그리고 캠버각

다음의 출력값을 구할 수 있다.

■ 가로 방향 코너링 또는 그립힘

다음에 서술되는 절차는 참고 문헌 17 에 기반한 것이다. 사용되는 모든 각도의 단위는 래디안이다. 가장 먼저 참고할 사항으로는 일부 *Pacejka* 계수가 다른 것에 비해서 훨씬 더 중요하다는 것이다. 표 5.1 에 나열된 총 18 개의 상수 중에서 약 다섯 개 정도는 0 으로 두어도 대부분의 경우 수식의 결과에 거의 영향을 미치지 않는다. 이는 **표 A1.1** 에서 삭제 표시로 되어있다.

	설명
F_{Z0}	공칭 하중 (N)
p_{CY1}	형상계수
p_{DY1}	가로 방향 마찰 계수, μ_y
p_{DY2}	하중에 따른 마찰력의 변화
p_{DY3}	캠버 제곱에 따른 마찰력의 변화
p_{EY1}	F_{Z0} 에서 가로 방향 곡률
~~p_{EY2}~~	~~하중에 따른 곡률의 변화~~
~~p_{EY3}~~	~~곡률의 무차원 캠버의존도~~
~~p_{EY4}~~	~~캠버에 따른 곡률의 변화~~
p_{KY1}	강성 K_y/F_{Z0} 의 최대값
p_{KY2}	K_y 가 최대값일 때 정규화된 하중
p_{KY3}	캠버에 따른 K_y/F_{Z0} 의 변화
p_{HY1}	F_{Z0} 에서의 S_{Hy} 의 수평 방향 이동
~~p_{HY2}~~	~~하중에 따른 S_{Hy} 의 변화~~
p_{HY3}	캠버에 따른 S_{Hy} 의 변화
p_{VY1}	F_{Z0} 에서 S_{Vy} 의 수직 이동
~~p_{VY2}~~	~~하중에 따른 S_{Vy} 의 변화~~
p_{VY3}	캠버에 따른 S_{Vy} 의 변화
p_{VY4}	캠버와 하중에 따른 S_{Vy} 의 변화

표 A1.1 Pacejka 계수

그림 5.8a 에 나오는 *Avon British F3* 타이어의 캠버각 0 도인 경우에 대한 테스트 자료를 고려하고 이를 그림 A1.1 에 다시 표현하였다. 이는 규격이 180/550 *R*13 인 래디얼 타이어이다. 표시된 곡선은 캠버각 0 도인 경우에 대한 것이고 이를 이용해서 기본적인 포뮬러의 계수를 유도하는데 사용될 것이다. 캠버각이 0 이 아닌 경우에 대한 그래프도 존재하며 페이지 238 의 **그림 A1.4** 에 나와 있다. 목표는 캠버각이 0 인 경우를 포함해서 이러한 다른 캠버각에 대한 곡선의 포뮬러를 도출하는 것이다. **그림 A1.1** 에는 곡선이 원점에서부터 이동했다는 것을 보여주기 위해서 세로 점선이 추가되었다.

그림 A1.1

0 캠버에서 Avon
British F3
타이어에 대한
코너링 포스
(Avon Tyres
Motorsport)

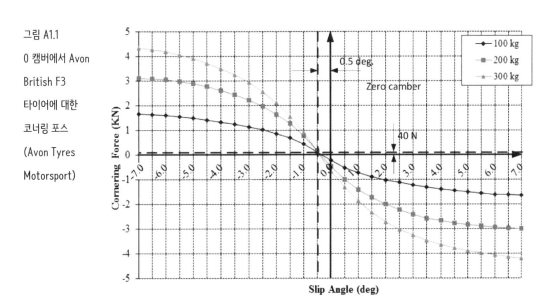

제 1 단계 – 공칭 하중, F_{Z0}

첫 단계는 기본적인 곡선의 근본이 되는 공칭 하중(*Nominal load*) F_{Z0} 를 정의하는 것이다. 테스트 데이타에서 하중 증가의 하나를 선택하는 것이 적절하다. 또한 공칭 하중은 자동차의 최대 수직 코너링 하중에 근접해야만 한다. 소형 1 인승 자동차에 대해서 이는 대략 200*kg* 정도이므로 이 값을 선택한다. 또한 캠버각 0 인 경우부터 시작한다.

$$공칭 하중, \ F_{Z0} = 200 \times 9.81 = 1962N$$

제 2 단계 – 공칭 하중에서의 마찰력 계수 변수, p_{DY1}

코너링 포스 D_y 의 최대값은 식 [5.6]으로부터 구할 수 있다.

$$D_y = F_Z \left(p_{DY1} + p_{DY2} df_Z \right) \left(1 - p_{DY3} \gamma_y^2 \right) \lambda_{\mu y}$$

공칭 하중($F_Z = F_{Z0}$), 캠버각 0 그리고 $\lambda_{\mu y} = 1$ 에서 이는 아래처럼 간단히 할 수 있다.

$$D_y = F_{Z0} \times p_{DY1}$$

그림 A1.1 의 그래프로부터 200kg 곡선은 슬립각 7 도에서 거의 최대에 근접하는 것을 알 수 있다. 테스트가 더 높은 슬립각도를 넘어 이상적으로는 피크값을 지나서까지 계속되었다면 더 좋았을 것이다. 또한 위의 그래프에서 곡선이 정확하게 대칭이 아닌 원점으로부터 수직 방향으로 약간 이동되어 결과적으로 +7 도와 −7 도에서의 F_Y 값에 약간 차이가 있음을 주목해야 한다. 이는 타이어 제조상 구조의 비대칭으로 인한 결과일 가능성이 있다. 초기 기본 곡선은 원점을 지난다고 가정하고 따라서 코너링 포스의 위아래 평균값을 취하면 다음과 같다.

$$D_y = 3050N$$

마찰 계수, $p_{DY1} = D_y/F_{Z0} = 3050/1962 = 1.55$

제 3 단계 – 강성 변수, p_{KY1}, p_{KY2}

원점에서 곡선의 기울기인 코너링 강성을 구할 차례이다. 보통 이 변수는 공칭 하중이 아닌 최대 강성 경우에 따라 결정된다. **그림 A1.1** 을 보면 원점에서 점선이 평행하게 그려진 것을 알 수 있다. 이번에도 슬립각의 양의 값과 음의 값에 대한 평균값을 취하고 이를 래디안으로 변경하면 다음과 같이 정리할 수 있다.

100kg 일 때,

직선의 기울기, $k_{y100} = 5000/(-6.3 \times \pi/180) = -40340 \, N/rad$

F_{Z0} 로 나누어 정규화하면 $= -40340/1962 = -20.6$

200kg 일 때,

직선의 기울기, $k_{y200} = 5000/(-3.9 \times \pi/180) = -73456 \, N/rad$

F_{Z0} 로 나누어 정규화하면 $= -73456/1962 = -37.4$

300kg 일 때,

직선의 기울기, $k_{y300} = 5000/(-2.95 \times \pi/180) = -97111 \, N/rad$

F_{Z0} 로 나누어 정규화하면 $= -97111/1962 = -49.5$

p_{KY1} 은 강성/F_{Z0} 의 최대값이다. 이를 구하기 위해서는 위의 강성값을 그래프로 그리고 곡선이 피크가 되는 지점을 찾으면 되고, **그림 A1.2** 로부터 이는 약 −73.0 이 된다.

p_{KY2} 는 K_y 가 최대값에 이르는 정규화된 하중(*Normalised load*)으로 정의된다. 이는 7400N 에 대해서 아래처럼 계산할 수 있다.

$$p_{KY2} = 7400/F_{Z0} = 7400/1962 = 3.77$$

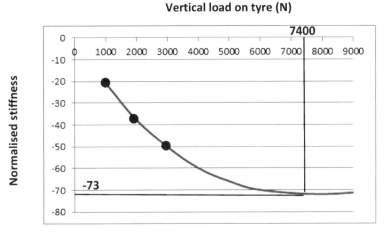

제 4 단계 – 형상 변수, p_{CY1}

이 변수는 높은 슬립각일 때 최대 코너링 포스가 떨어지는 정도를 결정하는 변수이다. 이는 참고 문헌 11 로부터 아래 공식으로 구할 수 있다.

$$p_{CY1} = 1 + \left(1 - \frac{2}{\pi} sin^{-1} \frac{y_a}{D_y}\right)$$

여기서 $y_a = F_{Z0}$ 곡선상의 수평 점근선까지 거리

               $D_y = F_{Z0}$ 곡선의 최대값 (**그림 A1.3** 참조)

이 값은 일반적으로 1.1 에서 1.6 사이인데 크로스 플라이 타이어(*Cross ply tyre*)인 경우 보통 1.3 정도이고, 보다 급하게 떨어지는 피키(*peaky*) 래디얼 타이어인 경우 대략 1.5 정도가 된다. 표 **A1.2** 에 최대값이 감소하는 정도에 대한 경향이 나와 있다.

그림 A1.3

곡률 변수 p_{EY1} 의 유도

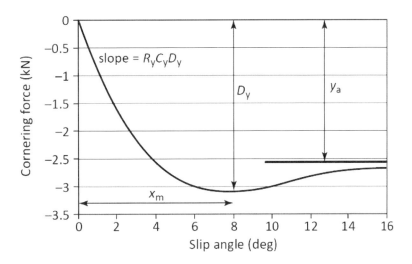

테스트 데이타가 p_{CY1} 에 대한 신뢰할만한 예측을 할 수 있을 정도로 충분히 높은 슬립각까지 확장되는 경우는 흔하지 않기 때문에 위에 주어진 전형적인 값을 사용하는 것이 추천된다. 여기에서는 타이어는 래디얼이고 따라서 1.5 를 이용한다.

식 [5.8]로부터,

$$C_y = p_{CY1}\lambda_{Cy} = p_{CY1} \ (\lambda_{Cy} = 1.0 \text{ 일 때})$$

p_{CY1}	피크값에 대한 감소율 %
1.0	0 (곡선의 수평으로 평평해짐)
1.1	1
1.2	5
1.3	11
1.4	19
1.5	29

표 A1.2 P_{CY1} 의 최대값이 감소하는 정도

제 5 단계 – 곡률 변수, p_{EY1}

곡률 변수 E_y 는 **그림 A1.3** 에 나온 것과 같이 피크값 x_m 의 수평 방향 위치를 결정한다. 이는 식 [5.12]로부터 구할 수 있다.

$$E_y = \left(p_{EY1} + p_{EY2}df_Z\right)\left\{1 - \left(p_{EY3} + p_{EY4}\gamma_y\right)sgn\left(\alpha_y\right)\right\}\gamma_{Ey}$$

공칭 하중 ($F_Z = F_{Z0}$), 제로 캠버 $p_{EY3} = 0$, 그리고 $\lambda_{Ey} = 1.0$ 에 대해서 간단히 하면,

$$E_y = p_{EY1}$$

참고 문헌 17 에 따라서,

$$E_y = p_{EY1} = \frac{B_y x_m - tan\left(\pi/2 p_{CY1}\right)}{B_y x_m - tan^{-1}\left(B_y x_m\right)}$$

그림 A1.1 로부터 곡선은 약 8 도 슬립각에서 최대가 된다고 예측할 수 있다.

$$x_m = 8^\circ = 0.14 rad$$

원점에서 F_{Z0} 의 기울기 $= -73456 \, N/rad = B_y C_y D_y$

따라서,

$$B_y = -73456/C_y D_y = -73456/\left(1.5 \times -3050\right) = 16.1$$

$$\therefore B_y x_m = 16.1 \times 0.14 = 2.24$$

$$p_{EY1} = \frac{2.24 - tan[\pi/(2 \times 1.5)]}{2.24 - tan^{-1}(2.24)} = (2.24 - 1.73)/(2.25 - 1.15) = 0.47$$

제 6 단계 – F_{Z0} 에서 수평 방향 이동, 변수 p_{HY1}

그림 A1.1 의 점선은 원점으로부터 곡선의 옵셋을 나타낸다. 가로축의 단위는 래디안이다.

$$수평 이동, \; p_{HY1} = 0.50° \times \pi/180 = 0.0087$$

왼쪽으로의 이동은 유효 슬립각을 증가시키기 때문에 부호는 양이 되는것에 주의한다.

제 7 단계 – F_{Z0} 에서 수직 방향 이동, 변수 p_{VY1}

그림 A1.1 의 점선은 원점으로부터 곡선의 옵셋을 나타낸다. 세로축의 단위는 뉴톤인 힘이고 이를 F_{Z0} 로 나누어 정규화한다.

$$수직 이동, \; p_{VY1} = 40/1962 = 0.02$$

세로 하중 F_Z 에 대한 변화

제 8 단계 – 다른 수직 하중에서 마찰 계수, 변수 p_{DY2}

이제 하중에 따라서 마찰 계수가 어떻게 변화하는지 알아야 할 필요가 있다.

$$300kg \; 하중에서, \; F_Z = 300 \times 9.8 = 2943N$$

$$마찰 계수, \; \mu = F_Y/F_Z = 4.30/2.943 = 1.46$$

이를 공칭 하중 F_{Z0} 에서의 마찰 계수와 비교하면,

$$\Delta F_Z = 1962 - 2943 = -981$$

$$\Delta\mu = 1.55 - 1.46 = 0.09$$

하중에 따른 마찰 계수의 공칭 변화,

$$p_{DY2} = 0.09/-981 \times 1962 = -0.18$$

캠버 γ 에 대한 변화

제 9 단계 – 다른 휠 캠버에서 마찰 계수, 변수 p_{DY3}

그림 A1.4 는 4 도 캠버에 대한 타이어 테스트 곡선을 보여준다. 가로축 위아래로부터 평균 최대값을 구할 수 있다.

$$D_y = 3.10kN \; (제로 캠버에서는 \; 3.05kN)$$

이번에도 식 [5.6]으로부터,

$$D_y = F_Z \left(p_{DY1} + p_{DY2} df_Z\right)\left(1 - p_{DY3}\gamma_y^2\right)\lambda_{\mu y}$$

공칭 하중($F_Z = F_{Z0}$)과 $\lambda_{\mu y} = 1$ 에서 간단히 하면,

$$D_y = F_{Z0} p_{DY1}\left(1 - p_{DY3}\gamma_y^2\right) = 3100$$

$$\gamma_y = 4.0^\circ = 4 \times \pi/180 = 0.0698 rad$$

$$\therefore 1962 \times 1.55\left(1 - p_{DY3} \times 0.0968^2\right) = 3100$$

$$p_{DY3} = -3.98$$

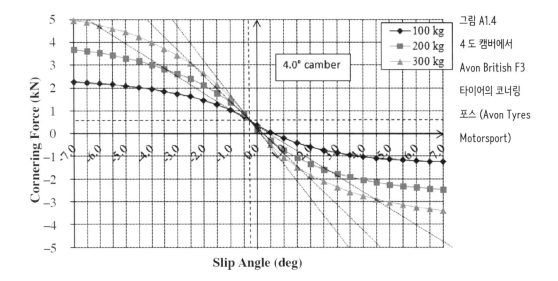

그림 A1.4

4도 캠버에서 Avon British F3 타이어의 코너링 포스 (Avon Tyres Motorsport)

제 10 단계 – 휠 캠버에 따른 수평 이동의 변화, 변수 p_{HY3}

그림 A1.1 과 A1.4 로부터 점선의 수평 이동은 0.50 도에서 약 0.35 도 정도로, 다시 말해서 −0.15 도 $= -0.0026 rad$ 라는 것을 알 수 있다.

식 [5.11]로부터,

$$S_{Hy} = \left(p_{HY1} + p_{HY2} df_Z + p_{HY3}\gamma_y\right)\lambda_{Hy}$$

위로부터 0.0026 rad 의 캠버로 인한 수평 이동은 $p_{HY3}\gamma_y$ 항에 의해서 발생해야만 한다는 것을 알 수 있다.

$$\therefore p_{HY3} \times 0.0698 = -0.0026$$

$$p_{HY3} = -0.037$$

제 11 단계 휠 캠버에 따른 수직 이동의 변화, 변수 p_{VY3}

그림 A1.1 과 A1.4 로부터 점선의 수직 이동은 +40N 에서 약 +600N 까지 +560N 만큼 이동했다는 것을

알 수 있다.

식 [5.13]으로부터,

$$S_{Vy} = F_Z \left\{ p_{VY1} + p_{VY2} df_Z + \left(p_{VY3} + p_{VY4} df_Z \right) \gamma_y \right\} \lambda_{Vy} \lambda_{Kya}$$

위로부터 $560N$ 의 수직 이동은 $p_{VY3} \gamma_y$ 에 의해서 발생해야만 한다는 것을 알 수 있다.

$$\therefore 1962 \times p_{VY3} \times 0.0698 = 560$$

$$p_{VY3} = 4.09$$

제 12 단계 휠 캠버와 하중에 따른 수직 이동의 변화, 변수 p_{VY4}

그림 A1.4 로부터 수직 이동은 모든 곡선에 대해서 동일하다는 것을 알 수 있다. 문제는 위의 식 [5.13]은 p_{VY3} 로 인한 수직 이동의 크기는 F_Z 에 따라서 증가한다는 것이다. 따라서 이러한 효과에 대응하기 위해서 p_{VY4} 변수를 사용해야만 한다. 여기서 4 도 캠버에서 수직 이동을 약 $560N$ 으로 일정하게 유지할 필요가 있다. 만약 $2943N$ ($300kg$)의 F_Z 값을 고려하면,

$$\text{수직 이동의 증가} = (2943/1962 \times 560) - 560 = 280N$$

따라서 $-280N$ 의 수직 이동을 만들기 위해서 p_{VY4} 변수가 필요하다.

식 [5.13]으로부터,

$$F_Z p_{VY4} df_Z \gamma_y = -280$$

여기서 $\qquad df_Z = (2943 - 1962)/1962 = 0.5$

$$\therefore p_{VY4} = -280/\left(2942 \times 0.5 \times 0.0698 \right)$$

$$p_{VY4} = -2.73$$

제 13 단계 휠 캠버에 따른 강성 K_y/F_{Z0} 의 최대값 변화, 변수 p_{KY3}

코너링 강성의 최대값은 휠 캠버의 절대값에 따라서 감소한다. 따라서 **그림 A1.4** 에 나오는 4 도 캠버에서 곡선의 최대 기울기를 구하기 위해서는 제 3 단계를 반복한다. 4 도 캠버에 대한 결과가 제로 캠버의 경우와 비교되어 **그림 A1.5** 에 나와있다.

$100kg$ 일 때,

$$\text{직선의 기울기, } k_{y100} = 5000/(-7.1 \times \pi/180) = -40349 \, N/rad$$

$$F_{Z0} \text{ 로 나누어 정규화하면 } = -40349/1962 = -20.6$$

$200kg$ 일 때,

$$\text{직선의 기울기, } k_{y200} = 5000/(-4.4 \times \pi/180) = -65109 \, N/rad$$

$$F_{Z0} \text{ 로 나누어 정규화하면 } = -65109/1962 = -33.2$$

300kg 일 때,

$$직선의\ 기울기,\ k_{y300} = 5000/(-3.3 \times \pi/180) = -86812\ N/rad$$

$$F_{Z0}\ 로\ 나누어\ 정규화하면 = -86812/1962 = -44.2$$

정규화된 최대 강성값은 −73 에서 −68.5 로 변화하는 것을 볼 수 있다.

$$제로\ 캠버에서\ 최대\ 강성 = 73 \times 1962 = 145200\ N/rad$$

$$4\ 도\ 캠버에서\ 최대\ 강성 = 68.5 \times 1962 = 134400\ N/rad$$

참고 문헌 17 로부터,

$$134400 = 145200(1 - p_{KY3}|\lambda|)$$

$$p_{KY3} = 10800/(145200 \times 0.0968)$$

$$p_{KY3} = 1.07$$

그림 A1.5

4 도 캠버에서 강성의 최대값

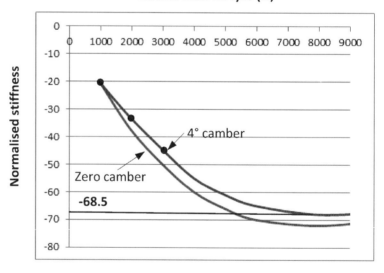

Vertical load on tyre (N)

요약과 결론

표 A1.3 은 손으로 계산한 *Pacejka* 계수의 수치를 *Avon* 으로부터 획득한 원본 컴퓨터로 계산된 값과 비교한 것을 보여주고 있다. 상당한 차이가 있다는 것을 알 수 있다. 일부 차이는 서로 다른 공칭 하중의 적용으로 설명될 수 있다.

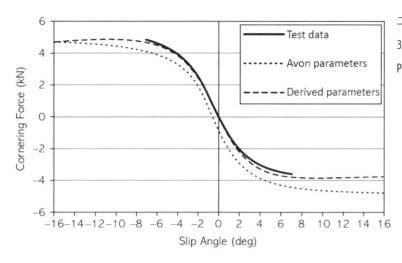

그림 A1.6

300kg 하중과 3 도 캠버에 대한

Pacejka 와 테스트 데이타 비교

	Avon	유도값	설명
F_{Z0}	2444	1962	공칭 하중 (N)
p_{CY1}	0.324013	1.5	형상계수
p_{DY1}	- 3.674945	- 1.55	가로 방향 마찰 계수, μ_y
p_{DY2}	0.285134	- 0.18	하중에 따른 마찰력의 변화
p_{DY3}	- 2.494252	- 3.98	캠버 제곱에 따른 마찰력의 변화
p_{EY1}	- 0.078785	0.47	F_{Z0} 에서 가로 방향 곡률
p_{EY2}	0.245086	0	하중에 따른 곡률의 변화
p_{EY3}	- 0.382274	0	곡률의 무차원 캠버의존도
p_{EY4}	- 6.25570332	0	캠버에 따른 곡률의 변화
p_{KY1}	- 41.7228113	- 73.0	강성 K_y/F_{Z0} 의 최대값
p_{KY2}	2.11293838	3.77	K_y 가 최대값일 때 정규화된 하중
p_{KY3}	0.150080764	1.07	캠버에 따른 K_y/F_{Z0} 의 변화
p_{HY1}	0.00711	0.0087	Fzo 에서의 S_{Hy} 의 수평 방향 이동
p_{HY2}	- 0.000509	0	하중에 따른 S_{Hy} 의 변화
p_{HY3}	0.049069131	0.037	캠버에 따른 S_{Hy} 의 변화
p_{VY1}	- 0.00734	0.02	F_{Z0} 에서 S_{Vy} 의 수직 이동
p_{VY2}	- 0.0778	0	하중에 따른 S_{Vy} 의 변화
p_{VY3}	- 0.0641	4.09	캠버에 따른 S_{Vy} 의 변화
p_{VY4}	- 0.6978041	- 2.73	캠버와 하중에 따른 S_{Vy} 의 변화

표 A1.3 Pacejka 계수 - Avon British F3 Tyres (Avon Tyres Motorsport)

변수값에 대한 최종 테스트는 이 결과가 테스트 데이타에 얼마나 근접하는가를 확인하는 것이다. 그림 A1.6 은 $300kg$ 수직 하중과 3 도 캠버와 같이 계산에서 직접 고려되지 않았던 상황에 대해서 위에서 계산된 변수를 테스트 데이타와 비교한 결과를 보여주고 있다.

그림 A1.6 에는 또한 *Avon Pacejka* 변수에 근거한 곡선도 같이 보여주고 있다. 계산된 데이타는 특히 음의 캠버 부분에서 테스트 데이타와 거의 차이를 구별할 수 없을 정도로 잘 맞는 것을 볼 수 있다. *Pacejka* 곡선은 ±16 도까지 확장되었는데 *Avon* 곡선은 계속해서 증가하는 것에 비해서 계산된 데이타는 결국 약 ±10 도에서 최대가 되는 것을 알 수 있다. 두 가지 경우 모두에서 래디얼 타이어에 대해서는 보다 피키(*peaky*) 라고 예상할 수 있을 것이다. *Avon* 곡선은 캠버에 따른 양의 이동의 증가로 인한 장점 다시 말해서 보다 큰 p_{VY3} 값을 기대할 수 있을 것이다. 그러나 이를 제외하고는 변수값의 상당한 변화를 고려하면 두 개의 *Pacejka* 곡선이 매우 유사하다는 것을 알 수 있다.

부호에 대한 고찰

Pacejka 곡선은 위에 나온 *Avon* 곡선과는 반대가 되도록 왼쪽 하단에서 시작해서 오른쪽 상단에서 끝나는 기울기로 표현하는 것이 일반적이다. *Pacejka* 는 이렇게 사용하였다. 이를 위해서 변수에 필요한 변화는 마찰 계수 p_{DY1} 의 부호를 반대로 하고 강성 변수 p_{KY1} 과 p_{KY2} 가 동일한 부호를 갖도록 하는 것이다.

타이어, 휠 그리고 노면 변화에 대한 변수의 수정

다른 마찰 표면

타이어 테스트 리그에 대해서 특히 매우 부드러운 타이어의 경우에는 실제 노면에서 사용 가능한 마찰 수준을 과대해서 예측하는 것이 일반적이다. 이후 트랙 테스트에서 차이나 나타난다면 새로운 최대 코너링 포스가 실제 트랙에서 얻은 실제값에 대응하도록 식[5.6]에서 *Pacejka* 스케일 계수 $\lambda_{\mu y}$ 를 1 보다 작은 값으로 설정할 수 있다. 이는 곡선의 형상이나 기울기에 어떠한 영향도 주지 않으며 최대 코너링 포스를 수정하도록 한다.

다른 타이어 컴파운드

타이어 제조사는 기본 구성은 동일하지만 경도와 단면폭을 변화시키는 방식으로 타이어 패밀리를 생산한다. 만약 테스트 데이타가 이와 같은 패밀리의 하나에 대해서만 사용 가능하다면 관련된 타이어의 모델링을 할 수 있도록 변수를 예측하는 것이 가능하다.

일반적으로 부드러운 컴파운드가 더 큰 그립을 발생시키지만 제조사는 레이싱 컴파운드에 대한 중요한 경도 데이타는 제공하지 않으려고 한다. 그러나 마찰 스케일링 계수 $\lambda_{\mu y}$ 를 증가시키면 부드러운 컴파운드에 대해서 적용할 수 있다.

타이어 폭의 변화

폭이 넓은 타이어는 높은 강성을 갖고 보다 높은 최대 그립을 제공한다. 참고 문헌 7 의 *Dixon* 은 코너링 강성은 타이어 폭의 0.3 제곱에 따라서 변화한다고 제안했는데, 만약 폭이 넓은 타이어의 압력이 동일한 접지압을 유지하기 위해서 감소된다면 이는 약 절반 정도 줄어들게 된다. 또한

Dixon 은 만약 타이어 압력이 컨택 패치 길이가 일정하게 유지되도록 조절된다면 최대 코너링 포스는 타이어 폭의 0.15 제곱에 따라서 변화한다고 제안했다.

따라서 만약 타이어의 폭이 $180mm$ 에서 $250mm$ 로 증가된다면 *Pacejka* 스케일링 계수 λ_{Ky} 와 $\lambda_{\mu y}$ 는 다음과 같이 조절될 수 있다.

$$\lambda_{Ky} = (250/180)^{0.3} = 1.10 \;\; (감소된 \; 타이어 \; 압력의 \; 경우 \; 1.05)$$

$$\lambda_{\mu y} = (250/180)^{0.15} = 1.05$$

위의 접근 방법은 슬릭 타이어에 습한(*wet*) 날씨를 위해서 드레인 채널을 위한 그루브를 내는 경우 드라이 그립의 감소를 예측하는 것에도 또한 적용될 수 있다.

휠 너비의 변화

각 타이어 사이즈에 대해서 제조사는 일반적으로 휠 림의 적절한 폭에 대한 범위에 대한 안내를 제공한다. 참고 문헌 7 의 *Dixon* 은 코너링 강성은 휠 림의 0.5 제곱에 따라서 변한다고 제안했다. 따라서 $200mm$ 에서 $225mm$ 로 림의 폭이 증가한다면 λ_{Ky} 의 변화는 다음과 같다.

$$\lambda_{Ky} = (225/200)^{0.5} = 1.06$$

타이어 압력 또는 온도의 변화

일부 타이어 모델과는 달리 *Pacejka* 모델은 타이어 압력 또는 온도의 변화를 모델링하기 위한 특별한 변수를 포함하지 않지만 이를 처리할 수 있도록 확장될 수 있다. 최대 그립을 위한 최적 압력은 수직 하중에 따라서 증가하는 것으로 밝혀졌다. 참고 문헌 21 의 *Puhn* 은 만약 타이어가 최적압력 또는 온도에서 작동하지 않는다면 최대 코너링 그립이 20%까지 감소하는 것을 보여주는 그래프를 제공한다. 마찰 스케일링 계수 $\lambda_{\mu y}$ 는 이러한 상황을 보상하기 위해서 <1.0 로 설정될 수 있다.

부록 2 튜브 특성

스틸 튜브 특성(임페리얼 단위) (페이지 34 참조)

Diameter, D (mm)	Thickness, t (mm)	Area, A (mm²)	Weight, w (kg/m)	2nd mom. area, I (mm⁴)	Elas. mod., Z (mm³)
	1.22	118.0	0.925	13 992.9	874.6
28.58	1.63	138.0	1.082	12 575.0	880.0
	2.03	191.1	1.498	21 557.8	1347.4
	1.22	92.7	0.727	6790.4	534.7
25.40	1.63	121.7	0.954	8637.2	680.1
	2.03	149.0	1.168	10 251.7	807.2
	1.22	80.5	0.631	4451.9	400.7
22.22	1.63	105.4	0.827	5622.5	506.1
	2.03	128.8	1.009	6627.2	596.5
	1.22	68.3	0.536	2728.4	286.4
19.05	1.63	89.2	0.699	3413.3	358.4
	2.03	108.5	0.851	3986.3	418.5
	1.22	56.2	0.441	1519.9	191.4
15.88	1.63	73.0	0.572	1876.5	236.3
	2.03	88.3	0.692	2163.4	272.5
	1.22	52.8	0.414	1263.5	168.5
15.00	1.63	68.5	0.537	1552.6	207.0
	2.03	82.7	0.648	1781.9	237.6
	1.22	44.0	0.345	733.0	115.4
12.70	1.63	56.7	0.444	887.2	139.7
	2.03	68.0	0.533	1003.4	158.0

정사각형 박스 특성(임페리얼 단위)

Side (mm)	Thickness, t (mm)	Area, A (mm²)	Weight, w (kg/m)	2nd mom. area, I (mm⁴)	Elas. mod., Z (mm³)
25.40	1.22	118.0	0.925	11 527.7	907.7
	1.63	155.0	1.215	14 662.9	1154.6
	2.03	189.8	1.488	17 403.9	1370.4
22.22	1.22	102.5	0.803	7557.7	680.3
	1.63	134.2	1.052	9545.1	859.1
	2.03	163.9	1.285	11 250.8	1012.7
19.05	1.22	87.0	0.682	4631.8	486.3
	1.63	113.6	0.890	5794.6	608.4
	2.03	138.2	1.084	6767.3	710.5
15.88	1.22	71.5	0.561	2580.3	325.0
	1.63	92.9	0.728	3185.6	401.2
	2.03	112.5	0.882	3672.7	462.6
15.00	1.22	67.2	0.527	2144.9	286.0
	1.63	87.2	0.683	2635.7	351.4
	2.03	105.3	0.826	3025.1	403.3
12.70	3.03	117.2	0.919	2005.9	315.9
	4.03	139.8	1.096	2129.2	335.3
	5.03	154.3	1.210	2163.8	340.8

스틸 튜브 특성(미터 단위)

Diameter, D (mm)	Thickness, t (mm)	Area, A (mm^2)	Weight, w (kg/m)	2nd mom. area, I (mm^4)	Elas. mod., Z (mm^3)
	1.50	134.3	1.053	13 673.7	911.6
30.00	2.00	175.9	1.379	17 329.0	1155.3
	2.50	216.0	1.693	20 586.0	1372.4
	1.50	110.7	0.868	7675.7	614.1
25.00	2.00	144.5	1.133	9628.2	770.3
	2.50	176.7	1.385	11 320.8	905.7
	1.50	96.6	0.757	5101.9	463.8
22.00	2.00	125.7	0.985	6346.0	576.9
	2.50	153.2	1.201	7399.2	672.7
	1.50	87.2	0.683	3754.2	375.4
20.00	2.00	113.1	0.887	4637.0	463.7
	2.50	137.4	1.078	5368.9	536.9
	1.50	77.8	0.610	2667.9	296.4
18.00	2.00	100.5	0.788	3267.3	363.0
	2.50	121.7	0.954	3751.0	416.8
	1.50	63.6	0.499	1467.2	195.6
15.00	2.00	81.7	0.640	1766.4	235.5
	2.50	98.2	0.770	1994.2	265.9
	1.50	49.5	0.388	695.8	116.0
12.00	2.00	62.8	0.493	816.8	136.1
	2.50	74.6	0.585	900.0	150.0

정사각형 박스 특성(미터 단위)

Side (mm)	Thickness, t (mm)	Area, A (mm^2)	Weight, w (kg/m)	2nd mom area, I (mm^4)	Elas. mod., Z (mm^3)
	1.50	141.0	1.105	13 030.8	1042.5
25.00	2.00	184.0	1.443	16 345.3	1307.6
	2.50	225.0	1.764	19 218.8	1537.5
	1.50	123.0	0.964	8661.3	787.4
22.00	2.00	160.0	1.254	10 773.3	979.4
	2.50	195.0	1.529	12 561.3	1141.9
	1.50	111.0	0.870	6373.3	637.3
20.00	2.00	144.0	1.129	7872.0	787.2
	2.50	175.0	1.372	9114.6	911.5
	1.50	99.0	0.776	4529.3	503.3
18.00	2.00	128.0	1.004	5546.7	616.3
	2.50	155.0	1.215	6367.9	707.5
	1.50	81.0	0.635	2490.8	332.1
15.00	2.00	104.0	0.815	2998.7	399.8
	2.50	125.0	0.980	3385.4	451.4
	1.50	63.0	0.494	1181.3	196.9
12.00	2.00	80.0	0.627	1386.7	231.1
	2.50	95.0	0.745	1527.9	254.7

타원형 튜브 특성(미터 단위)

Major axis (mm)	Minor axis (mm)	Thickness, t (mm)	Area, A (mm^2)	Weight, w (kg/m)	I minor (mm^4)	Z minor (mm^3)
28	12	1.5	87.2	0.683	1480	246.7
32	15.7	1.5	105.3	0.826	3163	402.9
32	16.7	2	140.4	1.101	4501	539.0
40	16.7	2	165.6	1.298	5525	661.7

플레이트

플레이트 1

응력 알루미늄 플레이트를 갖는

2차원 프레임

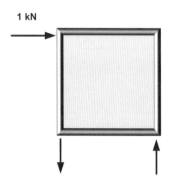

1 kN

Deflection = 0.03 mm

Max stress = 10 N/mm^2

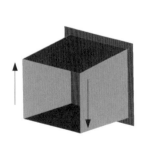

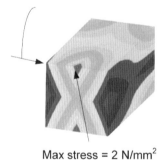

Deflection = 0.05 mm

Max stress = 2 N/mm^2

플레이트 2a

플레이트 프리즘의 비틀림

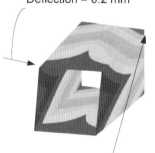

Deflection = 0.2 mm

Max stress = 9 N/mm^2

플레이트 2b

개방형 끝단의 비틀림

플레이트 3

비틀림 강성 테스트

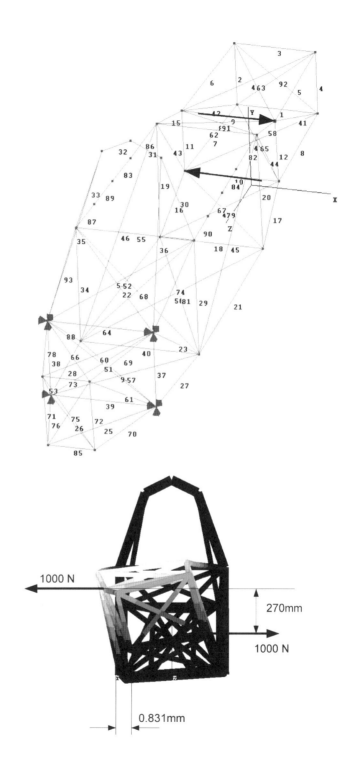

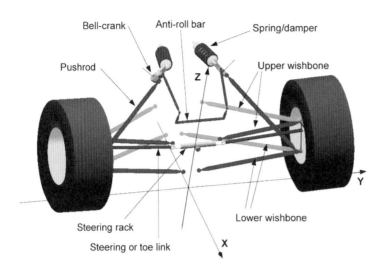

Bell-crank Anti-roll bar Spring/damper

Pushrod

Upper wishbone

Z

Y

Steering rack

Steering or toe link

X

Lower wishbone

플레이트 4

프론트 서스펜션 구성 요소

플레이트 5

컴퓨터를 이용한 위시본의 하중

해석

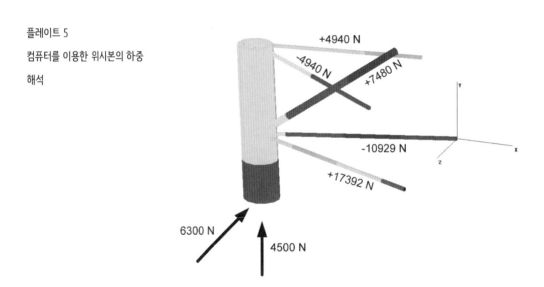

+4940 N

-4940 N

+7480 N

-10929 N

+17392 N

6300 N

4500 N

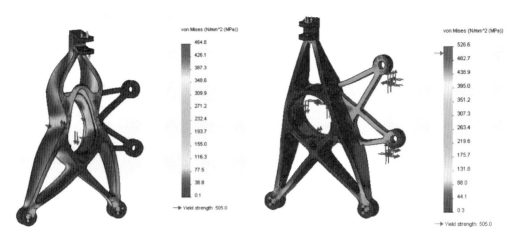

플레이트 6a 프론트 업라이트 유한 요소 해석   플레이트 6b 프론트 업라이트 유한 요소 해석

플레이트 7

벤츄리 리스트릭터 CFD 해석

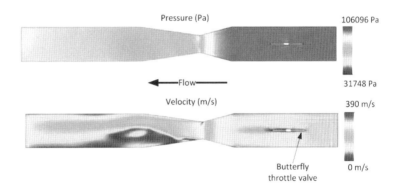

자동차 공학 용어 정리

가로 방향 하중 이동 (*Lateral load transfer*) 코너링으로 인한 좌우 휠 하중의 변화

가로 방향 타이어 또는 휠 스크럽 (*Lateral tyre or wheel scrub*) 서스펜션이 움직이는 동안 타이어 컨택 패치의 옆방향 움직임

구름 저항 (*Rolling resistence*) 타이어의 변형으로 인해서 손실되는 에너지로 인해서 휠에 항력을 일으키는 힘

기어 프로그레션 (*Gear progression*) 고단 기어로 갈수록 기어비가 점차 서로 가까워짐

뉴매틱 트레일 (*Pneumatic trail*) 타이어 컨택 패치에서 그립으로 인한 힘이 휠 센터로부터 처지는 정도의 거리

다이브 (*Dive*) 제동시 전후 방향 하중의 결과로 인해서 프론트 서스펜션이 낮아지려는 경향

댐퍼 (*Damper*) 스프링/질량 시스템에서 진동을 방지하는 장치로 보통 점성 유체가 오리피스를 통과하도록 하는 힘을 이용하고 이 힘의 크기는 속도에 따라 달라짐

댐핑 계수 (*Damping coefficient*) $1m/s$일 때의 댐핑력

동력 (*Power*) 시간당 할 수 있는 일(=힘×거리 또는 토크×각속도)

드라이브 샤프트 (*Driveshaft*) 디퍼렌셜에서 휠 허브로 동력을 전달하는 부품

디퍼렌셜 (*Differential*) 코너링에서 양쪽 구동휠이 서로 다른 속도로 회전할 수 있도록 하는 장치

라이드 레이트 (*Ride rate*) 휠과 타이어가 조합된 강성

로커암 (*Rocker arm*) 한 개의 위시본과 푸시/풀로드가 굽힘에 대해서 이중 캔틸레버빔으로 대체된 형태의 서스펜션

롤 (*Roll*) 코너링중에 안쪽 휠은 내려가고 바깥쪽 휠은 올라가는 섀시에 대한 서스펜션의 움직임으로

롤 축 (*Roll axis*) 자동차의 전후 롤 센터를 연결하는 선

롤 센터 (*Roll centre*) 현가하 질량 중심과 롤 축 사이의 수직 거리

롤기울기 (*Roll gradient*) 단위 g가속도에 대한 롤 각도

롤 레이트 (*Roll rate*) 1도의 롤을 발생시키는 롤커플

리바운드 (*Rebound*) 섀시에 대해서 휠이 아래쪽으로 이동하는 서스펜션의 움직임으로 드룹(*droop*)이라고도 부름

마스터 실린더 (*Master cylinder*) 브레이크 페달에 작용하는 힘을 제동을 위한 유압시스템의 압력으로 변환하는 피스톤과 실린더 부품

모노코크 (*Monocoque*) 판재와 외피로 이루어진 이상적으로 닫힌 박스 또는 실린더 형태를 갖는 3차원 구조물

밸런스가 맞는 (*Balanced*) 드라이버가 일정한 스티어링 각도로 증가하는 속도에서 주어진 코너 반경을 유지할 수 있도록 하는 자동차의 상태로, 이는 보통 전후 슬립각이 같음을 의미하고 한계 지점에서 자동차는 곡선의 바깥쪽으로 미끄러지게 됨

범프 (*Bump*) 휠이 섀시에 대해서 위로 올라갈 때의 서스펜션 움직임으로 조운스(*jounce*)라고도 부름

범프 스티어(*Bump steer*) 서스펜션의 움직임에 따른 휠의 스티어링축에 대한 회전

벨크랭크 (*Bell-crank*) 푸시/풀로드와 스프링/댐퍼를 연결하는 회전하는 부재

순간 중심 (*Instant Centre*) 어퍼와 로어 위시본 평면 사이의 교점으로 휠의 회전 중심으로, 순간 중심은 위시본 지오메트리의 변화에 따라서 이동함

스윙암 (*Swing arm*) 휠 센터와 순간 중심 사이의 거리

스티어링축 경사각 (*Steering axis inclination*) 전면에서 봤을 때 휠의 상하 볼조인트 사이의 각도로 킹핀 경사각이라고도 함

스쿼트 (*Squat*) 가속시 전후 방향 하중 이동으로 인해서 리어 서스펜션이 낮아지려는 경향

스크럽 반경 (*Scrub radius*) 전면에서 봤을 때 스티어링축과 휠의 중심선 사이를 노면에 투영했을 때의 거리

스페이스 프레임 (*Space frame*) 주로 튜브를 이용해서 삼각형 형태로 만들어지는 3차원 구조물

스프링 레이트 (*Spring rate*) 서스펜션 스프링의 강성

슬레이브 실린더 (*Slave cylinder*) 휠 어셈블리 내부에 장착되어 유압시스템 압력을 브레이크 디스크에 작용하는 압착힘로 변환하는 피스톤과 실린더 부품

슬립각 (*Slip angle*) 코너링에서 휠의 평면 중심선과 이동하는 방향 사이의 각도. 미끄러짐이 아닌 타이어 트레드의 변형을 통해서 발생함

슬립율 (*Slip ratio*) 가속 또는 감속시 타이어에 발생하는 것으로 휠의 실제 회전 속도 대비 휠의 자유회전 속도의 비율

안티 다이브(*Anti-dive*) 제동시 자동차의 앞부분이 낮아지는 효과를 막아주는 서스펜션 지오메트리

안티 리프트 (*Anti-lift*) 제동시 자동차의 뒷부분이 올라가는 효과를 막아주는 서스펜션 지오메트리

안티롤 시스템 (*Anti-roll system*) 토션바의 형태로 양쪽 휠을 서로 연결해서 범프와 리바운드를 제외한 롤에 대해서 강성을 갖도록 하는 토션바의 형태

안티 스쿼트 (*Anti-squat*) 제동시 자동차의 뒷부분이 낮아지는 효과를 막아주는 서스펜션 지오메트리

언더스티어 (*Understeer*) 운전자가 주어진 반경의 코너를 유지하면서 속도를 증가시킬 때 스티어링 휠 각도를 증가시켜야 하는 자동차의 상태로, 이는 보통 프론트 슬립각이 리어 슬립각보다 더 크고 따라서 프론트 타이어의 상태가 한계 그립에 더 가깝다는 것을 의미하며 한계에 이르면 자동차는 코너를 돌지 못하고 스티어링이 잠긴 상태로 전방을 향한 상태로 써킷을 벗어나게 됨

오버스티어 (*Oversteer*) 운전자가 주어진 반경의 코너를 유지하면서 속도를 감소시킬 때 스티어링 휠 각도를 감소시켜야 하는 자동차의 상태로, 이는 보통 리어 슬립각이 프론트 슬립각보다 더 크고 따라서 리어 타이어의 상태가 한계 그립에 더 가깝다는 것을 의미하고 한계에 이르면 자동차는 코너를 돌지 못하고 스핀 후 후방을 향한 상태로 써킷을 벗어나게 됨

유도 타이어 저항 (*Induced tyre drag*) 자동차의 전진 방향 움직임에 저항하는 가로 방향의 그립 성분

애커맨 스티어링 (*Ackermann stering*) 안쪽 휠이 바깥쪽 휠보다 더 많이 회전하도록 하는 스티어링 지오메트리로, 100% 애커맨은 휠의 각도가 휠의 이동 경로에 접선이 되어 스크럽이 발생하지

않는 경우를 의미함

임계 댐핑 (*Critical damping*) 질량을 중립 위치로 오버슈트 없이 돌아가도록 함

자동 정렬 토크 (*Self aligning torque*) 가로 방향 그립힘과 뉴매틱 트레일의 곱으로 인해서 발생하는 모멘트

재킹 (*Jacking*) 코너링에서 리바운드시 자동차의 들어올림

재킹 다운 (*Jacking down*) 스프링의 회복에 저항하는 오버댐핑으로 인해 자동차가 점차 낮아짐

전후 방향 하중 이동 (*Longitudinal load transfer*) 가속과 감속으로 인한 휠 하중의 변화

정적 토우 (*Static toe*) 평면도 상에서 양쪽 휠의 중심선이 자동차의 전방에서 서로 수렴할 때 토우인이고 발산할 때 토우아웃으로, 이는 각도 또는 차축 높이상에서 자동차의 세로축 중심선과 휠 림의 전후 지점 사이 거리의 차이로 측정됨

최종 속도 (*Terminal velocity*) 공기역학 항력과 기타 손실을 극복하는데 모든 엔진 동력을 사용했을 때 차동차가 도달할 수 있는 최대 속도

충격 흡수기 (*Impact attenuator*) 충돌시 운동 에너지를 흡수하도록 설계된 구조물

캐스터 각도 (*Caster angle*) 측면에서 봤을 때 스티어링축이 수직에 대해서 기울어진 각도

캐스터 트레일 (*Caster trail*) 측면에서 봤을 때 스티어링축과 휠의 중심선을 지나는 수직선 사이를 지면에 투영했을 때의 거리

캠버 (*Camber*) 정면에서 봤을 때 휠이 수직과 이루는 각도로, 휠의 윗부분이 아랫부분보다 중심에서 멀리 떨어질 때 포지티브 캠버

캠버 회복 (*Camber recovery*) 롤에서 바깥쪽 휠이 부정적인 양의 캠버 발생에 대응하는 방향의 움직임

타이어 민감도 (*Tyre sensitivity*) 타이어의 그립이 수직 하중에 따라서 증가하는 정도가 줄어드는 현상으로 타이어의 수직 하중과 그립이 서로 비선형 관계임

토크 (*Torque*) 반지름 상에 작용하는 회전력으로 인해서 발생하는 모멘트

푸시로드 (*Pushrod*) 일반적으로 로어 위시본의 바깥쪽 노드를 스프링 벨크랭크에 연결하는 압축 부재로 휠의 수직 하중을 지지함

풀로드 (*Pullrod*) 일반적으로 어퍼 위시본의 바깥쪽 노드를 스프링 벨크랭크에 연결하는 인장 부재로 휠의 수직 하중을 지지함

현가상 질량 (*Sprung mass*) 서스펜션 스프링에 의해서 지지되는 자동차의 질량으로 섀시 프레임, 보디, 엔진 그리고 드라이버가 포함되며, 보통 서스펜션 링크와 드라이브 샤프트 질량의 절반을 현가상 질량으로 간주함

현가하 질량 (*Unsprung mass*) 서스펜션 스프링을 통하지 않고 지면에 직접 지지되는 자동차의 질량으로 휠과 휠 어셈블리가 포함되며, 보통 서스펜션 링크와 드라이브 샤프트 질량의 절반을 현가하 질량으로 간주함

휠 센터 레이트 (*Wheel centre rate*) 섀시에 대한 휠의 강성

휠 호핑 (*Wheel hop*) 댐핑의 부족으로 인해서 노면으로부터 휠이 튀어 오르는 현상

참고 문헌

1. Adams, Herb, *Chassis Engineering*, HP Books, Penguin Group, NY, 1993

2. Aird, Forbes, *The Race Car Chassis*, HP Books, Penguin Group, NY, 2008

3. Avon Tyres Motorsport, http://www.avonmotorsport.com/resourcecentre/ downloads

4. Bastow, Donald, Howard, Geoffrey and Whitehead, John P., *Car Suspension and Handling*, SAE International, PA, 1993

5. Daniels, Jeffrey, *Handling and Roadholding, Car Suspension at Work*, Motor Racing Publications, UK, 1988

6. Deakin, Andrew et al., *The Effect of Chassis Stiffness on Race Car Handling Balance*, SAE Technical Paper 2000-01-3554.

7. Dixon, John C., *Tyres Suspension and Handling*, SAE International, PA, 1996

8. DTAfast, http://www.dtafast.co.uk/

9. Emerald Engine Management Systems, http://www.emeraldm3d.com/

10. Hexcel, http://www.hexcel.com/

11. Katz, Joseph, *Race Car Aerodynamics*, Bentley Publishers, MA, 2006

12. LISA 8.0.0, http://lisafea.com/

13. Lotus Engineering, Norfolk, England, http://www.lotuscars.com/gb/engineering/engineering-software

14. McBeath, Simon, *Competition Car Aerodynamics*, Haynes Publishing Group, UK, 2006

15. Milliken, William F. and Milliken, Douglas L., *Race Car Vehicle Dynamics*, SAE International, PA, 1995

16. Motec Engine Management Systems, http://www.motec.com/

17. Pacejka, Hans B., *Tyre and Vehicle Dynamics*, Butterworth-Heinemann, 3rd edn, 2012

18. Pashley, Tony, *How to Build Motorcycle Engined Racing Cars*, Veloce Publishing, UK, 2008

19. Pawlowski, J., *Vehicle Body Engineering*, Century, 1970

20. Power Commander, http://www.powercommander.com/

21. Puhn, Fred, *How To Make Your Car Handle*, HP Books, Penguin Group, NY, 1981

22. Seward, Derek, *Understanding Structures*, 5th edn, Palgrave Macmillan, 2014

23. Smith, Carroll, *Prepare to Win*, Aero Publishers, Inc., Fallbrook, CA, 1975

24. Smith, Carroll, *Tune to Win*, Aero Publishers, Inc., Fallbrook, CA, 1978

25. Staniforth, Allan, *Race and Rally Car Source Book*, Haynes Publishing Group, UK, 1988

26. Stone, Richard, *Introduction to Internal Combustion Engines*, Palgrave Macmillan, 4th edn, 2012

27. SusProg 3D, http://www.susprog.com/

28. UIUC Airfoil Coordinates Database, http://www.ae.illinois.edu/m-selig/ads/coord_database.htm/

29. Van Valkenburgh, Paul, Race Car Engineering and Mechanics, published by author, 1992

ETB Instruments Ltd – DigiTools Software, http://www.etbinstruments.com

SolidWorks, http://www.solidworks.co.uk/

Punch!ViaCAD, http://www.punchcad.com/p-27-viacad-2d3d-v9.aspx

색인